W. Funk, V. Dammann, G. Donnevert

Qualitätssicherung in der Analytischen Chemie

Qualitätssicherung in der Analytischen Chemie, 2. Auflage. W. Funk, V. Dammann, G. Donnevert

ISBN: 3-527-31112-2

Weitere Titel von Wiley-VCH

H.-P. Blume, B. Deller, R. Leschber, A. Paetz, S. Schmidt, B.-M. Wilke

Handbuch der Bodenuntersuchung

Aktuelles Grundwerk

Terminologie, Verfahrensvorschriften und Datenblätter –
Physikalische, chemische, biologische Untersuchungsverfahren –
Gesetzliche Regelwerke, in Ordnern

2000
ISBN 3-527-19080-5

S. Kromidas

Handbuch Validierung in der Analytik

2000
ISBN 3-527-29811-8

W. Gottwald

Statistik für Anwender

2000
ISBN 3-527-29780-4

S. Kromidas

Validierung in der Analytik

1999
ISBN 3-527-28748-5

Wasserchemische Gesellschaft, Fachgruppe in der GDCh; in Gemeinschaft mit dem Normenausschuss Wasserwesen (NAW) im DIN e.V. (Hrsg.)

Deutsche Einheitsverfahren zur Wasser-, Abwasser- und Schlamm-Untersuchung

Physikalische, chemische, biologische und bakteriologische Verfahren.
Aktuelles Grundwerk, in Ordnern, Lieferung 1–61, Stand: Januar 2005

1981
ISBN 3-527-19010-4

Werner Funk, Vera Dammann, Gerhild Donnevert

Qualitätssicherung in der Analytischen Chemie

Anwendungen in der Umwelt-, Lebensmittel- und Werkstoffanalytik, Biotechnologie und Medizintechnik

Zweite, vollständig überarbeitete und erweiterte Auflage

WILEY-VCH

WILEY-VCH Verlag GmbH & Co. KGaA

Autoren

Werner Funk †

Dipl.-Ing. Vera Dammann
Fachhochschule Gießen-Friedberg
Fachbereich Krankenhaus- und
Medizintechnik, Umwelt- und
Biotechnologie
Wiesenstraße 14
35390 Gießen

Dipl.-Ing. Gerhild Donnevert
Fachhochschule Gießen-Friedberg
Fachbereich Mathematik,
Naturwissenschaften, Informatik
Wiesenstraße 14
35390 Gießen

Bibliografische Information Der Deutschen Bibliothek
Die Deutsche Bibliothek verzeichnet diese Publikation in der Deutschen Nationalbibliografie; detaillierte bibliografische Daten sind im Internet über <http://dnb.ddb.de> abrufbar.

Printed in the Federal Republic of Germany
Gedruckt auf säurefreiem Papier

Einbandgestaltung SCHULZ Grafik-Design, Fußgönheim
Satz ProSatz Unger, Weinheim
Druck und Bindung CPI Group (UK) Ltd, Croydon, CR0 4YY

ISBN-13: 978-3-527-31112-5
ISBN-10: 3-527-31112-2

C9783527311125_100524

In Memoriam
Professor Werner Funk

Inhalt

Qualitätssicherung in der Analytischen Chemie, 2. Auflage. W. Funk, V. Dammann, G. Donnevert

ISBN: 3-527-31112-2

Vorwort zur zweiten, überarbeiteten Auflage

In den mehr als 10 Jahren seit Erscheinen der ersten Auflage des vorliegenden Buches hat die analytische Chemie aufgrund technologischen Fortschritts nicht nur eine enorme wissenschaftliche Entwicklung erlebt, sondern hat eine Ausweitung ihrer Anwendungsbereiche erfahren und ist zum Teil zu einer grenzüberschreitenden Dienstleistung geworden. Parallel nahm das Bewusstsein für die Qualität analytischer Ergebnisse zu. Zunächst wurde versucht, die in etlichen Bereichen der Analytik bereits bestehenden Qualitätssicherungssysteme auf der Basis der internationalen Qualitätsmanagement-Normen der ISO 9000-Serie zertifizieren zu lassen. Diese Normen wurden ursprünglich zur Steigerung der Qualität in der Güterproduktion geschaffen. Die Zertifizierung bescheinigt, dass ein Qualitätssicherungssystem vorliegt und die Prüfungen systemkonform durchgeführt werden. Eine Beurteilung der Fachkompetenz für die Durchführung bestimmter Prüfungen erfolgt danach jedoch nicht. Basierend auf dem ISO-Guide 25 „General Requirements for the Technical Competence of Calibration and Testing Laboratories" – in Europa ab 1994 in der Normenreihe EN 45001 ff. umgesetzt – wurde Mitte der 1990er Jahre den besonderen Anforderungen an die Fachkompetenz bei Prüflaboratorien durch die Einführung des Akkreditierungsgedankens in die Qualitätsnormen Rechnung getragen. Die Akkreditierung stellt die Bestätigung nicht nur der Konformität mit vorgegebenen technischen Regeln, sondern auch der Kompetenz des Laboratoriums durch einen unparteiischen Dritten dar. Inzwischen wurde die Norm EN 45001 durch die ISO/IEC-Norm 17025 „Allgemeine Anforderungen an die Kompetenz von Prüf- und Kalibrierlaboratorien" ersetzt, die weltweit anerkannt ist.

Die in der ersten Auflage beschriebenen Verfahren der Analytischen Qualitätssicherung haben sich dabei in der Praxis bewährt, sind weiterentwickelt und ergänzt worden. So wurde der vor 1990 bei der Angabe eines Analysenergebnisses zumeist ungewohnte Begriff des Vertrauensbereiches inhaltlich erweitert und umbenannt zu „Messunsicherheit". Ausgelöst durch den Kostendruck bei der Dienstleistung „Analytik" hat die „Gleichwertigkeit" von schnelleren, automatisierbaren, sparsameren Analysenverfahren im Vergleich zum Referenzverfahren zunehmende Bedeutung erfahren.

All diesen neuen Anforderungen an die Qualitätssicherung trägt die jetzt vorliegende zweite Auflage Rechnung. Checklisten und das ausgearbeitete Rechenbeispiel

Qualitätssicherung in der Analytischen Chemie, 2. Auflage. W. Funk, V. Dammann, G. Donnevert

ISBN: 3-527-31112-2

im Anhang, das als Excel-Tabelle auch auf der beigefügten CD zur Verfügung steht, sollen konkrete Hilfestellung bei der täglichen Arbeit im Labor leisten.

Wir widmen diese zweite Auflage Professor Werner Funk, der 1996 leider viel zu früh verstarb.

Gießen, im März 2005

Vera Dammann
Gerhild Donnevert

Formelzeichen

a	Ordinatenabschnitt der Kalibriergeraden bzw. der Kalibrierfunktion 2. Grades
Δa	Prognosebereich des Achsabschnittes
a_c	Ordinatenabschnitt der Kalibriergeraden des analytischen Grundverfahrens
a_f	Ordinatenabschnitt der Wiederfindungsgeraden
ARL	Average Run Length
b	Steigung der Kalibriergeraden bzw. Regressionskoeffizient des linearen Gliedes der Kalibrierfunktion 2. Grades
b_c	Steigung der Kalibriergeraden des analytischen Grundverfahrens
b_f	Steigung der Wiederfindungsgeraden
b_A	Steigung der Aufstockkalibrierfunktion
c	Regressionskoeffizient des quadratischen Gliedes der Kalibrierfunktion 2. Grades
d	Leitabstand der V-Maske
d_i	Residuen bzw. Differenzen für die Differenzen-Regelkarte oder den Ringversuch nach Youden
$\bar{d}$	Mittelwert der Differenzen d_i
d_s	Differenz der Analysenergebnisse $x_{As} - x_{Bs}$ des ausreißerverdächtigen Labors beim Ringversuch nach Youden
d_2	Faktor zur Berechnung der Standardabweichung aus der Spannweite
D	Abweichung des Prozessmittelwertes vom Referenzwert, die erkannt werden soll
D_i	Einzeldifferenz zwischen dem Ergebnis des Vergleichsverfahrens und dem Ergebnis des Referenzverfahrens
D^*	ausreißerverdächtige Einzeldifferenz
$\bar{D}$	Differenz der Mittelwerte der Ergebnisse des Vergleichsverfahrens und der Ergebnisse des Referenzverfahrens
D_{Kun}, D_{Kob}, D_{Wun}, D_{Wob}	Faktoren zur Berechnung der Warn- und Kontrollgrenzen bei der Range-Regelkarte

Qualitätssicherung in der Analytischen Chemie, 2. Auflage. W. Funk, V. Dammann, G. Donnevert

ISBN: 3-527-31112-2

DS^2	Differenz der Abweichungsquadratsummen (Varianzen)
e	Entfernung des neuen Gesamtmittelwertes von der alten oberen Kontrollgrenze einer Qualitätsregelkarte
e'	standardisierte Entfernung e
$E(x)$	Empfindlichkeit
$E(\bar{x})$	Empfindlichkeit in der Arbeitsbereichsmitte
f	Freiheitsgrad
f_b	Freiheitsgrad für die Berechnung der Varianz s_b^2
f_i	Freiheitsgrad für die Berechnung der Varianz s_i^2
f_t	Freiheitsgrad für die Berechnung der Varianz s_t^2
f_w	Freiheitsgrad für die Berechnung der Varianz s_w^2
f_R	Freiheitsgrad für die Daten des Referenzverfahrens
f_V	Freiheitsgrad für die Daten des Vergleichsverfahrens
$F_{f_1 f_2;P}$	Tabellenwert der F-Verteilung
h	Entscheidungsintervall für die numerische Auswertung der Cusum-Regelkarte
i	laufende Nummer der Konzentrationsstufen bzw. laufende Nummer von Untergruppen/Analysenserien (1, 2, ..., N)
j	laufende Nummer der Analysen je Konzentrationsstufe x_i bzw. laufende Nummer der Analysen je Untergruppe/Analysenserie (1, 2, ..., n_i)
k	Faktor zur Berechnung der Bestimmungsgrenze bzw. Erweiterungsfaktor für die Berechnung der erweiterten Messunsicherheit bzw. Referenzwert für die Cusum-Regelkarte
K	Entscheidungsgrenze für die numerische Auswertung der Cusum-Regelkarte bzw. Vielfaches der Standardabweichung s, um das sich der Gesamtmittelwert einer Kontrollkarte verschiebt bzw. Anzahl der Wiederholbestimmungen beim Ringversuch
K_{oben}	obere Entscheidungsgrenze K
K_{unten}	untere Entscheidungsgrenze K
KO	obere Kontrollgrenze einer Qualitätsregelkarte
KU	untere Kontrollgrenze einer Qualitätsregelkarte
l	Anzahl der an einem Ringversuch teilnehmenden Labors
L_0	ARL für den Fall, dass das Analysenverfahren unter Kontrolle ist
L_1	ARL für den Fall, dass das Analysenverfahren außer Kontrolle ist
m_{soll}	konventionell richtige Konzentration eines Parameters (Sollwert) bei einem Zulassungsringversuch
n_i	Anzahl der Analysen je Konzentrationsstufe x_i bzw. je Untergruppe/Analysenserie
N	Anzahl der gewählten Konzentrationsstufen bzw. von Untergruppen/Analysenserien
N_a	Anzahl der Mehrfachanalysen einer Probe
N_c	Anzahl der Kalibrier-Konzentrationsstufen
N_f	Anzahl der Konzentrationsniveaus bei der Ermittlung der Wiederfindungsgeraden

N_{A1}	Anzahl Konzentrationsstufen vor der Ausreißereliminierung
N_{A2}	Anzahl Konzentrationsstufen nach der Ausreißereliminierung
N_L	Anzahl Blindwerte (Leerwerte)
N_R	Anzahl der Analysenergebnisse des Referenzverfahrens
N_V	Anzahl der Analysenergebnisse des Vergleichsverfahrens
P	Signifikanzniveau, statistische Wahrscheinlichkeit
PW	Prüfwert zur Durchführung des *F*- bzw. *t*- bzw. Grubbs-Tests
q	Anzahl Standardabweichungen bei der Skalierung der Cusum-Regelkarte
Q_i	Quotient aus dem Ergebnis des Vergleichsverfahrens und dem Ergebnis des Referenzverfahrens
Q^*	ausreißerverdächtiger Quotient
$\bar{Q}$	Mittelwert der Quotienten Q_i
Q_{xx}, Q_{xy}, Q_{x^3}, Q_{x^4}, Q_{x^2y}	Quadratsummen
r	Korrelationskoeffizient bzw. Wiederholbarkeit im Ringversuch
$r(P = 99\%, f)$	Schwellenwert zur Prüfung des Korrelationskoeffizienten
R	Spannweite (Range)
R_i	Spannweite der Serie *i*
$\bar{R}$	Mittelwert der Spannweiten R_i
s	Standardabweichung
s_{a_f}	Standardabweichung des Achsabschnittes a_f
s_{b_f}	Standardabweichung der Steigung b_f
s_b	Standardabweichung zwischen den Serien (between batch)
s_d	Standardabweichung der Differenzen d_i bzw. gemittelte Standardabweichung zweier Analysenserien beim Mittelwert-t-Test bzw. Messgenauigkeit bei Ringversuchen nach Youden
s_i	Standardabweichung der Messwerte für Analysen von Standardproben mit der Konzentration x_i
s_i^2	Varianz der Messwerte für Analysen von Standardproben mit der Konzentration x_i
s_r	Wiederholstandardabweichung
s_t	Gesamt-Standardabweichung (total)
s_w	Standardabweichung in der Serie (within batch)
s_{xi}	Einzelstandardabweichung bei Schätzung der Messunsicherheit
s_{xo}	Verfahrensstandardabweichung
s_{xo1}	Verfahrensstandardabweichung der 1. Analysenserie
s_{xo2}	Verfahrensstandardabweichung der 2. Analysenserie
s_{xoc}	Verfahrensstandardabweichung des analytischen Grundverfahrens
s_y	Reststandardabweichung
s_{y_1}	Reststandardabweichung der Kalibrierfunktion 1. Grades bzw. Reststandardabweichung der 1. Analysenserie

s_{y_2}	Reststandardabweichung der Kalibrierfunktion 2. Grades bzw. Reststandardabweichung der 2. Analysenserie
$s_{y_{A1}}$	Reststandardabweichung der Kalibriergeraden vor Ausreißer-eliminierung
$s_{y_{A2}}$	Reststandardabweichung der Kalibriergeraden nach Ausreißer-eliminierung
s_{yf}	Reststandardabweichung der Wiederfindungsgeraden
s_{soll}	Streumaß zur Berechnung der Qualitätsgrenzen für Zulassungs-ringversuche
s_A	Standardabweichung der Analysenergebnisse von Probe A (Ringversuch nach Youden)
s_B	Standardabweichung der Analysenergebnisse von Probe B (Ringversuch nach Youden)
$s_{A_{zul}}$	maximal zulässiger Wert der Standardabweichung s_A
$s_{B_{zul}}$	maximal zulässiger Wert der Standardabweichung s_B
s_D	Standardabweichung der Differenzen beim verbundenen t-Tests
s_L	Standardabweichung des Blindwertes (Leerwertes) bzw. Standardabweichung zwischen den Labors
s_Q	Standardabweichung der Quotienten Q_i
s_R	Standardabweichung der Ergebnisse des Referenzverfahrens bzw. Vergleichsstandardabweichung aus einem Ringversuch
s_V	Standardabweichung der Ergebnisse des Vergleichsverfahrens
s_{RV}	Hilfsgröße für den χ^2-Test
s_{WFR}	Standardabweichung der Wiederfindungsraten
s_1^2	Varianz der Messwerte an der unteren Grenze des Arbeitsbereichs
s_N^2	Varianz der Messwerte an der oberen Grenze des Arbeitsbereichs
S	cumulative Summe (Cusum)
S_N	Cusum-Wert nach N Serien
S^-	negative systematische Abweichung bei der Cusum-Regelkarte
S^+	positive systematische Abweichung bei der Cusum-Regelkarte
$t_{f1,P}$; $t_{f,P}$ $t_{f,\alpha}$; $t_{f,\beta}$ $t\,(1-\alpha, f)$	Tabellenwert der t-Verteilung
T_i	Summen der Wertepaare x_{Ai}, x_{Bi} beim Ringversuch nach Youden
$\bar{T}$	Mittelwert der Summen T_i
$u\,(x_i)$	Standardunsicherheit
$u_c\,(y)$	kombinierte Unsicherheit
$u\,(B)$	Unsicherheit aufgrund der Laborkomponente des Bias
$u\,(c_{crm})$	Unsicherheit der Konzentration von zertifiziertem Referenz-material
$u\,(C_{ref})$	Unsicherheitskomponente des Methoden-Bias
$u\,(e)$	Unsicherheit aufgrund zufälliger Fehler unter Wiederhol-bedingungen
$u\,$(bias)	kombinierte Unsicherheit aus Methoden-Bias und Labor-komponente des Bias

$u(R_W)$	Unsicherheitskomponente der Reproduzierbarkeit innerhalb des Labors
$u(\bar{R}_m)$	Unsicherheit der mittleren Wiederfindungsrate des Referenzmaterials
$U(y)$	erweiterte Unsicherheit
V_s	Aufstockvolumen
V_R	Variationskoeffizient der Analysenergebnisse des Referenzverfahrens
V_v	Variationskoeffizient der Analysenergebnisse des Vergleichsverfahrens
V_{xo}	Verfahrensvariationskoeffizient
V_{xoR}	Verfahrensvariationskoeffizient des Referenzverfahrens
V_{xoV}	Verfahrensvariationskoeffizient des Vergleichsverfahrens
$VB(a_f)$	Vertrauensbereich des Achsabschnittes a_f
$VB(b_f)$	Vertrauensbereich der Steigung b_f
$VB(\hat{x})$	Vertrauensbereich der Konzentration $\hat{x}$
$VB(x_1)$	Vertrauensbereich an der unteren Grenze des Arbeitsbereichs
$VB_{rel}(x_1)$	relative Analysenpräzision an der unteren Grenze des Arbeitsbereichs
$VB_{rel,zulässig}$	geforderte Mindestpräzision von Analysenergebnissen
$VB(x_i)$	Vertrauensbereich des Einzelergebnisses
$VB(\bar{x})$	Vertrauensbereich des Mittelwertes
$VB(\hat{y}_A)$	Prognosebereich der Regressionsgeraden nach Ausreißereliminierung für die Konzentration x_A
$VB_x(y)$	Vertrauensbereich (in Konzentrationseinheiten) des Messwertes y
w	Skalierungsfaktor der Cusum-Regelkarte
WFR	Wiederfindungsrate
WFR_i	Wiederfindungsrate der Serie i
$\overline{WFR}$	mittlere Wiederfindungsrate
WO	obere Warngrenze
WU	untere Warngrenze
x	Konzentration bzw. Analysenergebnis
Δx	Ergebnisunsicherheit
Δx_{rel}	relative Unpräzision bzw. Ergebnisunsicherheit
x_0	über die Kalibrierfunktion geschätzter Probengehalt beim Verfahren der Standardaddition
x_1	Konzentration der Standardprobe an der unteren Grenze des Arbeitsbereichs
x_c	Kalibrierkonzentration
x_f	gefundene Konzentration
x_i	Konzentration der i-ten Standardprobe
x_{ic}	Standardkonzentration Nr. i bei der Kalibrierung des analytischen Grundverfahrens
x_{if}	über die Kalibrierfunktion des analytischen Grundverfahrens berechnete gefundene Konzentration

$x_{i,j}$	*j*-tes Analysenergebnis für die Untergruppe/Analysenserie *i*
x_{p}	Prüfwert zur Absicherung der unteren Arbeitsbereichsgrenze
x_{soll}	addierte Standardkonzentration bzw. konventionell richtiger Wert beim Ringversuch
x_{ist}	Differenz der berechneten Konzentrationen der aufgestockten Probe und der Urprobe
x_{A}	Konzentration des eliminierten Ausreißer-Messwertes
x_{A1}	erste zugesetzte Aufstockkonzentration
x_{A4}	maximal zugesetzte Aufstockkonzentration
x_N	Konzentration der Standardprobe an der oberen Grenze des Arbeitsbereichs
$x_{\mathrm{V}i}$	Analysenergebnis des Vergleichsverfahrens
$x_{\mathrm{R}i}$	Analysenergebnis des Referenzverfahrens
x_{NG}	Nachweisgrenze
x_{EG}	Erfassungsgrenze
x_{BG}	Bestimmungsgrenze
Δx_{BG}	Ergebnisunsicherheit an der Bestimmungsgrenze
$\bar{x}$	Mittelwert der Standardkonzentrationen x_i
$\bar{x}_{\mathrm{A}}$	Mittelwert der Analysenergebnisse von Probe A (Ringversuch nach Youden)
$\bar{x}_{\mathrm{B}}$	Mittelwert der Analysenergebnisse von Probe B (Ringversuch nach Youden)
$x_{\mathrm{A}i}$	Analysenergebnisse von Probe A (Ringversuch nach Youden)
$x_{\mathrm{B}i}$	Analysenergebnisse von Probe B (Ringversuch nach Youden)
$\bar{x}_i$	Mittelwert der Analysenergebnisse einer Untergruppe
$\bar{x}_{\mathrm{R}}$	Mittelwert der Analysenergebnisse des Referenzverfahrens
$\bar{x}_{\mathrm{V}}$	Mittelwert der Analysenergebnisse des Vergleichsverfahrens
$\bar{\bar{x}}$	Gesamtmittelwert
$\bar{x}_{\mathrm{c}}$	Mittelwert der Kalibrierkonzentrationen
$\hat{x}$	über die Kalibrierfunktion berechnete Konzentration einer untersuchten Probe mit dem Messwert $\hat{y}$
$\hat{x}_{\mathrm{A}}$	über die Kalibrierfunktion berechnete Konzentration der aufgestockten Probe
x^2	Prüfgröße für den χ^2-Test
y_0	Messwert der Urprobe beim Verfahren der Standardaddition
$\hat{y}_0$	über lineare Regression berechneter Achsabschnitt der Aufstockkalibrierfunktion
y_{c}	kritischer Wert der Messgröße (Hilfswert zur Ermittlung von x_{NG})
y_i	Messwert der *i*-ten Standardprobe
y_{ij}	*j*-ter Messwert für die Konzentration x_i
y_{p}	Hilfswert zur Ermittlung von x_{p}
y_{A}	eliminierter Ausreißer-Messwert
$y_{\mathrm{A1...A4}}$	Messwerte der aufgestockten Proben
y_{B}	Blindwert (zur Berechnung des Analysenergebnisses mittels der Aufstockkalibrierfunktion)

y_L	Blindwert (Leerwert)
$\bar{y}$	Mittelwert der Messwerte y_i aus dem Kalibrierexperiment
$\bar{y}_L$	mittlerer Blindwert
$\Delta\bar{y}_L$	Prognoseintervall für zukünftige Blindwerte
$\hat{y}$	Messwert einer untersuchten Probe
$\hat{y}_i$	über die Kalibrierfunktion errechneter Messwert zur Standardkonzentration x_i
$\hat{y}_A$	über die Kalibrierfunktion errechneter Messwert zur Standardkonzentration x_A
Z	Z-Score
α	Signifikanzniveau
β	Signifikanzniveau
Δ^2	sukzessive Differenzenstreuung
δ	Methoden-Bias
η	Wiederfindungsrate
θ	Winkel der V-Maske
$\chi^2\left(n-1; \frac{\alpha}{2}\right)$, $\chi^2\left(n-1; 1-\frac{\alpha}{2}\right)$	Schwellenwert der χ^2-Verteilung (sprich: chi-Quadrat) für die *s*-Regelkarte

0
Einleitung

Fast jeder Bereich unseres Lebens ist heutzutage von physikalisch-chemischen Mess- und Analysenergebnissen tangiert: So fordern wir z. B. nachweisbar schadstofffreie Lebensmittel, erwarten therapeutisch wirksame Pharmaka-Konzentrationen, empfinden Umweltverschmutzung auch dann als bedrohlich, wenn wir die Schadstoffe nicht direkt mit unseren eigenen Sinnen empfinden können und statt dessen in unserer Phantasie ein Abbild der Wasser-, Boden- und Luftqualität in Form eines Systems aus Grenzwerten und Analysenergebnissen entstehen lassen. Schließlich stellt sogar unser eigener Körper das Objekt der Analytik dar, wenn wir uns im Vorbeuge- oder Krankheitsfall der klinischen Diagnostik unterziehen.

Analysenergebnisse werden mit unterschiedlicher Zielsetzung in großer Zahl und mit erheblichem Aufwand erstellt (Tabelle 0-1).

Etliche der genannten Analytikbereiche unterliegen gesetzlichen Auflagen, welche Aussagen über Art und Häufigkeit der durchzuführenden Analysen machen. Als Beispiel seien genannt:

- in der Medizin: Seuchenkontrollgesetze,
- in der Pharmazie: das Arzneimittelgesetz,
- bei der Produktion von Stoffen: das Chemikaliengesetz,
- im Gesundheitsschutz/Arbeitsschutz: Gefahrstoffverordnung, Lebensmittelrecht
- und schließlich im Umweltschutz: Trinkwasserverordnung, Abwasserabgabegesetz, Immissionsschutzgesetz etc.

Ziel jeder analytischen Arbeit ist, zuverlässige Analysenergebnisse definierter Qualität zu erhalten. Qualitätsmerkmale des Analysenverfahrens sind deshalb:

- die *Spezifität*: sie beschreibt die Fähigkeit des Analysenverfahrens, den gesuchten Analyten in allen relevanten Formen zu erfassen;
- die *Selektivität*: sie beschreibt die Fähigkeit des Analysenverfahrens, nur den gesuchten Analyten zu erfassen, wobei andere in der Probe anwesende Bestandteile/Merkmale – die Matrix – das Analysenergebnis nicht beeinflussen;
- die *Empfindlichkeit* des Analysenverfahrens: sie gibt die angezeigte Messwertänderung pro Analytkonzentrationsänderung an;
- die *Genauigkeit* im Sinne der *Richtigkeit* (Fehlen systematischer Fehler) und der *Präzision* (Maß an Übereinstimmung zwischen Ergebnissen, wie sie bei wiederholter Anwendung eines festgelegten Analysenverfahrens auf dieselbe Probe gewonnen werden. Eine Unpräzision wird durch zufällige Fehler verursacht).

Qualitätssicherung in der Analytischen Chemie, 2. Auflage. W. Funk, V. Dammann, G. Donnevert

ISBN: 3-527-31112-2

Tabelle 0-1. Zielsetzung und Einsatzgebiete für Analysen.

Analysenzweck	*Besondere Anforderungen an das Analysenverfahren*	*Beispiele*
Auffinden von Schadstoffen, Screening	– hohe Spezifität – niedrige Nachweisgrenze – schnell durchführbar – preiswert	– med. Vorbeugeuntersuchungen (z. B. mit Blutzucker-Teststäbchen) – Toxikologie und Gerichtsmedizin: Identifikation von Giftstoffen und Drogen – Schadstoffidentifikation und Verursacherermittlung bei Umweltkatastrophen
Vorbereitung einer Entscheidung	– hohe Spezifität – hohe Genauigkeit	– Beweismittel in der Kriminologie – Diagnostik in der Medizin – Beurteilung schadstoffemittierender Anlagen (Grenzwerte) – Gebührenfestsetzung (z. B. Abwasserabgabe, Abfallentsorgung, Abluftabgabe) – Eingangs-Qualitätsprüfung von Rohstoffen
Sicherstellung des Schutzes von Mensch und Umwelt	– hohe Spezifität – hohe Genauigkeit	– Warnsysteme (z. B. Gasspürsysteme) – Lebensmittelüberwachung – Qualitätskontrolle von Pharmazeutika, sonstigen Chemikalien, Betriebs- und Werkstoffen
Erfolgskontrolle durchgeführter Maßnahmen	– hohe Spezifität – hohe Genauigkeit	– Analysen im Rahmen der Abnahmeverfahren neuer und modifizierter technischer Anlagen – Umweltsanierungen – Erfolgskontrollen medizinischer Therapie
Monitoring, Prozessüberwachung und -regelung	– hohe Spezifität – hohe Genauigkeit – schnell durchzuführen	– laufende Produktionsüberwachung von Lebensmitteln, Pharmazeutika, Chemikalien, Werkstoffen etc. – Emissionsüberwachung beim Betrieb umweltrelevanter Anlagen – Verlaufskontrolle von Langzeittherapien
Allgemeiner Informationsgewinn	– hohe Spezifität – hohe Genauigkeit – schnell durchzuführen	– Grundlagenforschung aller Fachdisziplinen – Erstellung von Umweltkatastern

Aufgabe des Analytikers ist demnach auch, die Qualität jedes von ihm angewandten Analysenverfahrens zu ermitteln, gegebenenfalls zu verbessern sowie sicherzustellen und zu dokumentieren, dass die erreichte Qualität zu jedem Zeitpunkt der Routineanalytik auch eingehalten wird. Erst dann kann von einem zuverlässigen Analysenverfahren gesprochen werden.

Die Untersuchungsaufgaben der physikalisch-chemischen Analytik lassen sich in der Regel auf die Beantwortung einer der folgenden fünf Grundfragen zurückführen:

1. Ist ein Inhaltsstoff in der Probe vorhanden oder nicht?
2. In welchem Konzentrationsbereich liegt die betreffende Substanz vor?
3. Liegt die Konzentration weit unterhalb eines entsprechenden Grenzwertes?
4. Ist ein Grenzwert überschritten?
5. In welcher Konzentration (plus/minus Vertrauensbereich) liegt der interessierende Inhaltsstoff in der Probe vor?

Diese verschiedenen Fragestellungen stellen unterschiedliche Anforderungen an die Qualität des anzuwendenden Analysenverfahrens.

0.1
Allgemeine Unterscheidung der Analysenverfahren

Aufgrund der Zielsetzung, des notwendigen Arbeitsaufwandes und der geforderten Aussagekraft der Analysenergebnisse lassen sich Analysenverfahren in fünf Gruppen einteilen:

1. *Referenzverfahren* sind in nationalen bzw. internationalen Richtlinien- und Normenwerken (z. B. DIN, EN, BS, ASTM, ISO) oder anderen gesetzlichen Regelungen beschrieben. Referenzverfahren stellen den anerkannten Stand der Technik dar; ihre Anwendung kann im Rahmen von Verordnungen und Richtlinien verbindlich vorgeschrieben sein.
2. *Laborvergleichsverfahren* sind quantitative Analysenverfahren, die methodisch zwar vom Referenzverfahren abweichen, deren Gleichwertigkeit mit dem Referenzverfahren jedoch überprüft wurde.
3. *Sonstige quantitative Analysenverfahren* werden im Labor in unterschiedlichen Anwendungsfällen – jedoch außerhalb der vom Gesetzgeber reglementierten Bereiche – mit unterschiedlicher Zielsetzung eingesetzt. Hierzu zählen auch die – noch – nicht genormten neuesten Analysenverfahren.
4. *Feldmethoden* können auch außerhalb des Labors eingesetzt werden und liefern mit Hilfe von objektiven Messmethoden in Abhängigkeit von Probenvorbehandlung und Qualitätssicherungsmaßnahmen halbquantitative bis quantitative Ergebnisse.
5. *Orientierungstests/Screening-Verfahren* [88] sind Tests mit einer subjektiven Beurteilung, die einen bestimmten Stoff qualitativ nachweisen und eine größenordnungsmäßige Abschätzung der Konzentration erlauben.

Die unter 4. und 5. genannten Verfahren werden unter dem Begriff „ready-to-use"-Verfahren zusammengefasst [121].

0.2
Qualität von Analysenergebnissen und -verfahren

Das zur Beantwortung einer bestimmten Fragestellung geeignete Analysenverfahren muss nicht unbedingt das aus naturwissenschaftlicher Sicht „beste Verfahren"

Tabelle 0-2. Genauigkeitsanforderungen an Analysenverfahren in Abhängigkeit von der analytischen Fragestellung.

Fragestellung	***Erforderliche Qualität des Analysenverfahrens***
Ist ein Stoff vorhanden oder nicht?	Ja/Nein-Entscheidung – ein ausreichend empfindlicher Orientierungstest ist einsetzbar.
In welchem Konzentrationsbereich ist die betreffende Substanz vorhanden?	Ein Orientierungstest mit entsprechender Abstufung der angezeigten Konzentrationsbereiche ist einsetzbar.
Liegt die Konzentration weit unterhalb eines zu prüfenden Grenzwertes?	Es ist keine hohe Präzision des Analysenergebnisses erforderlich, Orientierungstests und Feldmethoden sind einsetzbar.
Ist ein Grenzwert überschritten?	Eine hohe Genauigkeit (Präzision *und* Richtigkeit) des Analysenergebnisses ist erforderlich, d. h. nur Referenzverfahren und gegebenenfalls Laborvergleichsverfahren sind einsetzbar.
In welcher Konzentration $\pm$ Vertrauensbereich liegt der interessierende Inhaltsstoff in der Probe vor?	Eine hohe Genauigkeit (Präzision *und* Richtigkeit) des Analysenergebnisses ist erforderlich. Ist für das Analysenergebnis Rechtsmittelfestigkeit erforderlich, so sind nur Referenzverfahren, gegebenenfalls Laborvergleichsverfahren zulässig. Andernfalls können auch sonstige Analysenverfahren eingesetzt werden, deren Zuverlässigkeit sichergestellt ist.

sein (Tabelle 0-2). Wichtig dagegen ist jedoch, dass ein Analysenergebnis, welches bei der Überprüfung der Einhaltung gesetzlicher Vorschriften gewonnen wurde, gegebenenfalls auch vor Gericht haltbar, d. h. rechtsmittelfest ist.

0.3
Das System der Analytischen Qualitätssicherung

Ziel der Analytischen Qualitätssicherung ist es, zuverlässige Analysenergebnisse zu gewinnen, deren Genauigkeit ermittelt, regelmäßig überprüft und dokumentiert ist.

Testreihen im Rahmen der Qualitätskontrolle von pharmazeutischen Produkten und toxischen Chemikalien unterliegen darüber hinaus den Regeln der „Guten Laborpraxis", „Good Laboratory Practice" (GLP), die Anforderungen an die Zielsetzung, Planung, Durchführung, Überwachung, Aufzeichnung, Beurteilung und Dokumentation von Labor-Versuchsreihen definiert [19, 20, 181, 182, 184]. Das über die OECD ebenfalls international organisierte GLP-System [166–174] ist *nicht* Teil der Analytischen Qualitätssicherung und damit auch nicht Gegenstand des vorliegenden Buches.

Alle Arbeitsschritte zur Gewinnung und Beurteilung eines Analysenergebnisses im kommerziellen und staatlich geregelten Bereich sind eingebunden in ein hierarchisch organisiertes System der laborinternen und -externen Qualitätssicherung (s. auch Tabelle 0-3).

Tabelle 0-3. Aufgaben und wechselweise Beziehungen der externen Analytischen Qualitätssicherung.

Bescheinigung der Befähigung von Laboratorien für die Durchführung bestimmter Analysen an bestimmten Probenarten	***Externe Qualitätskontrolle***	***Prüfmittelüberwachung***
Nationaler Akkreditierungsrat Aufgaben: internationale Abstimmung, Koordinierung der national erfolgenden Tätigkeiten auf dem Gebiet der Akkreditierung und Anerkennung von Prüflaboratorien, Kalibrierlaboratorien, Zertifizierungs- und Überwachungsstellen; Führen des nationalen Akkreditierungs- und Anerkennungsregisters; Definition von Akkreditierungskriterien, Akkreditierung von Akkreditierungsagenturen		*Bureau International des Poids et Mesures (BIPM)/Internationales Büro für Maß und Gewicht* (Paris) Schaffung der experimentellen Grundlagen für das SI-System; Definition der Internationalen Normale; Kalibrierung der nationalen Referenz-Messgeräte
↓		↓
Zertifizierungs- und Akkreditierungsstellen, -agenturen, ggf. Überwachungsbehörden Zertifizierung und Akkreditierung von Laboratorien		*Nationale Metrologie-Institute z. B. die Physikalisch-Technische Bundesanstalt in Deutschland* Vorhalten der nationalen Normale; Kalibrierung der Referenz-Messgeräte der Kalibrierdienste
		↓
		Kalibrierdienste Kalibrierung von Messgeräten: Ermittlung und Dokumentation der Messgenauigkeit
↘		↙
	Referenzlaboratorien Durchführung von Ringversuchen, Vertrieb von zertifiziertem Referenzmaterial, Begutachtung	
	↓	↙
	Laboratorium, welches Analysen durchführt	

Auf nationaler und europäischer Ebene definiert der Gesetzgeber Grenzwerte, Zielwerte und Qualitätsanforderungen, schreibt zur Überwachung der Qualität von Produkten gegebenenfalls auch Referenzverfahren vor, fordert den Aufbau eines Analytischen Qualitätssicherungssystems und fördert zum Teil auch die Gründung und den Betrieb von Zertifizierungs-, Akkreditierungs- und Überwachungsinstitutionen [21, 102, 144, 152, 177, 180, 185, 189, 207].

Internationale (ISO, CEN) und nationale (z. B. DIN, BSI, AFNOR, NEN) Normen definieren Begriffe, beschreiben Qualitätssicherungssysteme, Vorgehensweisen, Analysenverfahren, Messgeräte und bilden die Grundlagen für die Beurteilung des Betriebes und der Kompetenz von Laboratorien im Verlauf von Akkreditierung und Zertifizierung.

Eine *Zertifizierung* bescheinigt einem Laboratorium, dass es ein funktionsfähiges Qualitätsmanagementsystem [66, 76] aufgebaut hat und betreibt.

Für eine *Akkreditierung* dagegen muss das Laboratorium nachweisen, dass es die Kompetenz für die Durchführung bestimmter Analysen bei bestimmten Probenarten besitzt und alle Anforderungen, die in den entsprechenden Vorschriften und Normen aufgeführt sind, erfüllt [142].

Jede chemische Analyse basiert in irgendeiner Form auf der Messung einer physikalischen oder chemischen Größe mit Hilfe von Messgeräten. Die Sicherstellung der Genauigkeit der eingesetzten Messgeräte ist Aufgabe der sog. *Prüfmittelüberwachung*.

Die Überprüfung der Befähigung des Laboratoriums beinhaltet auch die Teilnahme an Ringversuchen zum Vergleich mit anderen Laboratorien. Das den *Ringversuch* (RV) organisierende Laboratorium stellt dazu eine größere Menge einer sehr homogenen Probe her und versendet Teilproben hiervon an die am RV teilnehmenden Laboratorien zur Analyse. Die Analysenergebnisse der Teilnehmer werden gesammelt und ausgewertet. Die Beurteilung der Leistung eines Labors erfolgt anhand von Richtigkeit und Präzision seiner Ergebnisse.

Ringversuche werden nicht nur zur Beurteilung der analytischen Leistung von Laboratorien durchgeführt, sondern auch

- zur Prüfung von neuen Analysenverfahren auf ihre Praxistauglichkeit,
- zur Gewinnung von Verfahrenskenndaten sowie
- zur Ermittlung der Kenndaten von Referenzmaterial.

0.4
Das 4-Phasen-Modell der Analytischen Qualitätssicherung

Die Ermittlung, ggf. Verbesserung und Wahrung der Qualität der Analysenergebnisse sind unabdingbare Voraussetzung für die Akkreditierung eines Laboratoriums für die Anwendung dieses Analysenverfahrens zur Analyse einer bestimmten Probenart. Auch wenn eine Akkreditierung nicht vorgesehen ist, sollte Analytische Qualitätssicherung im eigenen Interesse betrieben werden.

Für den Analytiker lassen sich die QS-Maßnahmen in vier Phasen, mehr oder weniger chronologisch aufeinander aufbauend, darstellen:

- In **Phase I** wird ein neues, insbesondere kalibrierbedürftiges Analysenverfahren auf seine Qualitätsmerkmale hin untersucht und gegebenenfalls verbessert und beschrieben.
- In **Phase II**, der so genannten vorbereitenden Qualitätskontrolle, wird ein Analysenverfahren, dessen Qualitätsmerkmale bereits dokumentiert sind, für die Routineanalytik einsatzfähig gemacht. Hierzu zählen das Erreichen und die Wahrung einer ausreichenden Analysenqualität vor Beginn der Routineanalytik.
- **Phase III** umfasst alle laborinternen Maßnahmen der Qualitätssicherung in der Routineanalytik, begleitet durch die
- laborexternen analytischen Qualitätssicherungsmaßnahmen der **Phase IV** (externe Qualitätssicherung in Form von Ringversuchen).

Nur durch die Einbindung aller analytischen Tätigkeiten in ein geschlossenes System sowohl der laborinternen als auch -externen Qualitätssicherung ist die Zuverlässigkeit der gewonnenen Analysenergebnisse gewährleistet: Sie sind einerseits rechtsmittelfähig und können andererseits zu Vergleichen im Rahmen von Trenduntersuchungen, Analysenwertkatastern etc. eingesetzt werden.

1
Phase I: Erstellung eines neuen Analysenverfahrens

1.1
Einführung

1.1.1
Zielsetzung der Phase I

Bevor ein neues, insbesondere kalibrierbedürftiges Analysenverfahren Eingang in die Routineanalytik finden kann, gilt es, nicht nur die einzelnen Verfahrensschritte festzulegen, sondern sie gegebenenfalls zu optimieren und das gesamte analytische Grundverfahren auf seine Leistungsfähigkeit hin zu überprüfen. Die hierbei gewonnenen Leistungskenndaten werden gemeinsam mit der Analysenvorschrift dokumentiert und/oder publiziert und bilden die Grundlage für eine spätere Qualitätssicherung in der Routineanalytik.

1.1.2
Wann werden die Kenndaten gewonnen?

Die im Folgenden beschriebenen statistischen Methoden finden in erster Linie ihre Anwendung während der Erstellung eines neuen Analysenverfahrens. Darüber hinaus sind sie geeignet, dem Analytiker während der Erprobung/Einübung eines kalibrierbedürftigen Analysenverfahrens Informationen über die aktuell erreichte Analysenqualität zu geben (s. auch Abschnitt 2.3).

Die Verfahrenskenndaten (lineare Kalibrierfunktion einschließlich Präzisionsmaße) sollten bei jeder Neukalibrierung des Analysenverfahrens neu ermittelt werden, so z. B. nach

- Reagenzienwechsel (neue Chargen),
- technischen Eingriffen in Analysengeräte (nach technischen Modifikationen, Wartungs- und Instandsetzungsarbeiten, z. B. Lampenwechsel in der Photometrie),
- Personalwechsel,
- usw.

Qualitätssicherung in der Analytischen Chemie, 2. Auflage. W. Funk, V. Dammann, G. Donnevert

ISBN: 3-527-31112-2

1.1.3
Ablauf der Phase I

Schema 1-1. Arbeitsablauf der Phase I: Ablauf-Diagramm.

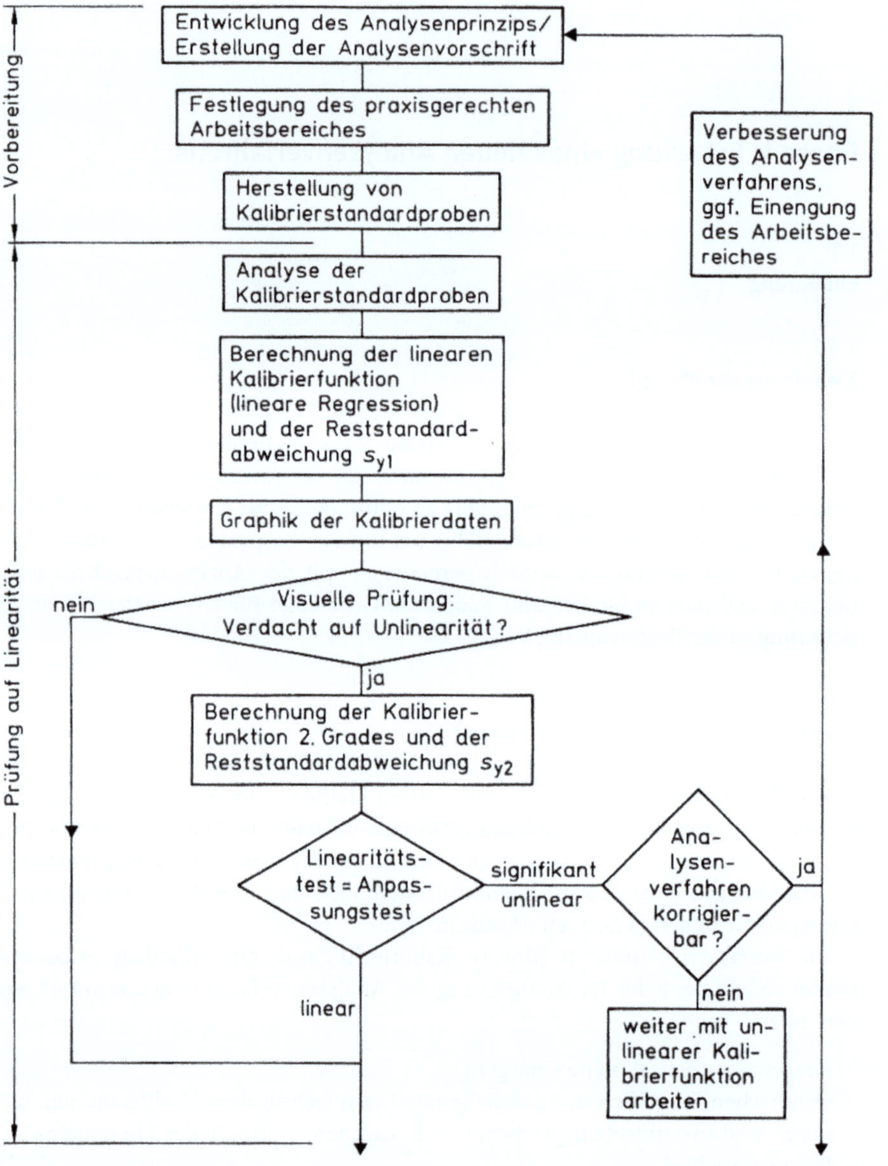

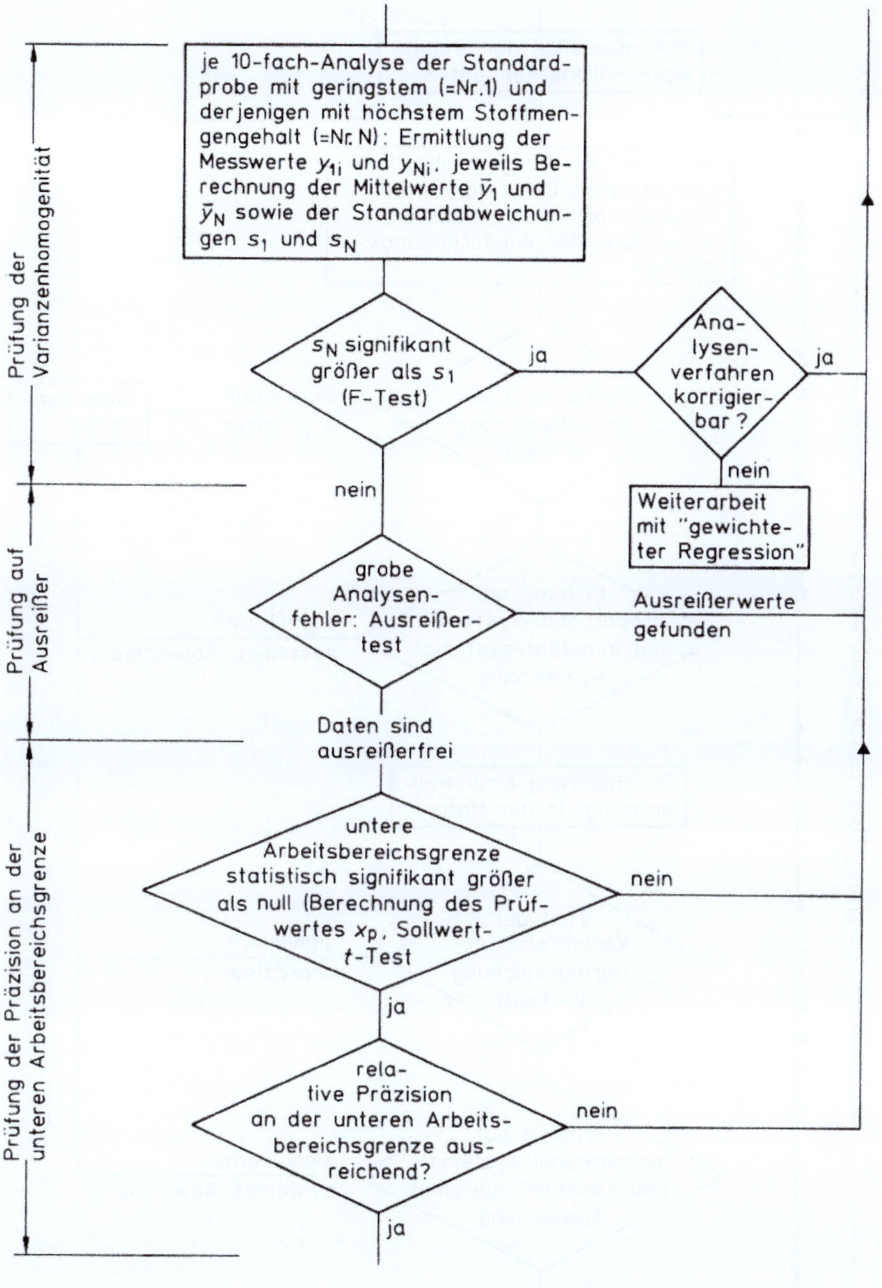

je 10-fach-Analyse der Standardprobe mit geringstem (=Nr.1) und derjenigen mit höchstem Stoffmengengehalt (=Nr. N): Ermittlung der Messwerte y_{1i} und y_{Ni}, jeweils Berechnung der Mittelwerte $\bar{y}_1$ und $\bar{y}_N$ sowie der Standardabweichungen s_1 und s_N
s_N signifikant größer als s_1 (F-Test)
ja
Analysenverfahren korrigierbar?
ja
nein
Weiterarbeit mit "gewichteter Regression"
nein
grobe Analysenfehler: Ausreißertest
Ausreißerwerte gefunden
Daten sind ausreißerfrei
untere Arbeitsbereichsgrenze statistisch signifikant größer als null (Berechnung des Prüfwertes x_P, Sollwert-t-Test)
nein
ja
relative Präzision an der unteren Arbeitsbereichsgrenze ausreichend?
nein
ja
Prüfung der Varianzenhomogenität
Prüfung auf Ausreißer
Prüfung der Präzision an der unteren Arbeitsbereichsgrenze

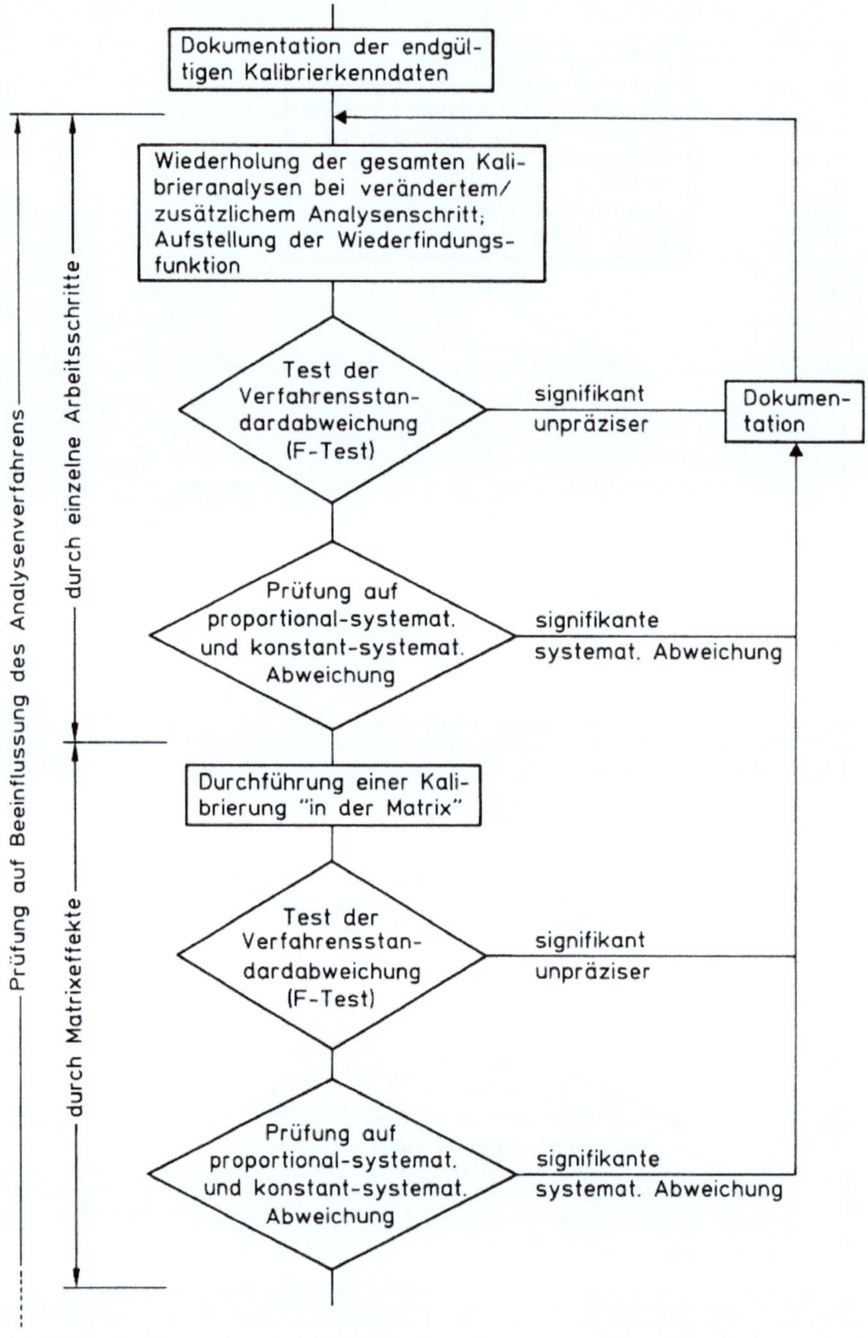

Dokumentation der endgültigen Kalibrierkenndaten
Wiederholung der gesamten Kalibrieranalysen bei verändertem/zusätzlichem Analysenschritt; Aufstellung der Wiederfindungsfunktion
Test der Verfahrensstandardabweichung (F-Test)
signifikant unpräziser
Dokumentation
Prüfung auf proportional-systemat. und konstant-systemat. Abweichung
signifikante systemat. Abweichung
Durchführung einer Kalibrierung "in der Matrix"
Test der Verfahrensstandardabweichung (F-Test)
signifikant unpräziser
Prüfung auf proportional-systemat. und konstant-systemat. Abweichung
signifikante systemat. Abweichung
Prüfung auf Beeinflussung des Analysenverfahrens
durch einzelne Arbeitsschritte
durch Matrixeffekte

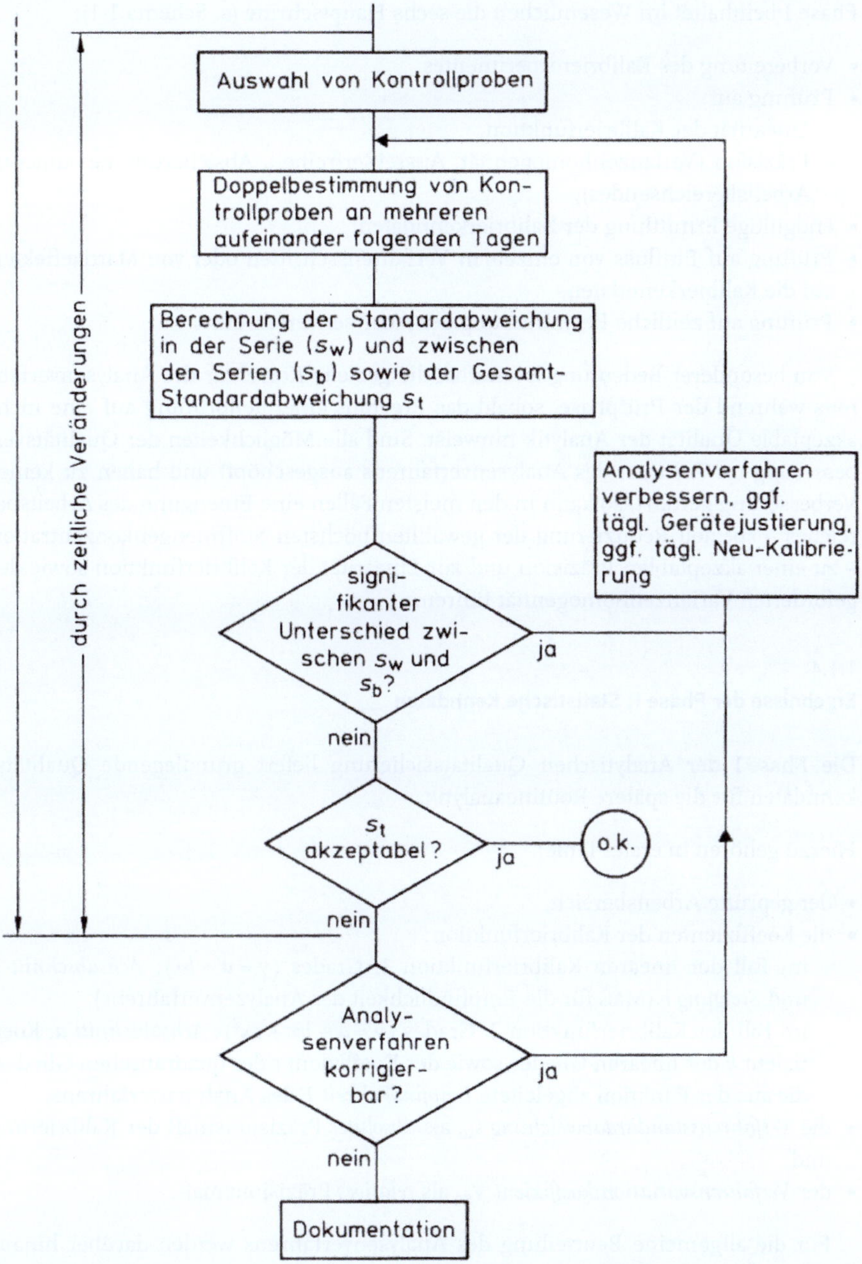
Auswahl von Kontrollproben
Doppelbestimmung von Kontrollproben an mehreren aufeinander folgenden Tagen
Berechnung der Standardabweichung in der Serie (s_w) und zwischen den Serien (s_b) sowie der Gesamt-Standardabweichung s_t
Analysenverfahren verbessern, ggf. tägl. Gerätejustierung, ggf. tägl. Neu-Kalibrierung
signifikanter Unterschied zwischen s_w und s_b?
ja
nein
s_t akzeptabel?
ja
o.k.
nein
Analysenverfahren korrigierbar?
ja
nein
Dokumentation
durch zeitliche Veränderungen

Phase I beinhaltet im Wesentlichen die sechs Hauptschritte (s. Schema 1-1):

- Vorbereitung des Kalibrierexperimentes,
- Prüfung auf:
  - Linearität der Kalibrierfunktion,
  - Präzision (Varianzenhomogenität, Ausreißerfreiheit, Absicherung des unteren Arbeitsbereichsendes),
- endgültige Ermittlung der Kalibrierkenndaten,
- Prüfung auf Einfluss von einzelnen Verfahrensschritten oder von Matrixeffekten auf die Kalibierkenndaten,
- Prüfung auf zeitliche Beeinflussung des Analysenverfahrens.

Von besonderer Bedeutung ist hierbei die gezielte Korrektur des Analysenverfahrens während der Prüfphase, sobald das Ergebnis einer Teilprüfung auf eine nicht akzeptable Qualität der Analytik hinweist. Sind alle Möglichkeiten der Qualitätsverbesserung im Rahmen des Analysenverfahrens ausgeschöpft und haben zu keiner Verbesserung geführt, so kann in den meisten Fällen eine Einengung des Arbeitsbereiches – speziell Reduzierung der gewählten höchsten Stoffmengenkonzentration – zu einer akzeptablen Präzision und zur Linearität der Kalibrierfunktion sowie der geforderten Varianzenhomogenität führen.

1.1.4
Ergebnisse der Phase I; Statistische Kenndaten

Die Phase I der Analytischen Qualitätssicherung liefert grundlegende Qualitätskenndaten für die spätere Routineanalytik.

Hierzu gehören in erster Linie:

- der geprüfte Arbeitsbereich,
- die Koeffizienten der Kalibrierfunktion:
  - im Fall der linearen Kalibrierfunktion 1. Grades ($y = a + bx$): *Achsabschnitt a* und *Steigung b* (Maß für die Empfindlichkeit des Analysenverfahrens),
  - im Fall der Kalibrierfunktion 2. Grades ($y = a + bx + cx^2$): *Achsabschnitt a*, Koeffizient b des linearen Gliedes sowie der Koeffizient c des quadratischen Gliedes; die aus der Funktion abgeleitete *Empfindlichkeit E* des Analysenverfahrens,
- die *Verfahrensstandardabweichung* s_{xo} als *absolutes* Präzisionsmaß der Kalibrierung und
- der *Verfahrensvariationskoeffizient* V_{xo} als *relatives* Präzisionsmaß.

Für die allgemeine Beurteilung des Analysenverfahrens werden darüber hinaus die Kenndaten

- *Nachweisgrenze* x_{NG}, als derjenige Stoffmengengehalt, der mit einer Irrtumswahrscheinlichkeit α (z. B. $\alpha = 5\%$) einen Messwert größer als den Blindwert ergibt,
- *Erfassungsgrenze* x_{EG}, als derjenige Stoffmengengehalt, der mit einer Irrtumswahrscheinlichkeit β (z. B. $\beta = 5\%$) größer als der Blindwert ist,

- *Bestimmungsgrenze* x_{BG}, als derjenige Stoffmengengehalt, der mit einer maximal zulässigen relativen Ergebnisunsicherheit ermittelt werden kann,
- *Prüfgröße* x_p zur Validierung des praxisgerechten Arbeitsbereiches,
- festgestellte konstant- und/oder proportional-systematische Abweichungen bei bestimmten Matrices sowie Hinweise auf die zeitliche Abhängigkeit der Analysenergebnisse, den Zeitaufwand und sonstige besondere Hinweise

dokumentiert.

1.2 Kalibrierung des analytischen Grundverfahrens (Grundkalibrierung)

Bei einem kalibrierbedürftigen/kalibrierfähigen Analysenverfahren führt die Anwendung des physikalischen Messprinzips nicht direkt zum Analysenergebnis; der erhaltene Messwert stellt lediglich ein physikalisches Messergebnis dar, das über die zuvor empirisch im Rahmen eines Kalibrierexperiments gewonnenen Verfahrenskenndaten in das Analysenergebnis umgerechnet werden muss [101].

Die Verwendung einer *Analysenfunktion*

Analysenergebnis = Funktion des Messwertes

bzw. in kürzerer mathematischer Schreibweise:

$$\hat{x} = f(\hat{y})$$

(mit $\hat{y}$ als Messwert und $\hat{x}$ als Substanzgehalt/Analysenergebnis)

basiert auf der Anwendung der im Kalibrierexperiment gewonnenen *Kalibrierfunktion*

Messwert = Funktion des Substanzgehalts bzw.

$$y = f(x)$$

(mit x = Substanzgehalt der Standardlösung und y = zugehöriger Messwert)

und deren Präzisionskenndaten für die Bestimmung eines unbekannten Substanzgehaltes in einer Analysenprobe. Die *Kalibrierfunktion* wird hierzu – nach x aufgelöst – zur *Analysenfunktion*, die nach Einsetzen des Messwertes der untersuchten Probe $\hat{y}$ das Analysenergebnis $\hat{x}$ liefert [101].

Eine *Grundkalibrierung* stellt die Kalibrierung des analytischen Grundverfahrens (Analysenprinzip) dar, d. h. hierbei werden keine Probenaufbereitungsschritte wie Extraktion oder Aufschluss durchgeführt, sondern lediglich Standards in reinem Lösungsmittel (z. B. destilliertes Wasser) analysiert.

1.2.1 Festlegung des Arbeitsbereichs

Jede Kalibrierung beginnt mit der Wahl eines vorläufigen Arbeitsbereiches. Dieser richtet sich nach

a) dem praxisbezogenen Anwendungsziel.
Er soll einen größeren Anwendungsbereich weitgehend abdecken. Außerdem soll die Arbeitsbereichsmitte etwa gleich der häufigst zu erwartenden Probenkonzentration sein, wenn dies im Einzelfall realisierbar ist.

b) den technisch realisierbaren Möglichkeiten.

b1) Die Messwerte an der unteren Arbeitsbereichsgrenze müssen sich von den Messwerten des Verfahrensblindwertes signifikant unterscheiden. Eine untere Arbeitsbereichsgrenze ist nur dann sinnvoll, wenn sie mindestens gleich oder größer der *Erfassungsgrenze* (s. Abschnitt 1.3.2) dieses Verfahrens ist. Außerdem sollen Verdünnungs- und Konzentrierungsschritte bequem und fehlerfrei realisierbar sein.

b2) Die geforderte Analysenpräzision muss im gesamten Arbeitsbereich erreichbar sein (vgl. auch „Bestimmungsgrenze", Abschnitt 1.3.3). Da mit zunehmendem Stoffmengengehalt die Analysenunpräzision (absolut) zunimmt, ist darauf zu achten, dass der jeweils betrachtete Arbeitsbereich nicht zu groß gewählt wird. Ist für die Routineanalytik insgesamt ein weiter Arbeitsbereich erforderlich, so sollte dieser in überlappende Teilbereiche aufgeteilt werden.

Für die Anwendbarkeit der einfachen linearen Regressionsrechnung wird weiterhin gefordert:

b3) Die Analysenpräzision muss über den Arbeitsbereich konstant sein [151] (Homogenität der Varianzen). Bei Nichtbeachtung einer vorliegenden Varianzeninhomogenität ergibt sich eine starke Erhöhung der Messunsicherheit für die folgenden, mit der Kalibrierfunktion ermittelten Analysenergebnisse (s. Abschnitt 1.2.4.2.1).

b4) Zwischen Substanzgehalt und Messwert muss ein linearer Zusammenhang vorliegen (Linearität der Kalibrierfunktion s. Abschnitt 1.2.4.1).

Bei Varianzeninhomogenität oder Unlinearität ist entweder der gewählte Arbeitsbereich so weit zu verkleinern, bis diese Bedingungen erfüllt sind, oder es sind aufwändigere Kalibrierungsmodelle zu wählen, z. B. Regressionsfunktion höheren Grades (s. Abschnitt 1.2.3.2) [72, 79], gewichtete Regressionsrechnung [16, 159].

1.2.2 Vorbereitung der Standardproben

Anforderungen an eine Standardprobe:

- Reinheit, Matrixfreiheit bzw. definierte Matrix,
- Homogenität,
- Repräsentativität: Die zu analysierende Substanz muss in der Standardprobe in vergleichbarer Art vorliegen wie in den später zu erwartenden Analysenproben, d. h.
  - chemisch ähnliche Verbindung,
  - gleiche Oxidationsstufe, etc.

- Haltbarkeit, Konservierbarkeit,
- Aufbewahrung: keine Probenbeeinflussung durch Gefäße, äußere Bedingungen.

Herstellung der Standardproben:

- Bei der Herstellung von Standardproben muss die Präzision von Waage und Volumenmessgerät mitberücksichtigt werden. Dabei ist die Wägung die genaueste Form der Probenvorgabe und daher dem Abmessen von Volumina vorzuziehen [107]. Diese Geräte müssen regelmäßig auf ihre ordnungsgemäße Funktion überprüft und kalibriert werden.
- Es sollten insbesondere keine sukzessiven Verdünnungen erfolgen, da hierbei das Risiko der Fehlerfortpflanzung besteht.

Nach der Festlegung des vorläufigen Arbeitsbereiches werden $N = 5...10$ Standardproben so angesetzt, dass deren Konzentrationen möglichst äquidistant über den gewählten Arbeitsbereich verteilt liegen.

1.2.3
Ermittlung der Kalibrierfunktion und der Verfahrenskenndaten

Aus den für diese Standardproben ermittelten Messwerten werden die vorläufigen Kalibrierfunktionen 1. und 2. Grades berechnet, deren Verfahrenskenndaten für weitere statistische Tests benötigt werden.

Anmerkungen:

1. Aus Gründen der Übersichtlichkeit werden im Folgenden die physikalischen Einheiten von Messsignalen, Konzentrationen, statistischen Kennzahlen während des Rechenganges weggelassen und erst dem Endergebnis wieder hinzugefügt. Die Plausibilität der physikalischen Einheit eines Ergebniswertes lässt sich jedoch bei Bedarf durch eine *Dimensionsanalyse* überprüfen.

   Beispiel:
   Steigung der linearen Kalibrierfunktion:
   Substanzgehalt x: mg/l
   Messwert: Peakhöhe y: mm
   Steigung der Kalibrierfunktion:
   $$[\text{Peakhöhe pro Substanzgehalt}] = \frac{\text{mm}}{\text{mg/l}}$$
   Überprüfung anhand der Berechnungsformel:

   $$\text{Steigung} = \frac{\sum(x_i - \bar{x}) \cdot (y_i - \bar{y})}{\sum(x_i - \bar{x})^2}$$

   $$= \frac{\sum\left\{\frac{\text{mg}}{\text{l}} \cdot \text{mm}\right\}}{\sum\left\{\left(\frac{\text{mg}}{\text{l}}\right)^2\right\}}$$

$$= \frac{\left\{\frac{\text{mg}}{\text{l}} \cdot \text{mm}\right\}}{\left\{\frac{\text{mg}}{\text{l}} \cdot \frac{\text{mg}}{\text{l}}\right\}}$$

$$= \left\{\frac{\text{mm}}{\text{mg/l}}\right\} \quad \text{q.e.d.}$$

2. Bei den Summenzeichen (Σ) werden in der Regel die Laufindex-Angaben weggelassen. In diesen Fällen bildet „*i*" den Index und läuft von 1 bis *N*.

Beispiel: $\sum (x_i - \bar{x})^2$ entspricht $\sum\limits_{i=1}^{N} (x_i - x)^2$

1.2.3.1 Verfahrenskenndaten der linearen Kalibrierfunktion

Die Regressionsanalyse liefert die Kalibrierfunktion (s. Abb. 1-1) mit den Verfahrenskenndaten.

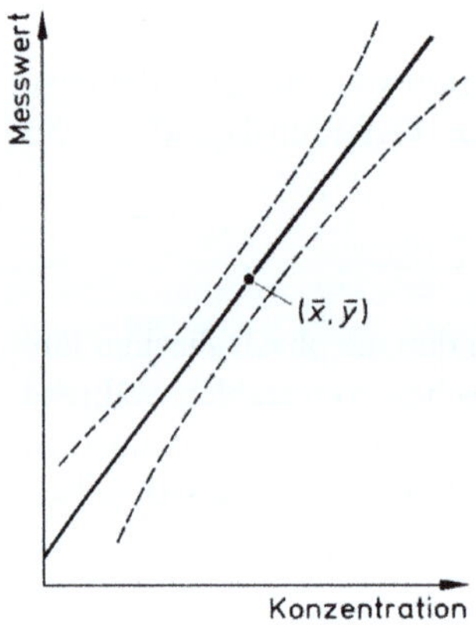

Abb. 1-1. Lineare Kalibrierfunktion ($y = a + bx$) mit Prognoseintervall.

Steigung (Maß für die Empfindlichkeit):

$$b = \frac{\sum \left[(x_i - \bar{x}) \cdot (y_i - \bar{y})\right]}{\sum (x_i - \bar{x})^2} \tag{1}$$

Achsenabschnitt:

$$a = \bar{y} - b\bar{x} \quad \text{mit} \quad \bar{x} = \frac{1}{N} \cdot \sum x_i \tag{2}$$

$$\bar{y} = \frac{1}{N} \cdot \sum y_i$$

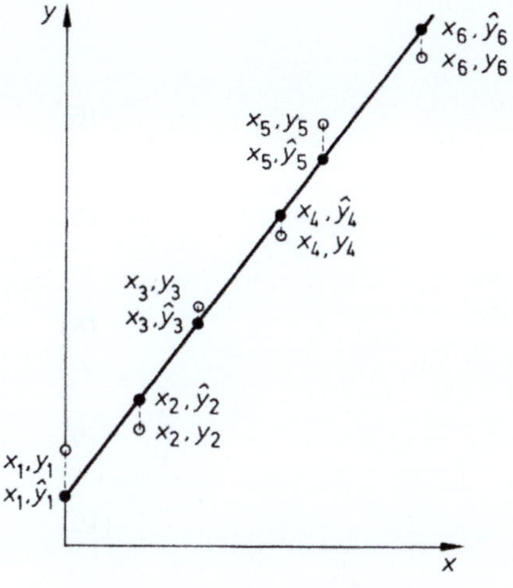

Abb. 1-2. Streuung der Messwerte ○ um die Regressionsgerade.

Reststandardabweichung (Streuung der Messwerte um die Regressionsgerade; s. Abb. 1-2):

$$s_y = \sqrt{\frac{\sum (y_i - \hat{y}_i)^2}{N-2}} \quad \text{mit} \quad \hat{y}_i = a + bx_i \tag{3}$$

Verfahrensstandardabweichung:

$$s_{xo} = \frac{s_y}{b} \tag{4}$$

Verfahrensvariationskoeffizient = relative Verfahrensstandardabweichung:

$$V_{xo} = \frac{s_{xo}}{\bar{x}} \cdot 100\,(\%) \tag{5}$$

1.2.3.2 Verfahrenskenndaten der Kalibrierfunktion 2. Grades

Die Regressionsanalyse liefert hier die Kalibrierfunktion 2. Grades (s. Abb. 1-3) mit ihren Verfahrenskenndaten [72].

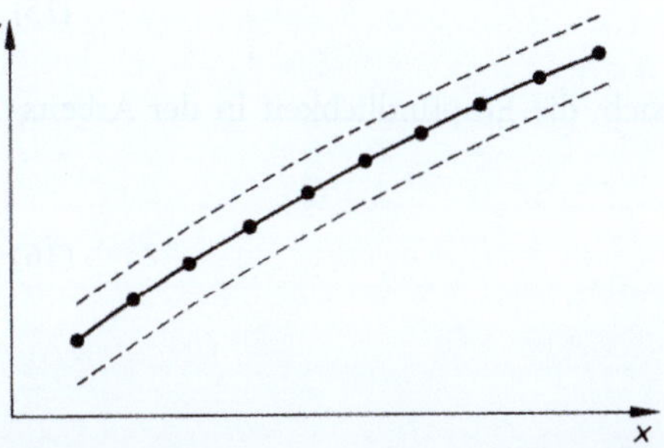

Abb. 1-3. Kalibrierfunktion 2. Grades ($y = a + bx + cx^2$).

Funktionskoeffizienten a, b, c:

$$a = \frac{1}{N}\left(\sum y_i - b \cdot \sum x_i - c \cdot \sum x_i^2\right) \tag{6}$$

$$b = \frac{Q_{xy} - c \cdot Q_{x^3}}{Q_{xx}} \tag{7}$$

$$c = \frac{Q_{xy} \cdot Q_{x^3} - Q_{x^2y} \cdot Q_{xx}}{\left(Q_{x^3}\right)^2 - Q_{xx} \cdot Q_{x^4}} \tag{8}$$

$$Q_{xx} = \sum x_i^2 - \left(\left(\sum x_i\right)^2 / N\right) \tag{9}$$

$$Q_{xy} = \sum (x_i y_i) - \left(\left(\sum x_i\right) \cdot \left(\sum y_i\right) / N\right) \tag{10}$$

$$Q_{x^3} = \sum x_i^3 - \left(\left(\sum x_i\right) \cdot \left(\sum x_i^2\right) / N\right) \tag{11}$$

$$Q_{x^4} = \sum x_i^4 - \left(\left(\sum x_i^2\right)^2\right) / N \tag{12}$$

$$Q_{x^2y} = \sum (x_i^2 \cdot y_i) - \left(\left(\sum y_i\right) \cdot \left(\sum x_i^2\right) / N\right) \tag{13}$$

Reststandardabweichung:

$$s_y = \sqrt{\frac{\sum (y_i - \hat{y}_i)^2}{N - 3}} \quad \text{mit} \quad \hat{y}_i = a + bx_i + cx_i^2 \tag{14}$$

Empfindlichkeit E:

Das Maß für die Empfindlichkeit ergibt sich aus der Änderung des Messwertes bei einer Änderung des Konzentrationswertes. Liegt für das Analysenverfahren eine lineare Kalibrierfunktion vor, so ist die Empfindlichkeit im gesamten Arbeitsbereich konstant und entspricht dem Regressionskoeffizienten b [72]. Im Falle einer gekrümmten Kalibrierfunktion ist die Empfindlichkeit jedoch abhängig vom jeweiligen Konzentrationswert und entspricht der ersten Ableitung der Kalibrierfunktion:

$$E(x) = b + 2c \cdot x \tag{15}$$

Als Verfahrenskenngröße empfiehlt es sich, die Empfindlichkeit in der Arbeitsbereichsmitte anzugeben:

$$E(\bar{x}) = b + 2c \cdot \bar{x} \tag{16}$$

Hieraus lassen sich auch die Verfahrensstandardabweichung und die relative Verfahrensstandardabweichung ableiten:

Verfahrensstandardabweichung: *Relative Verfahrensstandardabweichung:*

$$s_{xo} = \frac{s_y}{E(\bar{x})} \qquad V_{xo} = \frac{s_{xo} \cdot 100\%}{\bar{x}} \tag{17}$$

1.2.3.3 Berechnung des Analysenergebnisses mit Hilfe der Kalibrierfunktionen

1.2.3.3.1 Ergebnisangabe bei Verwendung der linearen Kalibrierfunktion

Analysenergebnis und Vertrauensbereich berechnen sich unter Verwendung der linearen Kalibrierfunktion zu

$$\text{Ergebnis} = \hat{x} \pm VB(\hat{x})$$

$$= \frac{\hat{\bar{y}} - a}{b} \pm s_{xo} \cdot t(P = 95\%, f = N_c - 2) \cdot \sqrt{\frac{1}{N_c} + \frac{1}{N_a} + \frac{\left(\hat{\bar{y}} - \bar{y}\right)^2}{b^2 \cdot Q_{xx}}} \tag{18}$$

mit $\hat{\bar{y}}$ = Mittelwert aus N_a-Mehrfach-Messwerten (N_a kann auch = 1 sein) und den Kenndaten aus der linearen Kalibrierung:

a = Achsabschnitt
b = Steigung
s_{xo} = Verfahrensstandardabweichung
N_c = Anzahl der Kalibrierstandards
Q_{xx} = Summe $(x_i - \bar{x})^2$

Beispiel:

1. Kalibrierkenndaten der Nitritbestimmung

i	x_i [mg/l]	y_i [Ext.]
1	0,05	0,140
2	0,10	0,281
3	0,15	0,405
4	0,20	0,535
5	0,25	0,662
6	0,30	0,789
7	0,35	0,916
8	0,40	1,058
9	0,45	1,173
10	0,50	1,303

$\bar{x}$ = 0,275 [mg/l]
$\bar{y}$ = 0,726 [Ext.]
a = 0,018 [Ext.]
b = 2,575 [Ext./(mg/l)]
s_{xo} = 0,0020 [mg/l]
N_c = 10
Q_{xx} = 0,20625 [(mg/l)^2]

2. Analysenergebnis

Der Messwert einer unbekannten Probe beträgt $\hat{y} = 0{,}641$ [Ext.].

Nach Gl. (18) errechnet sich das Analysenergebnis mit dem 95%-Prognoseintervall [$t\,(f = 8,\ P = 95\%) = 2{,}31$]:

$$\hat{x}_{1,2} = \frac{0{,}641 - 0{,}018}{2{,}575} \pm 0{,}0020 \cdot 2{,}31 \sqrt{\frac{1}{10} + \frac{1}{1} + \frac{(0{,}641 - 0{,}7262)^2}{2{,}575^2 \cdot 0{,}20625}}\ [\text{mg/l}]$$

$$\hat{x}_{1,2} = 0{,}24 \pm 0{,}005\ [\text{mg/l}]\ (\text{bei } P = 95\%, f = 8)$$

1.2.3.3.2 **Ergebnisangabe bei Verwendung der linearen Kalibrierfunktion 2. Grades**

Analysenergebnis und Vertrauensbereich berechnen sich unter Verwendung der linearen Kalibrierfunktion 2. Grades zu

Ergebnis bei negativer Krümmung: $\hat{x} = -\frac{b}{2c} - \sqrt{\left(\frac{b}{2c}\right)^2 - \frac{a - \hat{y}}{c}}$

Ergebnis bei positiver Krümmung: $\hat{x} = -\frac{b}{2c} + \sqrt{\left(\frac{b}{2c}\right)^2 - \frac{a - \hat{y}}{c}}$

mit

$$VB(\hat{x}) = \frac{s_y \cdot t}{(b + 2c\hat{x})} \cdot \sqrt{\frac{1}{N_c} + \frac{1}{N_a} + \frac{1}{Q_{x^4} \cdot Q_{xx} - (Q_{x^3})^2} \cdot \left\{(\hat{x} - \bar{x})^2 Q_{x^4} + \left(\hat{x}^2 - \frac{\sum x_i^2}{N_c}\right)^2 Q_{xx} - 2 \cdot (\hat{x} - \bar{x}) \cdot \left(\hat{x}^2 - \frac{\sum x_i^2}{N_c}\right) \cdot Q_{x^3}\right\}} \quad (19)$$

Beispiel:

1. Kalibrierkenndaten

i	x_i **[mg/l]**	y_i **[Ext.]**
1	12	0,083
2	18	0,123
3	24	0,164
4	30	0,203
5	36	0,240
6	42	0,273
7	48	0,303
8	54	0,334
9	60	0,364
10	66	0,393

$\bar{x}$ = 39 [mg/l]
a = 0,00562 [Ext.]
b = 0,00767 [Ext./(mg/l)]
c = –0,000025 [Ext./(mg/l)^2]
s_y = 0,00148 [Ext.]
s_{xo} = 0,258617 [mg/l]
N_c = 10
Q_{xx} = 2970 [(mg/l)^2]
Q_{x^3} = 231660 [(mg/l)^3]
Q_{x^4} = 18753770 [(mg/l)^4]

2. Analysenergebnis

Der Messwert einer unbekannten Probe beträgt $\hat{y} = 0{,}223$ [Ext.]. Nach Gl. (19) errechnet sich das Analysenergebnis

$$\hat{x} = 33{,}46 \text{ [mg/l]}$$

Entsprechend wird das 95%-Prognoseintervall mit $t\,(f = 7,\ P = 95\,\%) = 2{,}36$ berechnet:

$$VB(\hat{x}) = \pm 0{,}643 \text{ [mg/l]}$$

1.2.4
Überprüfung der Grundkalibrierung

1.2.4.1 Überprüfung der Linearität

Nach Möglichkeit sollte mit einer linearen Kalibrierfunktion 1. Grades gearbeitet und nur in begründeten Ausnahmefällen die lineare Kalibrierung 2. Grades angewendet werden.

1.2.4.1.1 Visueller Linearitätstest

Die Ermittlung des Kalibrierfunktionstyps erfolgt im einfachsten Fall durch graphische Darstellung der Kalibrierdaten, einschließlich Kalibriergeraden und eine subjektive Beurteilung. Ergibt sich dabei eine offensichtliche Unlinearität mit hoher Präzision der Messwerte (s. Abb. 1-4), so kann auf einen gesonderten statistischen Linearitätstest verzichtet werden. In Zweifelsfällen sollte jedoch die Linearität rechnerisch überprüft werden.

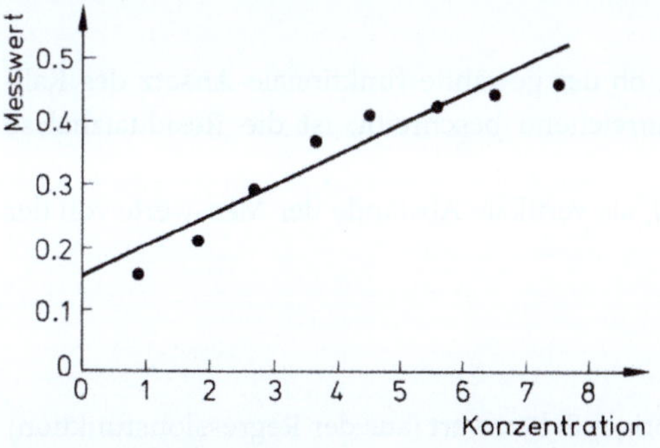

Abb. 1-4. Visueller Linearitätstest.

1.2.4.1.2 Anpassungstest nach Mandel

Zur rechnerischen Prüfung auf Linearität wird der Anpassungstest nach Mandel [47, 151, 190] empfohlen.

Der Test geht von der Annahme aus, dass die relativ großen Abweichungen der Messwerte von der Geraden durch Unlinearität verursacht sind und bei Wahl eines

„besseren" Regressionsmodells – hier 2. Grades – signifikant verringert werden können.

Hierzu werden die lineare Kalibrierfunktion 1. Grades $y = a + bx$ und die Kalibrierfunktion 2. Grades $y = a + bx + cx^2$, einschließlich der jeweils zugehörigen Reststandardabweichung s_y (s. Abschnitte 1.2.3.1 und 1.2.3.2), herangezogen.

Aus den Reststandardabweichungen s_{y_1} (der linearen Kalibrierfunktion 1. Grades) und s_{y_2} (der Kalibrierfunktion 2. Grades) wird die Differenz der Varianzen DS^2 berechnet:

$$DS^2 = (N-2)\, s_{y_1}^2 - (N-3)\, s_{y_2}^2 \quad \text{mit dem Freiheitsgrad } f = 1 \tag{20}$$

Für den F-Test wird der Prüfwert PW berechnet:

$$PW = \frac{DS^2}{s_{y_2}^2} \tag{21}$$

und mit dem Tabellenwert $F\,(f_1 = 1, f_2 = N-3, P = 99\%)$ verglichen.

Falls $PW \leq F$ wird durch die Kalibrierfunktion 2. Grades *keine* signifikant bessere Anpassung erreicht; die Kalibrierfunktion ist linear.

Ist $PW > F$, so sollten zunächst die Einzelschritte des Analysenverfahrens geprüft und falls möglich verbessert werden. Ist danach keine Linearität zu erreichen (z. B. aufgrund der physikalisch-chemischen Gesetzmäßigkeiten), so sollte durch Einengung des Arbeitsbereiches versucht werden, eine ausreichende Linearität zu erhalten. Als letzte Möglichkeit bleibt die künftige Auswertung der Messwerte über die Kalibrierfunktion 2. Grades (s. Abschnitt 1.2.3.2). Alternativ zum Anpassungstest nach Mandel kann auch die Residualanalyse zur Überprüfung der Linearität herangezogen werden.

1.2.4.1.3 **Residualanalyse**

Eine weitere Möglichkeit zu prüfen, ob der gewählte funktionale Ansatz des Kalibriermodells die Messergebnisse hinreichend beschreibt, ist die Residualanalyse [113].

Dabei ergeben sich die Residuen d_i als vertikale Abstände der Messwerte von der Regressionskurve (s. Abb. 1-2)

$$d_i = y_i - \hat{y}_i \quad \text{für} \quad i = 1, \ldots n$$

mit y_i = Messwert und $\hat{y}_i$ = zu y_i gehöriger Schätzwert (aus der Regressionsfunktion)

Die Residuen d_i sind normalverteilt [69, 113], falls der gewählte Modellansatz richtig ist (s. Abb. 1-5 a). Weisen die Residuen jedoch einen Trend auf (s. Abb. 1-5 b–d), so ist der zugrunde gelegte Regressionsansatz zu überprüfen; z. B. müsste für den Fall (d) in Abb. 1-5 eine Funktion 2. Grades berechnet werden.

Bei der graphischen Darstellung der Residuen können z. B. die in Abb. 1-5 gezeigten Fälle auftreten.

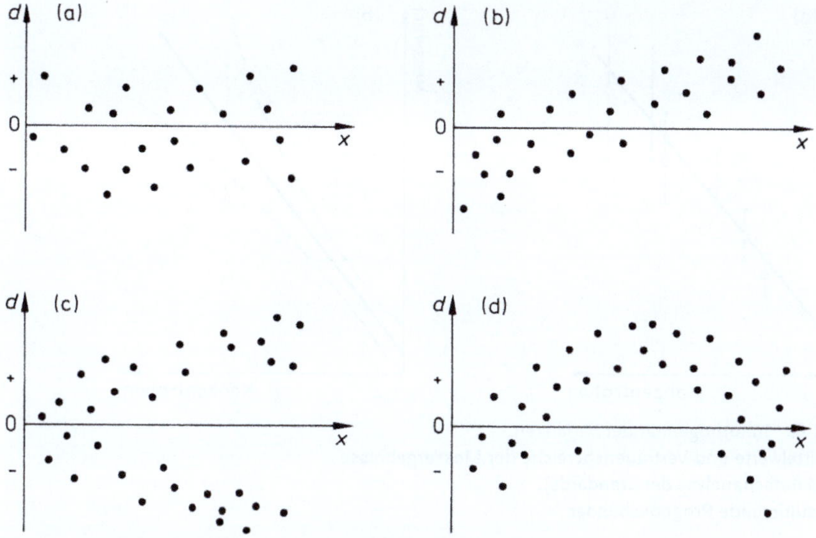

Abb. 1-5. Graphische Darstellung der Residuen in Abhängigkeit von den Konzentrationen *x*:
a) idealer Verlauf, d. h. richtiger Modellansatz,
b) linearer Trend, evtl. falscher Ansatz oder Rechenfehler,
c) ansteigende Varianzen, d. h. Varianzeninhomogenität,
d) nicht-linearer Verlauf, da falsche Regressionsfunktion gewählt.

1.2.4.2 Überprüfung der Präzision

1.2.4.2.1 Varianzenhomogenität

Die beschriebene lineare Regressionsrechnung geht von einer konstanten (homogenen) Unpräzision (Varianz der Messwerte) über den Arbeitsbereich aus.

Varianzeninhomogenität führt nicht nur zu einer höheren Unpräzision (s. Abb. 1-6), sondern durch mögliche Veränderung der Geradensteigung auch zu einer höheren Ungenauigkeit. Zur Überprüfung der Varianzenhomogenität werden jeweils zehn Standardproben der niedrigsten (x_1) sowie der höchsten (x_N) Konzentration des vorläufigen Arbeitsbereiches getrennt analysiert.

Man erhält $2n$ ($n = 10$) Messwerte (y_{ij}) aus diesen Messserien. Für beide Datensätze werden die Varianzen s_1^2 und s_N^2 berechnet:

$$s_i^2 = \frac{\sum\left(y_{ij} - \bar{y}_i\right)^2}{n_i - 1} \quad (\text{für } i = 1 \text{ und } i = N, \text{ bei jeweils } j \text{ von 1 bis 10}) \qquad (22)$$

Die Varianzen der beiden Messwertserien werden mittels *F*-Test auf Homogenität überprüft:

$$PW = \frac{s_N^2}{s_1^2} \qquad (23)$$

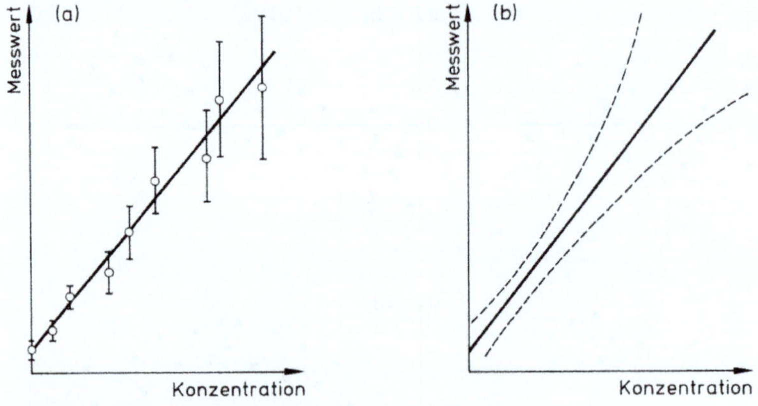

Abb. 1-6. Inhomogenität der Varianzen.
a) Mittelwerte und Vertrauensbereiche der Messergebnisse (Mehrfachanalyse der Standards),
b) resultierende Prognosebänder.

Für den Fall, dass der *F*-Test einen signifikanten Unterschied der Varianzen anzeigt, d.h. $PW > F(f_1 = 9, f_2 = 9, P = 99\%)$ ist, gibt es drei Möglichkeiten für die weitere Vorgehensweise:

1. Wahl eines engeren Arbeitsbereichs und erneute Überprüfung der Varianzenhomogenität (*empfohlene Vorgehensweise*). Eine typische Ursache für eine Varianzeninhomogenität liegt beispielsweise in einer Umschaltung des Messgerät-Anzeige- oder -Verstärkungsbereichs innerhalb des Arbeitsbereichs. Durch das Umschalten verändert sich allein der Anzeigefehler um den Faktor 10.
2. Anwendung der gewichteten Regression [159].
3. Multiple-Curve-Fitting [160].

1.2.4.2.2 **Ausreißertest**

Kalibrierdaten müssen grundsätzlich ausreißerfrei sein. Ausreißerverdächtige Werte können mittels verschiedener Ausreißertests überprüft werden [149]. Vorher muss in jedem Fall das geeignete Regressionsmodell ermittelt werden (s. Abschnitt 1.2.4.1), da bei der Anwendung des Ausreißertests die Richtigkeit des gewählten Regressionsansatzes vorausgesetzt wird.

Die Residualanalyse (s. Abschnitt 1.2.4.1.3) kann auch zum Nachweis von Ausreißern bei der Kalibrierung herangezogen werden [115].

Dazu wird zunächst aus allen Wertepaaren die Kalibriergerade mit der Reststandardabweichung berechnet.

Die Vorauswahl potenzieller Ausreißer erfolgt rechnerisch durch Ermittlung der Residuen ($y_i - \hat{y}_i$; s. Abb. A5; Anhang A1.2.4) und eventuell durch deren graphische Darstellung. Potenzieller Ausreißer ist jedes Wertepaar mit auffällig großem Residuum. Nach Eliminierung des verdächtigen Ausreißerpaares (x_A, y_A) aus dem Datenkollektiv wird eine neue Kalibriergerade mit der Reststreuung $s_{y_{A2}}$ berechnet.

Die Prüfung erfolgt wahlweise mit dem *F*-Test oder mit dem *t*-Test. Beide Methoden ergeben übereinstimmende Resultate.

F-Test: Die Reststreuungen $s_{y_{A1}}$ und $s_{y_{A2}}$ der beiden Geraden werden auf signifikanten Unterschied überprüft.

Man berechnet den Prüfwert

$$PW = \frac{(N_{A1} - 2)\, s_{y_{A1}}^2 - (N_{A2} - 2)\, s_{y_{A2}}^2}{s_{y_{A2}}^2} \tag{24}$$

und vergleicht ihn mit dem Tabellenwert $F(f_1 = 1, f_2 = N_{A2} - 2,\ P = 99\,\%)$.

Bei $PW < F$ liegt mit 1% Irrtumswahrscheinlichkeit kein Ausreißer vor und die eliminierten Werte werden dem Datenkollektiv wieder zugefügt.

t-Test: Für die Anwendung des *t*-Tests wird der Prognosebereich der zweiten Regressionsgeraden (nach Ausreißereliminierung) für die Konzentration x_A berechnet und überprüft, ob der potenzielle Ausreißerwert innerhalb dieses Prognosebandes liegt. Ist dies der Fall, so muss der eliminierte Wert wieder ins Datenkollektiv aufgenommen werden.

Berechnung des Prognosebereichs:

$$VB(\hat{y}_A) = \hat{y}_A \pm t \cdot s_{y_{A2}} \cdot \sqrt{1 + \frac{1}{N_{A2}} + \frac{(x_A - \bar{x})^2}{\sum x_i^2 - \frac{1}{N_{A2}}\left(\sum x_i\right)^2}} \tag{25}$$

$$= a_2 + b_2 \cdot x_A \pm t \cdot s_{y_{A2}} \cdot \sqrt{1 + \frac{1}{N_{A2}} + \frac{(x_A - \bar{x})^2}{\sum x_i^2 - \frac{1}{N_{A2}}\left(\sum x_i\right)^2}}$$

t Tabellenwert der *t*-Verteilung ($P = 95\,\%, f = N_{A2} - 2$, zweiseitig)
$N_{A2} = N - 1$ (N = ursprüngliche Anzahl der Kalibrierdatenpaare)
x_A Standardkonzentration des eliminierten Ausreißer-Messwertes
$\bar{x}$ Mittelwert aller x_i (ohne x_A)

Hinweis:

Wird mit Hilfe des F- bzw. t-Tests ein Ausreißer statistisch nachgewiesen, so muss als unabdingbare Forderung die Fehlerursache gesucht und eliminiert werden. Sodann ist die gesamte Kalibrierung zu wiederholen.

1.2.4.2.3 **Absicherung der unteren Arbeitsbereichsgrenze**

Eine Kalibrierfunktion ist nur dann für quantitative Analysen verwendbar, wenn sich alle später mit ihr berechneten Analysenergebnisse signifikant von null unterscheiden. Daher wird geprüft, ob sich die untere Arbeitsbereichsgrenze signifikant von null unterscheidet. Die Berechnungsformeln für den Prüfwert x_p (Abb. 1-7) entsprechen denjenigen zur Ermittlung der Erfassungsgrenze (s. Abschnitt 1.3.2.2).

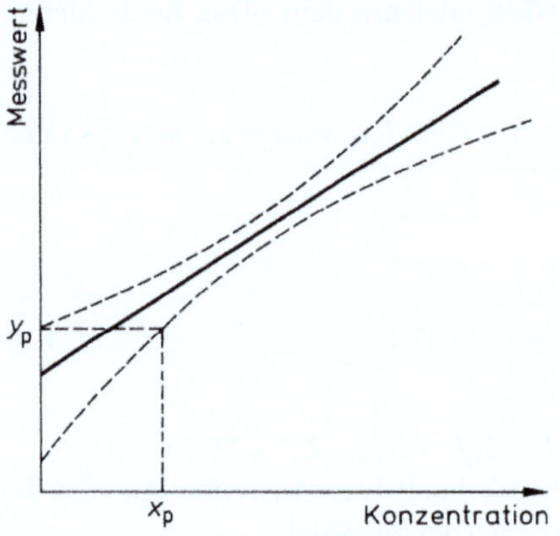

Abb. 1-7. Ermittlung von x_p über den Hilfswert y_p.

$$x_p = 2\ VB_x\,(y = y_p); \quad \text{mit } t(f = N-2,\ P = 95\%,\ \text{einseitig}): \tag{26}$$

$$x_p = 2 \cdot \frac{y_p - a}{b} \tag{27}$$

mit

$$y_p = a + s_y \cdot t \cdot \sqrt{\frac{1}{N} + 1 + \frac{\bar{x}^2}{\sum (x_i - \bar{x})^2}} \tag{28}$$

Ist $x_p < x_1$ (s. Abb. 1-8a), so ist der gesamte gewählte Arbeitsbereich statistisch abgesichert, d.h. die untere Grenze des Arbeitsbereichs x_1 unterscheidet sich signifikant von der Konzentration null (s. Abschnitt 1.3.2, Erfassungsgrenze).

Liegt x_p oberhalb von x_1 (s. Abb. 1-8b), dann unterscheidet sich x_1 nicht signifikant von der Konzentration null und der Arbeitsbereich ist somit erst für Konzentrationen $> x_p$ abgesichert. In diesem Fall sind quantitative Analysen überhaupt erst ab

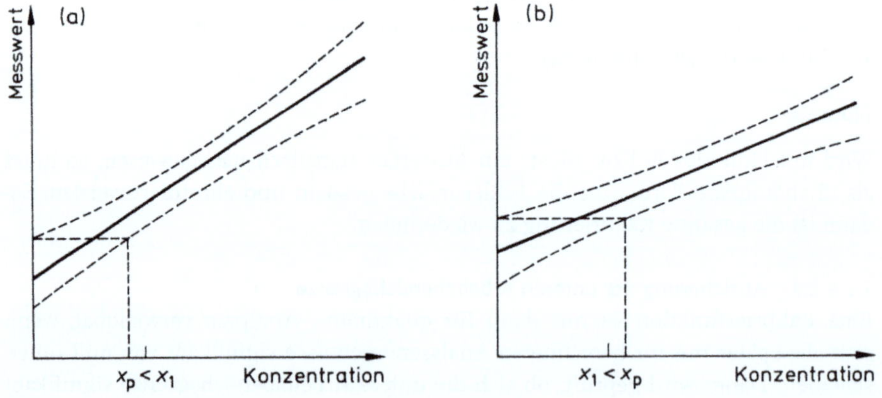

Abb. 1-8. Überprüfung der unteren Arbeitsbereichsgrenze x_1.
a) $x_p < x_1$, b) $x_p > x_1$.

diesem Konzentrationswert möglich. Für diesen – eingeschränkten – Arbeitsbereich müsste eine vollständige neue Kalibrierung erfolgen. Sinnvoller ist jedoch, zunächst das Analysenverfahren bzw. einzelne Verfahrensschritte zu überprüfen und zu verbessern.

1.2.4.2.4 Relative analytische Unpräzision

Ist für die Analyse des gesuchten Parameters eine Mindestpräzision $VB_{\text{rel,zulässig}}$ gefordert, so ist *die relative Analysenpräzision* am unteren Arbeitsbereichsende (x_1) zu prüfen:

$$VB(x_1) = s_{xo} \cdot t \cdot \sqrt{\frac{1}{N} + 1 + \frac{(x_1 - \bar{x})^2}{\sum (x_i - \bar{x})^2}} \tag{29}$$

$$VB_{\text{rel}}(x_1) = \frac{VB(x_1)}{x_1} \cdot 100\,(\%) \tag{30}$$

Ist $VB_{\text{rel}}(x_1)$ größer als $VB_{\text{rel,zulässig}}$, so ist entweder die analytische Präzision zu verbessern (Optimierung einzelner Verfahrensschritte) oder die untere Arbeitsbereichsgrenze muss erhöht werden.

1.3 Analysen bei geringen Stoffmengengehalten

Bei den meisten Analysenverfahren verbessert sich zwar die absolute Präzision der Messwerte bzw. Analysenergebnisse mit abnehmender Konzentration des betreffenden Bestandteils. Dennoch ist es in extrem niedrigen Konzentrationsbereichen (Spurenanalytik) häufig problematisch, das Messsignal einer Probe vom Messsignal einer Blindprobe signifikant zu unterscheiden oder mit ausreichender Präzision eine quantitative Aussage zu treffen.

Wird bei einer Analyse ein geringfügig über null liegender Messwert gewonnen, so sind zwei konträre Interpretationen möglich:

a) Die Probe enthält die gesuchte Substanz nicht; der Messwert ist lediglich auf die Unpräzision des Analysenverfahrens zurückzuführen und somit dem Streubereich des Blindwertes zuzuordnen.

b) Die gesuchte Substanz ist in der Probe tatsächlich vorhanden; wiederholte Analysen würden in diesem Fall einen Analysenmittelwert ergeben, in dessen Streubereich der erste – in Frage gestellte – Messwert liegt.

Bei bekannter Analysenpräzision (Standardabweichung) kann für jeden Messwert sowohl die Wahrscheinlichkeit einer Zugehörigkeit zu den Blindmesswerten berechnet werden als auch die Wahrscheinlichkeit, zu einem existenten Stoffmengengehalt zu gehören. Als Entscheidungskriterium für oder wider wird die jeweilige Irrtumswahrscheinlichkeit angegeben:

a) die Wahrscheinlichkeit, dass die Probe in Wirklichkeit substanzfrei ist, obwohl ein positiver Messwert vorliegt; sie wird als sog. α-Fehler bezeichnet (falsch-positive Entscheidung),

b) die Wahrscheinlichkeit, dass die untersuchte Probe die Substanz doch enthält, obwohl das Analysenergebnis als null (Blindwert) angesehen wird; sie wird als sog. β-Fehler bezeichnet (falsch-negative Entscheidung), vgl. Abb. 1-9.

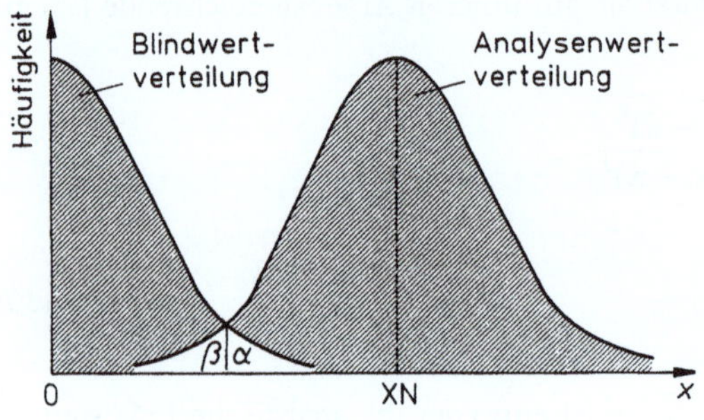

Abb. 1-9. Blindwert- und Analysenwertverteilung mit α- und β-Fehler.

In der analytischen Praxis lassen sich – bei gegebener Präzision – drei charakteristische Werte mit unterschiedlichem Informationsgehalt definieren:

- die Nachweisgrenze x_{NG},
- die Erfassungsgrenze x_{EG},
- die Bestimmungsgrenze x_{BG}.

Je nachdem, ob es sich um ein kalibrierfähiges Analysenverfahren handelt oder nicht, wird zwischen zwei unterschiedlichen Vorgehensweisen zur Ermittlung von Nachweis- und Erfassungsgrenze unterschieden (s. Abb. 1-10).

Bei kalibrierfähigen Analysenverfahren werden die Nachweis- und die Erfassungsgrenze aus den Kalibrierdaten abgeleitet. Hierfür wird eine Kalibrierung in einem sehr niedrigen Konzentrationsbereich, der in der Nähe der erwarteten Nachweis-, Erfassungs- und Bestimmungsgrenze liegt, durchgeführt. Dieser Kalibrierbereich erstreckt sich über maximal eine Dekade, damit Varianzenhomogenität gegeben ist. Er liegt üblicherweise deutlich unterhalb des Arbeitsbereiches für die spätere Routineanalytik.

Einige Analysenverfahren, wie z. B. in der Wasseranalytik die Bestimmung des chemischen Sauerstoffbedarfs (CSB) nach DIN 38409-41 [51] oder der adsorbierbaren organischen Halogene (AOX) nach DIN EN 1485 (DEV H14) [59], sind u. a. deswegen nicht kalibrierfähig, weil es keine geeignete, definierte (repräsentative) Standardsubstanz gibt.

In diesen Fällen können weder die Nachweis- noch die Erfassungsgrenze mit Hilfe von Kalibrierdaten berechnet werden. Stattdessen werden diese Kenndaten hier über Wiederholanalysen von Blindproben ermittelt.

Da mit den Kenndaten „Nachweis-, Erfassungs- und Bestimmungsgrenze" Aussagen über die Leistungsfähigkeit [88] bei der künftigen Anwendung des Analysenverfahrens gemacht werden, geht die Anzahl der künftigen Mehrfachanalysen pro Probe als N_a in ihre Berechnung ein: bei Einfachanalyse ist $N_a = 1$, bei Dreifachanalyse ist $N_a = 3$ usw.

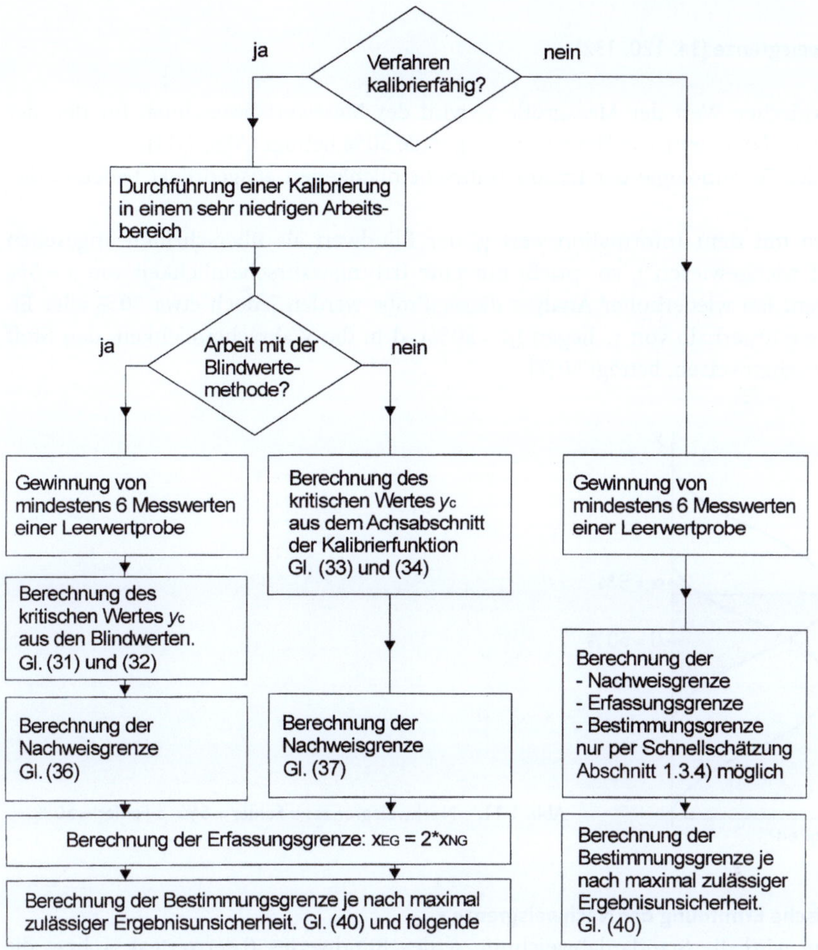

Abb. 1-10. Entscheidungskriterien für die Blindwerte- oder Kalibrierfunktionsmethode.

Die Ermittlung und Auswertung der Blindwerte setzt voraus,

- dass die Bestimmungen von Blindwert und Messwert der Probe unabhängig voneinander sind,
- dass sich der Blindwert auf das gesamte Analysenverfahren (d.h. einschließlich Probenvorbereitung und Messung) bezieht,
- dass die Messwerte der Probe und die zugehörigen Blindwerte einer Normalverteilung unterliegen [190],
- dass das Analysenergebnis, berechnet über die Differenz von Proben-Messwert und Blindwert, ebenfalls einer Normalverteilung folgt und
- dass sich die Blindwertstreuung nicht signifikant von der Streuung der Analysenergebnisse bei niedrigen Konzentrationen unterscheidet.

1.3.1
Nachweisgrenze [34, 120, 132]

Als kritischer Wert der Messgröße y_c wird der Messwert bezeichnet, für den der β-Fehler – bei einem α-Fehler von 5% – gerade 50% beträgt (Abb. 1-11).

In der Terminologie der Irrtumswahrscheinlichkeiten ausgedrückt bedeutet dieses:

Wird mit dem Informationswert y_c der Blindwert als überschritten angesehen („Stoff nachgewiesen"), so spricht nur eine Irrtumswahrscheinlichkeit von $\alpha = 5\%$ dagegen. Bei wiederholter Analyse dieser Probe werden jedoch etwa 50% aller Ergebnisse unterhalb von y_c liegen ($\beta = 50\%$), d.h. die Wahrscheinlichkeit, den Stoff *nicht* nachzuweisen, beträgt 50%!

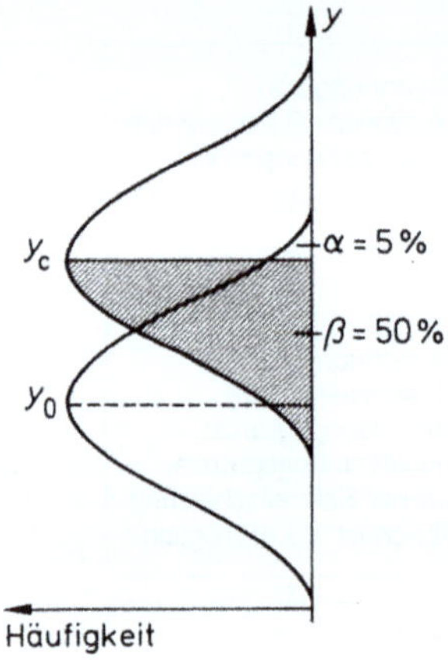

Abb. 1-11. Nachweisgrenze: α-Fehler = 5%, β-Fehler = 50%.

Praktische Ermittlung der Nachweisgrenze x_{NG}

Hierzu wird die Standardabweichung s_L des Blindwertes (Leerwertes) y_L bzw. die Standardabweichung des Achsabschnittes *a* der linearen Kalibrierfunktion herangezogen.

Der Standardabweichung sollten mindestens $N_L = 6$ unter Wiederholbedingungen gewonnene Messwerte zugrunde liegen.

Zunächst wird der kritische Wert der Messgröße y_c berechnet.

Bei der Blindwertmethode setzt er sich zusammen aus dem mittleren Blindwert $\bar{y}_L$ und dem Prognoseintervall für zukünftige Blindwerte $\Delta\bar{y}_L$.

$$y_c = \bar{y}_L + \Delta y_L \tag{31}$$

mit

$$\Delta\bar{y}_L = s_L \cdot t_{f,\alpha}\sqrt{\frac{1}{N_a} + \frac{1}{N_L}} \tag{32}$$

($f = N_L - 1$ Freiheitsgrade)

Bei der Kalibriergeradenmethode ergibt sich der kritische Wert der Messgröße als Summe aus dem Achsabschnitt und dem Prognosebereich des Achsabschnittes

$$y_c = a + \Delta a \tag{33}$$

mit

$$\Delta a = s_y \cdot t_{f,\alpha} \sqrt{\frac{1}{N_a} + \frac{1}{N_c} + \frac{\bar{x}^2}{Q_{xx}}} \tag{34}$$

($f = N_c - 2$ Freiheitsgrade)

Durch Einsetzen des kritischen Wertes der Messgröße y_c in die Kalibrierfunktion und Auflösen nach x erhält man

$$x_{NG} = \frac{y_c - a}{b} \tag{35}$$

Bei der Blindwertmethode wird $\bar{y}_L$ anstelle von a eingesetzt. Nach Einsetzen von Gl. (31) und (33) in Gl. (35) erhält man

$$x_{NG} = \frac{\left(\bar{y}_L + s_L \cdot t_{f,\alpha} \cdot \sqrt{\frac{1}{N_a} + \frac{1}{N_L}}\right) - \bar{y}_L}{b} \tag{36}$$

$$x_{NG} = \frac{s_L}{b} \cdot t_{f,\alpha} \sqrt{\frac{1}{N_a} + \frac{1}{N_L}} \tag{37}$$

($f = N_L - 1$ Freiheitsgrade)

Da hier nur die obere Grenze des Streubereichs betrachtet wird, handelt es sich um eine einseitige Fragestellung; dies ist bei der Ermittlung des t-Wertes aus der Tabelle zu berücksichtigen.

Darüber hinaus ist der t-Faktor sowohl von der zulässigen Irrtumswahrscheinlichkeit α als auch vom Freiheitsgrad f abhängig. Aus Gründen der Einheitlichkeit, insbesondere Vergleichbarkeit von Grenzangaben sollte ein α von 5 % gewählt werden. Sowohl die Irrtumswahrscheinlichkeit α als auch die Anzahl der Freiheitsgrade ist in jedem Fall mit anzugeben.

1.3.2
Ermittlung der Erfassungsgrenze [34, 120]

Eine quantitative Bestimmung mit Konzentrationsangabe ist erst dann möglich, wenn das Analysenergebnis gleich oder größer als die Erfassungsgrenze (x_{EG}) ist, da erst für dieses Analysenergebnis das geforderte Signifikanzniveau erreicht ist (s. Abb. 1-12) [192] .

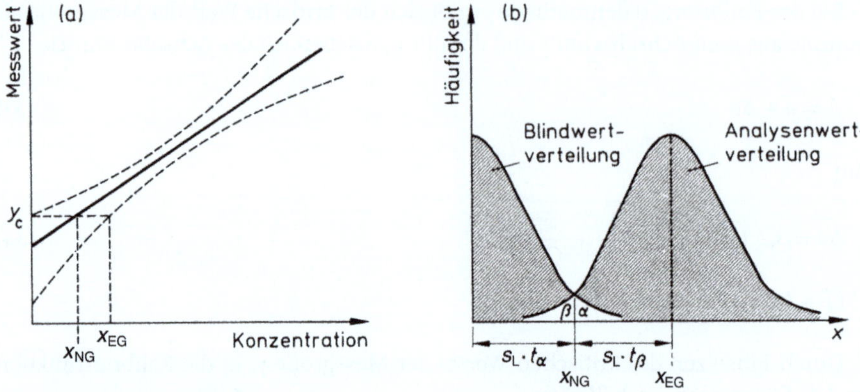

Abb. 1-12. Nachweisgrenze
a) ermittelt über die Kalibrierfunktion mit zugehörigem Vertrauensbereich,
b) ermittelt über die Blindwertstreuung; wichtige Annahme: gleiches *s*!

1.3.2.1 **Erfassungsgrenze, ermittelt über die Blindwertstreuung**

Die allgemeine Berechnungsformel für die Erfassungsgrenze nach der Blindwertmethode lautet:

$$x_{EG} = x_{NG} + \frac{s_L}{b} \cdot t_{f,\beta} \sqrt{\frac{1}{N_a} + \frac{1}{N_L}} \tag{38}$$

($f = N_L - 1$ Freiheitsgrade)

1.3.2.2 **Erfassungsgrenze, ermittelt über die Kalibrierfunktion**

Die allgemeine Berechnungsformel für die Erfassungsgrenze nach der Kalibriermethode lautet:

$$x_{EG} = x_{NG} + s_{xo} \cdot t_{f,\beta} \sqrt{\frac{1}{N_a} + \frac{1}{N_c} + \frac{\bar{x}^2}{Q_{xx}}} \tag{39}$$

($f = N_c - 2$ Freiheitsgrade)

Auch hier handelt es sich um eine einseitige Fragestellung; dies ist bei der Ermittlung des t-Wertes aus der Tabelle zu berücksichtigen.

Der Zahlenwert der Erfassungsgrenze x_{EG} ist ebenso wie der der Nachweisgrenze x_{NG} abhängig von den gewählten Signifikanzniveaus und den Freiheitsgraden.

Für gleiche Signifikanzniveaus α und β ($\alpha = \beta$) folgt

$$t_\alpha = t_\beta = t$$

und damit

$$x_{EG} = 2\, x_{NG}$$

1.3.3
Bestimmungsgrenze [34]

Die Bestimmungsgrenze gibt die minimale Stoffmengenkonzentration x an, die mit einer vorgegebenen maximalen relativen Unpräzision bzw. Ergebnisunsicherheit Δx_{rel} gerade noch analysiert werden kann.

Beispiel (grob gerechnet):

- Die ermittelte Ergebnisunsicherheit beträgt $\Delta x = 10$ mg/l.
- Gefordert ist eine relative Ergebnisunsicherheit $\frac{\Delta x}{x}$ von maximal 10%,
- Gültige Analysenergebnisse x müssen somit größer oder gleich $\frac{\Delta x}{10\%} = \frac{10 \text{ mg/l}}{0{,}1} = 100$ mg/l sein.
- Die Bestimmungsgrenze beträgt hier also $x_{\text{BG}} = x = 100$ mg/l. Die Bestimmungsgrenze ist $k = \frac{1}{10\%} = \frac{1}{0{,}1}$ = zehnmal größer als die Ergebnisunsicherheit.

Berechnung der Bestimmungsgrenze
Um die Bestimmungsgrenze mit Hilfe von Kalibrierdaten zu berechnen, sind neben dem Faktor k wiederum α und N_a vorzugeben (vgl. Tabelle 1-1). Es wird definiert:

$$\frac{\Delta x_{\text{BG}}}{x_{\text{BG}}} = \text{max. zulässige relative Ergebnisunsicherheit} = \frac{1}{k} \qquad (40)$$

Die halbe Breite des zweiseitigen Prognoseintervalls der Bestimmungsgrenze Δx_{BG} für zukünftige Analysen wird wie folgt berechnet:

$$\Delta x_{\text{BG}} = s_{xo} \cdot t_{f,\alpha} \sqrt{\frac{1}{N_a} + \frac{1}{N_c} + \frac{x_{\text{BG}} - \bar{x}^2}{Q_{xx}}} \qquad (41)$$

($f = N_c - 2$ Freiheitsgrade)

Tab. 1-1. *k*-Faktoren zur Berechnung der Bestimmungsgrenze.

max. zulässige relative Ergebnisunsicherheit	*k-Faktor*
5%	20,0
10%	10,0
15%	6,7
20%	5,0
25%	4,0
33,3%	3,0
50%	2,0

Aus der Definition des relativen Prognoseintervalls (s. Gl. 40)

$$x_{BG} = k \cdot \Delta x_{BG} \tag{42}$$

ergibt sich die quadratische Gleichung

$$x_{BG} = k \cdot s_{xo} \cdot t_{f=N_c-2,\alpha} \sqrt{\frac{1}{N_a} + \frac{1}{N_c} + \frac{(x_{BG} - \bar{x})^2}{Q_{xx}}} \tag{43}$$

Man erhält eine gute Näherung für die Bestimmungsgrenze durch Multiplikation der bereits berechneten Nachweisgrenze mit dem k-Faktor: $x_{BG} = k \cdot x_{NG}$.

Die Angabe der Bestimmungsgrenze muss *immer* im Zusammenhang mit dem vorgegebenen k-Wert erfolgen!

1.3.4
Schnellschätzung [34]

Bei gleichen Bedingungen ($N_c = 10$ bzw. $N_L = 10$ und $N_a = 1$) können Nachweis-, Erfassungs- und Bestimmungsgrenze nach folgenden Formeln schnell geschätzt werden:

	für α = 5%	*für α = 1%*
Für die Blindwertmethode:	$x_{NG} = 1{,}9\ s_L/b$	$= 3\ s_L/b$
	$x_{EG} = 3{,}8\ s_L/b$	$= 6\ s_L/b$
	$x_{BG} = 1{,}9 \cdot k \cdot s_L/b$	$= 3 \cdot k \cdot s_L/b$
Für die Kalibriermethode:	$x_{NG} = 2{,}3\ s_{xo}$	$= 3{,}6\ s_{xo}$
	$x_{EG} = 4{,}6\ s_{xo}$	$= 7{,}2\ s_{xo}$
	$x_{BG} = 2{,}3 \cdot k \cdot s_{xo}$	$= 3{,}6 \cdot k \cdot s_{xo}$

1.3.5
Schätzung der Nachweis- und Bestimmungsgrenze über das *S/N*-Verhältnis

Da die Schnellschätzung über die Leerwertmethode für chromatographische Verfahren ungeeignet und das Kalibrierverfahren oft zu zeitaufwändig ist, wird in der überarbeiteten Fassung von ISO/WD 13530 [136] ein einfaches Schätzverfahren für diese Analysenverfahren beschrieben.

Die Nachweisgrenze x_{NG} ist definiert als diejenige Konzentration, bei der das Signal-zu-Rausch-Verhältnis (S/N) den Wert $S/N = 3$ aufweist. Die Bestimmungsgrenze ergibt sich zu

$$x_{BG} = 3 \cdot x_{NG}$$

wobei der Faktor 3 der relativen Ergebnisunsicherheit von 33,3% entspricht.

1.4
Überprüfung einzelner Verfahrensschritte und Untersuchung auf Matrixeinflüsse

Ein wesentliches Gütekriterium eines Analysenverfahrens ist dessen Anwendbarkeit auf natürliche Proben. Daher kann insbesondere vom Methodenentwickler erwartet werden, dass er das Verfahren auf Beeinflussungen durch

- einerseits notwendige zusätzliche Verfahrensschritte wie z. B.
  - Probenaufschluss
  - Probenextraktion
- andererseits Interferenzen oder Matrixeffekte

hin untersucht.

Hierbei sollten typische Matrices (z. B. reales Oberflächenwasser typischer Zusammensetzung) ausgewählt werden.

Verfahrensschritte und Matrixeffekte können sich in einer Erhöhung der Unpräzision und/oder als konstant- oder proportional-systematische Abweichungen der Analysenergebnisse von den „wahren" Werten äußern.

Sowohl zur Überprüfung einzelner Verfahrensschritte als auch zur Feststellung einer Matrixbeeinflussung eignet sich die Berechnung der Wiederfindungsfunktion, die es erlaubt, systematische (konstant-systematische sowie proportional-systematische) Abweichungen aufzudecken [100, 209].

1.4.1
Systematische Abweichungen

1.4.1.1 Konstant-systematische Abweichungen, additive Abweichungen

Bei konstant-systematischen Abweichungen (s. Abb. 1-13) ist die Abweichung unabhängig von der Konzentration der analysierten Komponente, was zu einer Parallelverschiebung der Matrix-Kalibriergeraden 2 (mit konstant-systematischer Abweichung) gegenüber der Kalibriergeraden 1 (erstellt mit reinen Standardlösungen) führt. Ursache für diese additive Abweichung könnte das Miterfassen einer

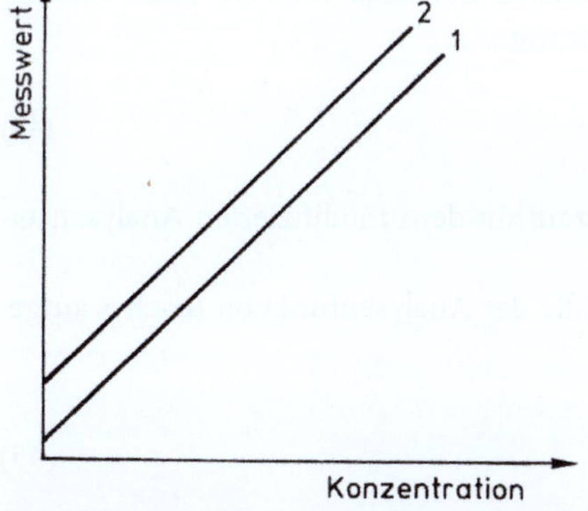

Abb. 1-13. Darstellung einer konstant-systematischen Abweichung.

Matrixkomponente sein, d.h. das Analysenverfahren ist nicht ausreichend spezifisch.

1.4.1.2 Proportional-systematische Abweichungen, multiplikative Abweichungen

Bei proportional-systematischen Abweichungen (s. Abb. 1-14) ist die Größe der Abweichung abhängig von der Konzentration der analysierten Komponente. Dies führt zu einer Änderung der Steigung der Matrix-Kalibriergeraden 2.

Diese multiplikativen Abweichungen vom wahren Wert können durch einzelne Verfahrensschritte (Probenaufschluss, Probenextraktion, Interferenzen mit Fritten, Glaswänden etc.) oder auch Matrixeffekte bedingt sein. Durch Standardaddition und/oder die Ermittlung der Wiederfindungsfunktion können systematische Abweichungen aufgedeckt werden [100, 209].

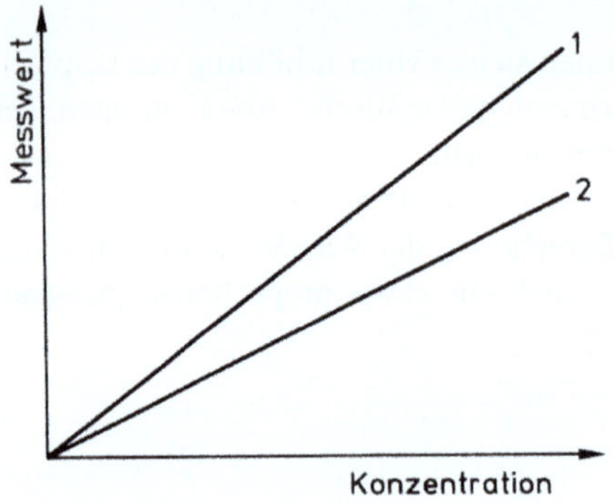

Abb. 1-14. Proportional-systematische Abweichung.

1.4.2 Ermittlung und Bewertung der Wiederfindungsfunktion

Ziel der Wiederfindungsexperimente und der Aufstellung der sog. Wiederfindungsfunktion ist die Ermittlung des Einflusses einer Verfahrens- oder Probenmodifikation (auch Matrixeinfluss!) auf das Analysenverfahren. Die Untersuchungen erfolgen über den gesamten Standard-Arbeitsbereich. Zunächst wird die Kalibrierfunktion des analytischen Grundverfahrens bestimmt:

$$y = a_c + b_c \cdot x_c \qquad (44)$$

Jeder einzelne Kalibrierstandard wird daraufhin dem modifizierten Analysenverfahren unterzogen.

Die Analysenergebnisse x_f werden mit Hilfe der Analysenfunktion (nach x aufgelöste Kalibrierfunktion) berechnet

$$x_f = \frac{y_f - a_c}{b_c} \qquad (45)$$

Stellt man die jeweils „gefundenen“ Konzentrationen (x_f) auf der Ordinate gegen die Kalibrierkonzentrationen (x_c) auf der Abszisse graphisch dar, so erhält man die *Wiederfindungsgerade*, die sich mathematisch durch die Wiederfindungsfunktion

$$x_f = a_f + b_f \cdot x_c \tag{46}$$

beschreiben lässt.

Im Idealfall ergibt die Wiederfindungsfunktion eine Gerade mit dem Achsenabschnitt $a_f = 0$ und der Steigung $b_f = 1$ sowie einer Reststandardabweichung s_{yf}, die der Verfahrensstandardabweichung des analytischen Grundverfahrens s_{xoc} entspricht.

1.4.2.1 **Voraussetzung für die Interpretation der Wiederfindungsfunktion**

Eine wichtige Voraussetzung für die Aussagefähigkeit der Wiederfindungsfunktion ist die Gleichwertigkeit der Verfahrensstandardabweichungen s_{xo} der Kalibrierfunktion des analytischen Grundverfahrens und der Kalibrierfunktion für die aufgestockte Matrix bzw. der Kalibrierfunktion für einzelne Probenvorbehandlungsschritte (z. B. Aufschluss oder Extraktion). Eine Matrix bzw. ein Probenvorbehandlungsschritt könnten zu deutlich höherer Unpräzision der Kalibrierung führen (s. Abb. 1-15), die eventuell vorliegende systematische Fehler verdeckt.

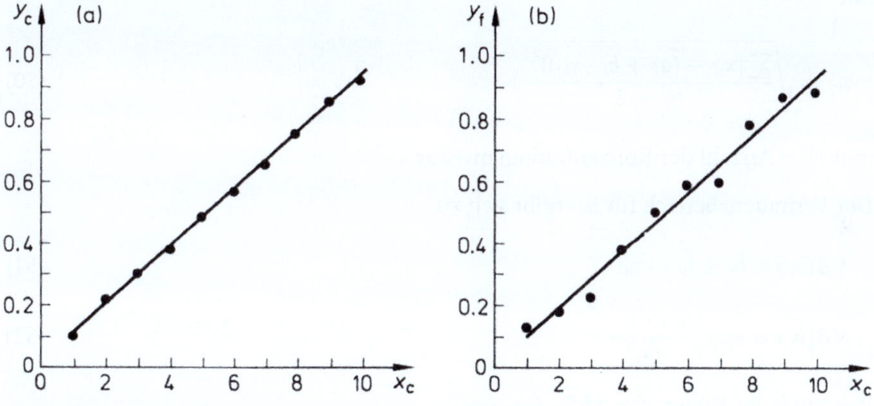

Abb. 1-15. Kalibrierfunktionen
(a) für wässrige Standards, (b) für die Matrix.

Kontrolle der Analysenpräzision

Die Verfahrensstandardabweichung der Kalibrierfunktion des Grundverfahrens s_{xoc} und die Reststandardabweichung der Wiederfindungsfunktion s_{yf} werden auf signifikanten Unterschied hin überprüft:

$$PW = \left(\frac{s_{yf}}{s_{xoc}}\right)^2 \tag{47}$$

Ist $PW > F(f_1 = f_2 = N_c - 2,\ P = 99\%)$, so liegt ein signifikanter Unterschied zwischen beiden Standardabweichungen vor.

In diesem Fall kann keine endgültige Aussage bezüglich des Nicht-Vorliegens systematischer Abweichungen gemacht werden. Stattdessen ist die Ursache für die hohe Unpräzision zu ermitteln, anschließend zu eliminieren und daraufhin eine neue Wiederfindungsfunktion zu bestimmen.

Anmerkung: Der Vergleich von s_{yf} und s_{xoc} mittels *F*-Test ist hier zulässig, da beide Standardabweichungen in Konzentrationseinheiten berechnet werden.

1.4.2.2 **Prüfung auf systematische Abweichungen**

Da Messwerte in jedem Fall zufällige Fehler aufweisen, d.h. einer Streuung unterliegen, ergeben sich als Achsenabschnitt und Steigung der Wiederfindungsfunktion niemals die Idealwerte $a_f = 0$ und $b_f = 1$. Um eine Aussage über das Vorliegen systematischer Abweichungen treffen zu können, müssen daher die Vertrauensbereiche von a_f und b_f ermittelt werden [15].

$$VB(a_f) = a_f \pm t_{P,f} \cdot s_{a_f} \tag{48}$$

$$VB(a_f) = a_f \pm t_{P,f} \cdot s_{y_f} \cdot \sqrt{\frac{1}{N_f} + \frac{\bar{x}_c^2}{Q_{xx}}} \tag{49}$$

mit

$$s_{y_f} = \sqrt{\frac{\sum [x_{if} - (a_f + b_f \cdot x_{ic})]^2}{N_f - 2}} \tag{50}$$

und N_f = Anzahl der Konzentrationsniveaus

Der Vertrauensbereich für b_f ergibt sich zu

$$VB(b_f) = b_f \pm t_{P,f} \cdot s_{b_f} \tag{51}$$

$$VB(b_f) = b_f \pm \frac{t_{P,f} \cdot s_{y_f}}{\sqrt{Q_{xx}}} \tag{52}$$

(t = Student-t-Faktor: $P = 95\%$, $f = N_f - 2$)

Mit Hilfe der berechneten Vertrauensbereiche kann das Vorliegen systematischer Abweichungen statistisch überprüft werden.

Eine konstant-systematische Abweichung liegt mit 95%iger statistischer Sicherheit vor, wenn der Vertrauensbereich $VB(a_f)$ *nicht* den Wert $a_f = 0$ einschließt.

Entsprechend gilt, dass eine proportional-systematische Abweichung mit 95%iger Sicherheit vorliegt, wenn der Vertrauensbereich $VB(b_f)$ den Wert $b_f = 1$ *nicht* einschließt.

1.4.3
Anwendung der Wiederfindungsfunktion

1.4.3.1 Überprüfung einzelner Verfahrensschritte

Wurden bei der Überprüfung einzelner Verfahrensschritte (z. B. Extraktion) konstant- oder proportional-systematische Abweichungen nachgewiesen, so sollte(n) nach Möglichkeit die Ursache(n) für diese Abweichungen gesucht werden. Daraufhin ist das Analysenverfahren entsprechend zu optimieren und eine Wiederholung der Messungen zur Ermittlung der Wiederfindungsfunktion durchzuführen.

Lassen sich die systematischen Abweichungen jedoch nicht eliminieren, so ist in der Beschreibung des Analysenverfahrens *deutlich* darauf hinzuweisen, und in der Praxis muss entweder die Kalibrierung über das Gesamtverfahren (einschließlich Probenvorbereitung) erfolgen oder das Verfahren der Standardaddition angewendet werden.

Bei einer *ausschließlich* proportional-systematischen Abweichung kann z. B. die Wiederfindungsrate (*WFR*) angegeben werden. Diese lässt sich aus der Steigung b_f ableiten:

$$WFR = b_f \cdot 100\ (\%) \tag{53}$$

1.4.3.1.1 Bedeutung der Wiederfindungsrate

Die Wiederfindungsrate ist ein Beurteilungskriterium für das jeweilige Analysenverfahren bzw. einen einzelnen Verfahrensschritt [154]. Wird bei der Überprüfung einzelner Verfahrensschritte eine Wiederfindungsrate von 100 % ermittelt, so ist das betreffende Verfahren frei von konstant- und/oder proportional-systematischen Abweichungen und die Ermittlung von Analysenergebnissen muss hier nicht über Anwendung des Verfahrens der Standardaddition (s. Abschnitt 3.4.1.1) erfolgen.

Wurde jedoch eine konstant- bzw. proportional-systematische Abweichung festgestellt, so müssen im Falle proportional-systematischer Abweichungen zukünftige Analysenergebnisse über das Verfahren der Standardaddition ermittelt werden, beim Vorliegen konstant-systematischer Abweichungen muss ein entsprechender Warnvermerk in der Analysenvorschrift angegeben werden.

Die Wiederfindungsrate kann auch als Kontrollgröße für eine Qualitätsregelkarte (s. Abschnitt 2.6.7.1.5.3) verwendet werden. Hierbei kann die Zentrallinie entweder als $WFR = 100\%$ oder gleich der mittleren Wiederfindungsrate gewählt werden. Dies ist abhängig von den Ergebnissen der Vorperiode.

1.4.3.1.2 Auswirkung einer konstant-systematischen Abweichung auf die Wiederfindungsrate

Die Beschreibung der Richtigkeit eines Analysenverfahrens allein mit Hilfe der Wiederfindungsrate (*WFR*) führt beim Vorliegen konstant-systematischer Fehler zu Falschaussagen (Abb. 1-16).

Für jede Wiederfindungsfunktion, die

- entweder einen positiven Achsabschnitt ($a_f > 0$) und eine Steigung $b_f < 1$ (a),
- oder einen negativen Achsabschnitt ($a_f < 0$) und eine Steigung $b_f > 1$ (b)

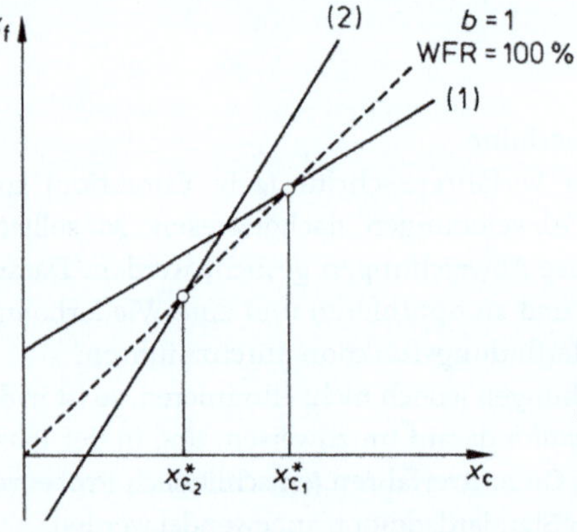

Abb. 1-16. Abhängigkeit der Wiederfindungsrate von der Steigung.

besitzt, kann bei einer einzelnen Konzentration $x_c^* > 0$ eine *WFR* von 100% gefunden werden (Kreuzungspunkt der Wiederfindungsgeraden mit der Winkelhalbierenden). Für alle Konzentrationen $x_c \neq x_c^*$ jedoch beträgt die $WFR \neq 100\%$!

Allgemein gilt:

$$WFR = \frac{x_f}{x_c} \cdot 100\% = \left(\frac{a_f}{x_c} + b_f\right) \cdot 100\% \tag{54}$$

Nur bei $a_f \approx 0$ ist die *WFR* unabhängig von x_c und allein durch b_f bestimmt.

a) Nur proportionaler Fehler:

Beispiel:

$$x_f = 0{,}001 + 0{,}78 \cdot x_c$$

$$WFR = \left(\frac{0{,}001}{x_c} + 0{,}78\right) \cdot 100\%$$

$$\mathbf{WFR_1\ (x_c = 10)} = (0{,}0001 + 0{,}78) \cdot 100\% = \mathbf{78{,}010\%}$$

$$\mathbf{WFR_2\ (x_c = 50)} = (0{,}00002 + 0{,}78) \cdot 100\% = \mathbf{78{,}002\%}$$

$$\mathbf{WFR_3\ (x_c = 100)} = (0{,}00001 + 0{,}78) \cdot 100\% = \mathbf{78{,}001\%}$$

b) Mit signifikantem konstantem Fehler:

Beispiel:

$$x_f = 1{,}0 + 0{,}78 \cdot x_c$$

$$WFR = \left(\frac{1{,}0}{x_c} + 0{,}78\right) \cdot 100\%$$

$$\mathbf{WFR_1\ (x_c = 10)} = (0{,}1 + 0{,}78) \cdot 100\% = \mathbf{88\%}$$

$$\boldsymbol{WFR_2}\ (x_c = 50) = (0{,}02 + 0{,}78) \cdot 100\% = 80\%$$

$$\boldsymbol{WFR_3}\ (x_c = 100) = (0{,}01 + 0{,}78) \cdot 100\% = 79\%$$

Konsequenz: Der konstant-systematische Fehler a_f wirkt sich auf die *WFR* additiv mit

$$\frac{a_f}{x_c}$$

aus.

Dieser Fehleranteil hat an der unteren Arbeitsbereichsgrenze $x_c = x_1$ seinen größten Wert und nimmt mit steigendem x_c hyperbolisch ab.

Wenn die WFR beispielsweise eine maximale, durch a_f bedingte Ungenauigkeit von 1% enthalten darf,

$$\frac{a_f}{x_c} \leq 0{,}01$$

muss der konstant-systematische Fehler $a_f \leq 0{,}01 \cdot x_1$ sein!

Beispiel zur Überprüfung eines Verfahrensschrittes:
Optimierung eines Extraktionsschrittes [140]

Vor der quantitativen HPTLC-Bestimmung von Phenobarbital in Urin wird eine Festphasenextraktion durchgeführt (EXTRELUT®-Säulen). Zur Überprüfung des reinen Extraktionsschrittes wurden sechs Phenobarbital-Standardlösungen der gesamten Extraktionsprozedur unterzogen: 5 ml Standardlösung wurden mit 15 ml Natriumphosphat-Puffer (pH = 6,0) verdünnt, auf die EXTRELUT-Säule gegeben und nach 10 Minuten mit 40 ml Dichlormethan/Propanol-2 (93+3, v+v) eluiert. Der Extrakt wurde danach im Stickstoffstrom zur Trockne eingeengt, in 500 µl Methanol aufgenommen und auf die HPTLC-Kieselgel-60-Platte aufgetragen.

Nicht extrahierte Standards entsprechender Konzentration wurden ebenfalls im N_2-Strom eingeengt, in 500 µl Methanol aufgenommen und ebenso wie die extrahierten Standardlösungen analysiert.

Mit den Messwerten dieser nicht extrahierten Standards und den zugehörigen Konzentrationen wurde eine Kalibrierfunktion aufgestellt. Die Auswertung der Messwerte der extrahierten Standards über die Kalibrierfunktion führte zu den gefundenen Konzentrationen x_f. Durch lineare Regression der gefundenen Konzentrationen x_f gegen die Kalibrierkonzentrationen x_c wurde die

Wiederfindungsfunktion $x_f = -100{,}2 + 1{,}098 \cdot x_c$

erhalten (Abb. 1-17).

Die Vertrauensbereiche von a_f und b_f ergaben sich zu

$$VB(a_f) = -100{,}2 \pm 13{,}698 \text{ ng/Fleck}$$

$$VB(b_f) = 1{,}098 \pm 0{,}0969$$

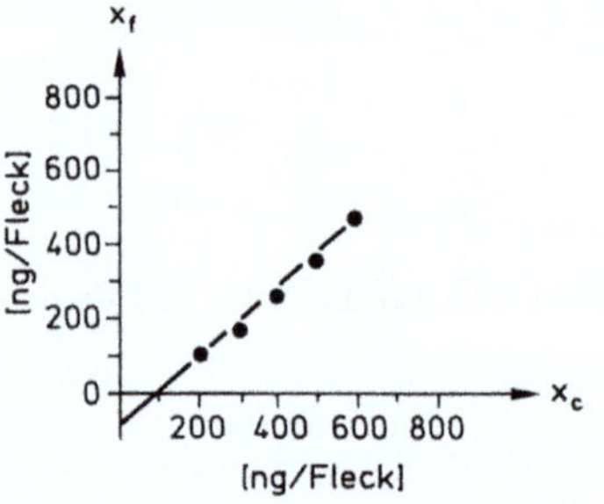

Abb. 1-17. Wiederfindungsfunktion 1 für die Phenobarbital-Extraktion.

d. h. es lag sowohl eine konstant-systematische als auch eine geringe proportional-systematische Abweichung vor.

Als Ursache für diese systematischen Abweichungen wurde eine nicht ausreichende Beschickung der EXTRELUT-Säule gefunden. Ungefähr 1 ml des EXTRELUT-Materials am unteren Ende der Säule blieb unbenetzt, wenn diese nur mit 20 ml Probenvolumen beschickt wurde. Dieser unbenetzte Teil des Sorbens readsorbierte einen Teil des eluierten Phenobarbitals bei der Elution der Säule.

Aus diesem Grund wurden zusätzlich 1,5 ml Phosphatpuffer zum ursprünglichen Probenvolumen (20 ml) zugegeben und das Wiederfindungsexperiment wiederholt. Dabei wurde die Wiederfindungsfunktion (Abb. 1-18)

$$x_f = 2{,}37 + 0{,}98\, x_c$$

mit den Vertrauensbereichen

$$VB(a_f) = 2{,}37 \pm 13{,}975 \text{ ng/Fleck}$$
$$VB(b_f) = 0{,}98 \pm 0{,}082$$

ermittelt. Es lagen somit keine konstant- oder proportional-systematischen Abweichungen mehr vor.

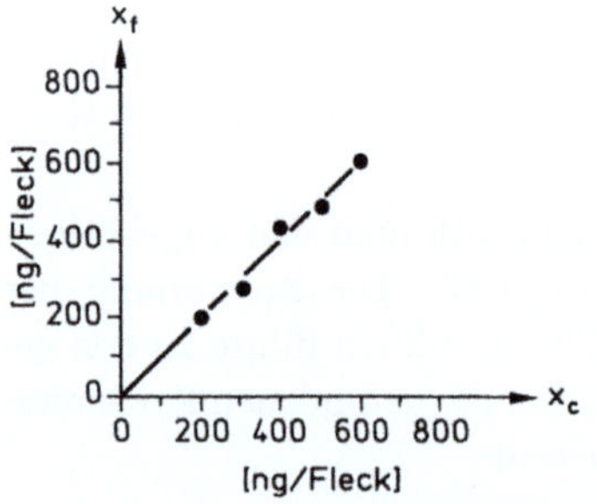

Abb. 1-18. Wiederfindungsfunktion 2 für die Phenobarbital-Extraktion.

1.4.3.2 Ermittlung der Wiederfindungsfunktion zum Nachweis von Matrixeinflüssen

Zum Nachweis von möglichen Matrixeinflüssen sollten verschiedene typische Probenmatrices, die jedoch ausnahmsweise die zu bestimmende Substanz nicht enthalten (evtl. synthetische Probenmatrix) jeweils in zehn gleich große Teilmengen aufgeteilt werden. Diese werden mit *konzentrierten* Standardlösungen so aufgestockt, dass in den aufgestockten Matrix-Teilproben jeweils dieselben Substanzkonzentrationen vorliegen wie in den zur Kalibrierung eingesetzten wässrigen Standardlösungen.

Die so hergestellten „Proben“ werden mit dem betreffenden Analysenverfahren analysiert. Die gefundenen Messwerte y_f werden mittels der Analysenfunktion (Gl. 45) in gefundene Konzentrationen x_f umgerechnet.

Die Wiederfindungsfunktion sowie die Reststandardabweichung und die Vertrauensbereiche von Achsenabschnitt a_f und Steigung b_f werden wie in Abschnitt 1.4.2.2 beschrieben (s. Gl. 48 bis 51) berechnet und bewertet.

Hinweis: Wird für diese Untersuchungen eine reale Matrix eingesetzt, die die zu bestimmende Substanz enthält, so sind keine Aussagen hinsichtlich des Vorliegens einer konstant-systematischen Abweichung möglich.

Ergibt die Überprüfung des Matrixeinflusses, dass eine proportional- oder konstant-systematische Abweichung vorliegt, so darf die spätere Analysenauswertung *nicht* über die mit wässrigen Standards erstellte Kalibrierfunktion erfolgen, sondern es muss in jedem Falle das Verfahren der Standardaddition [138] angewandt werden.

Beispiel: HPTLC-Bestimmung von Selen in Humanserum [100]
Zur Selenbestimmung in Humanserum ist ein nasschemischer Probenaufschluss notwendig. Um den Einfluss dieser biologischen Matrix auf die Wiederfindungsrate zu ermitteln, wurde zunächst die Wiederfindungsfunktion bestimmt. Hierzu wurde eine Serumprobe in sechs Teilproben unterteilt. Fünf dieser Teilproben wurden mit unterschiedlichen Selenocystin-Konzentrationen aufgestockt. Die fünf aufgestockten und die eine nicht aufgestockte Probe wurden zuerst bei 100 °C bis zur Trockne eingedampft und anschließend mit Salpetersäure und Wasserstoffperoxid aufgeschlossen.

Danach wurden die einzelnen Proben mittels einer EXTRELUT-Säule extrahiert und die Extrakte auf eine HPTLC-Kieselgel-60-Platte aufgetragen.

Es ergab sich folgende Wiederfindungsfunktion (Abb. 1-19):

$$x_f = 10{,}609 + 1{,}002 \cdot x_c$$

Der Vertrauensbereich der Steigung b_f ($0{,}87 < b_f < 1{,}14$) zeigt, dass keine proportional-systematische Abweichung vorliegt, d.h. die Selenbestimmung in Human-

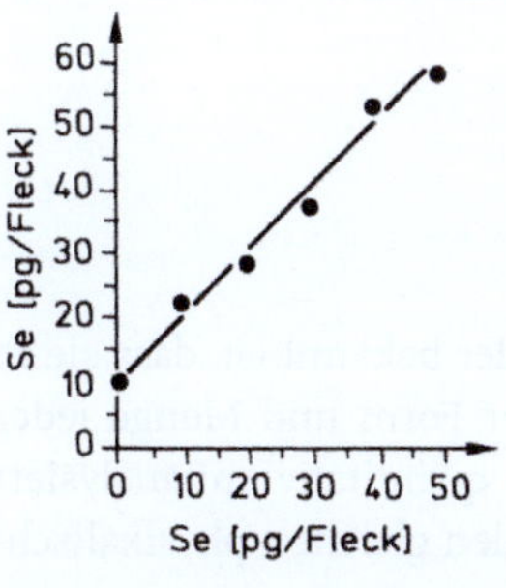

Abb. 1-19. Wiederfindungsfunktion für Selen in Humanserum.

serum muss nicht durch Anwendung des Verfahrens der Standardaddition erfolgen. Eine Aussage über das Vorliegen einer konstant-systematischen Abweichung ist nicht möglich, da die für dieses Wiederfindungsexperiment verwendete Matrix nicht nachweisbar frei von Selen war.

1.5
Weitergehende statistische Methoden

Bei nachgewiesener Varianzeninhomogenität (s. Abschnitt 1.2.4.2.1) sowie bei Störungen der Quantifizierung z. B. durch nicht-optimale Trennung der Signale (Interferenzen, Peaküberlagerung) können eventuell aufwändigere und komplexere statistische Methoden eingesetzt werden [146, 153]. Dies sind u. a.:

- gewichtete Regression [159],
- multiple-curve-fitting [160],
- multiple Regression [146],
- multivariate Standardaddition [146],
- Verfahrenskennfunktionen anstelle von Verfahrenskenndaten [153].

Diese Methoden sind jedoch nicht Thema dieses Buches. Neben einem erhöhten Rechenaufwand sind diese Verfahren v. a. auch mit einem stark erhöhten Analysenaufwand verbunden.

1.6
Verwendung interner Standards [50]

Mehrkomponenten-Verfahren sind Analysenverfahren, bei denen mehrere in einer Probe enthaltene Komponenten gleichzeitig analysiert werden. Hierzu zählen z. B. die ICP-AES, Gaschromatographie usw. Für diese Analysenverfahren gelten prinzipiell die Strategien bezüglich Kalibrierung des analytischen Grundverfahrens und Überprüfung mittels der Wiederfindungsfunktion, wie sie in den vorangegangenen Abschnitten dargestellt sind.

Zusätzlich muss hier aber noch weiteren, z. B. gegenseitigen Einflüssen Rechnung getragen werden. Qualitätssicherungsmaßnahmen umfassen hier auch die Kontrolle der Geräteparameter. Dies geschieht beispielsweise durch Einsatz von internen Standards.

1.6.1
Definition, Zweck

Als interner Standard wird eine Substanz bezeichnet von der bekannt ist, dass sie in der Analysenprobe nicht vorkommt und die in definierter Form und Menge jeder Kalibrier- und Analysenprobe zusätzlich zugesetzt und quantitativ mitanalysiert wird. Es wird davon ausgegangen, dass diese Substanzen den gleichen physikalisch-chemischen Einflüssen unterliegen wie die eigentlich untersuchten Parameter. Die Analysenergebnisse interner Standards werden verwendet

- zu Kontrollzwecken: Vorausgesetzt, der Zusatz des internen Standards erfolgt *nach allen Vorbereitungsschritten,* unmittelbar vor der Messung, so können die Analysenergebnisse der internen Standards zur Kontrolle der Probenapplikation (z. B. Einspritzvorgänge) oder der geräteinternen Probenweiterverarbeitung oder auch des Detektionsschrittes verwandt werden. Die Zugabe von Standards *vor der Probenaufbereitung* ermöglicht dagegen gezielte Kontrollen der Aufbereitungsschritte;
- unter bestimmten Voraussetzungen zur rechnerischen Korrektur von Analysenergebnissen bei Vorliegen systematischer Gerätefehler.

1.6.2
Bedingungen und Einschränkungen für den Einsatz von internen Standards

Eine Substanz, die als interner Standard eingesetzt werden soll, muss einigen Bedingungen genügen:

- Sie darf mit hoher Sicherheit nicht in der natürlichen Probe enthalten sein.
- Sie darf selbst keinen Matrixeffekt erzeugen.
- Sie muss möglichst ähnliche physikalisch-chemische Eigenschaften aufweisen wie die zu bestimmenden Substanzen. Darunter zählen z. B. in der Chromatographie ein ähnlicher Siedepunkt, eine ähnliche Retentionszeit, ähnliches Detektionsverhalten usw. Sollen Probenvorbereitungsschritte mit Hilfe interner Standards kontrolliert werden, so sind auch hier ähnliche chemische Eigenschaften erforderlich.
- Die Zugabe des internen Standards muss in hochkonzentrierter Form möglich sein, um Volumenfehler zu vermeiden. Andernfalls muss das zusätzliche Volumen in der Probe bei den Analysenergebnissen rechnerisch berücksichtigt werden.
- Die Konzentration des internen Standards in der Probe muss dem Messproblem angepasst sein.
- Für einen internen Standard ist selbstverständlich auch eine Grundkalibrierung mit Ermittlung der Verfahrenskenndaten erforderlich.

Der Einsatz von internem Standard enthebt nicht von der Notwendigkeit, für jeden zu analysierenden Parameter eine vollständige Grundkalibrierung sowie Untersuchungen zur Verfahrens- und Matrixbeeinflussung durchzuführen. Insbesondere stellen interne Standards keinen Ersatz für Kalibrierfunktionen dar.

1.6.3 Vorgehensweise

Um ein Analysenverfahren mit Hilfe eines oder mehrerer interner Standards zu überwachen oder gar zu korrigieren ist es notwendig, zunächst das gesamte Analysenverfahren einer vollständigen Kalibrierung und Überprüfung der Verfahrenskenndaten zu unterziehen. Insbesondere ist das Analysenverfahren auf die Beeinflussung durch einzelne Verfahrensschritte und Matrices hin zu überprüfen. Sind entgegen aller Bemühungen Instabilitäten oder Matrixeffekte nicht in den Griff zu bekommen, so kann an den Einsatz eines oder mehrerer interner Standards gedacht werden. Zwei oder mehr interne Standards gleichzeitig bieten sich an, wenn selektiv unterschiedliche Einflussgrößen überwacht werden sollen. Bei zeitintensiven chromatographischen Trennungen beispielsweise können interne Standards unterschiedlicher Retentionszeiten zur Überwachung der gesamten Trennung und der Stabilität des Detektors benutzt werden.

Nach Auswahl geeigneter Standardsubstanzen erfolgt für diese sowohl eine Grundkalibrierung als auch eine Überprüfung auf Beeinflussung durch einzelne Verfahrensschritte und insbesondere Matrices. Nachdem die Ermittlung der Verfahrenskenndaten für die Analyse der als interne Standards vorgesehenen Substanzen erfolgreich abgeschlossen ist, erfolgt die Kalibrierung anhand der Standardgemische. Wiederholte Probeanalysen von bekannten Proben schließen die Voruntersuchungen ab.

Dient der Einsatz der internen Standards lediglich zu Kontrollzwecken, so bilden ihre Analysenergebnisse in der Routineanalytik die Basis für entsprechende Qualitätsregelsysteme/Regelkarten (s. Abschnitt 2.6).

Werden interne Standards jedoch zur systematischen Korrektur der Analysenergebnisse eingesetzt, so gehen ihre Wiederfindungsraten in jedes einzelne Analysenergebnis ein [50]: Die Wiederfindungsrate des internen Standards wird als repräsentativ für die Wiederfindungsrate der zu analysierenden Substanzen angesehen. Um die korrigierten Analysenergebnisse zu erhalten, sind die unkorrigierten Ergebnisse durch die WFR des internen Standards zu dividieren.

Beispiel:

- Das unkorrigierte Analysenergebnis beträgt 50 µg/l.
- Als interner Standard wird eine Konzentration von 78 µg/l einer anderen aber ähnlichen Substanz eingesetzt. Das Analysenergebnis für den internen Standard beträgt 62 µg/l. Dies bedeutet eine Wiederfindungsrate von $WFR = \frac{62}{78} = 0{,}795$.
- Damit ist das Analysenergebnis von 50 µg/l zu korrigieren: Das endgültige Analysenergebnis beträgt $\frac{50\,\mu g/l}{WFR} = \frac{50\ g/l}{0{,}795} = 62{,}9\,\mu g/l$.

Unter der Voraussetzung, dass die Konzentration des internen Standards bekannt und immer gleich ist, kann der Quotient

$$\frac{\text{Messwert des gesuchten Parameters}}{\text{Messwert des internen Standards}}$$

anstelle des Originalmesswertes des gesuchten Parameters für die Kalibrierung und die Auswertung verwendet werden.

1.7 Vorbereitung der Routineanalytik

1.7.1 Überprüfung der zeitlichen Abhängigkeit der Messwerte

Ein Qualitätsziel in der Routineanalytik ist eine gleich bleibende Präzision und Richtigkeit der Analysenergebnisse über einen längeren Zeitraum zu erhalten, d. h. ein zuverlässiges Analysenverfahren anwenden zu können.

Während die Kalibrierung in aller Regel unter sog. Wiederholbedingungen, zumindest aber innerhalb eines kurzen Zeitraumes stattfand, wird sich bei Beobachtung der Analysenqualität über einen längeren Zeitraum allein schon durch längere Pausen zwischen einzelnen Analysenserien, Umwelteinflüsse und unterschiedliche „Tagesform" der jeweiligen Bearbeiter eine höhere Unpräzision in den Analysenergebnissen bemerkbar machen. Unter Umständen verhindern diese zusätzlichen Unpräzisionen jegliche Vergleichbarkeit der Analysenergebnisse. Zum anderen macht sich bei einigen Analysenverfahren auch eine zeitliche Instabilität von Analysenparametern bemerkbar. So können Alterungseffekte, Verschmutzung und Ähnliches nach einer gewissen Betriebszeit, u. U. sogar schon innerhalb eines Arbeitstages, zu systematisch erniedrigten Messwerten führen.

Ziel der Vorbereitung einer Routineanalytik ist die Erkennung derartiger Effekte und Einflüsse, ihre Quantifizierung und wenn möglich deren Beseitigung. Zu ihrer Erkennung sind so genannte Kontrollproben (s. Abschnitt 2.5) erforderlich. Dabei handelt es sich um Proben, die über einen längeren Zeitraum stabil bleiben und in jeder Analysenserie „zur Kontrolle" mitanalysiert werden.

1.7.1.1 Vergleich der Standardabweichung in der Serie (s_w) mit der Standardabweichung zwischen den Serien (s_b) [215]

Für die Präzisionsanalyse werden die Standardabweichung in der Serie (within batch) s_w und die Standardabweichung zwischen den Serien (between batch) s_b ermittelt und mittels *F*-Test auf signifikanten Unterschied hin untersucht.

Zur Ermittlung von s_b und s_w werden an $N = 20$ aufeinander folgenden Tagen (mindestens jedoch 6 bis 10 unterschiedliche Analysentage oder Analysenserien) Mehrfach-, mindestens jedoch Doppelbestimmungen einer Probe durchgeführt. Aus diesen Analysenergebnissen werden die Einzelstandardabweichungen (s_i), die

Standardabweichung in der Serie (s_w), die Standardabweichung zwischen den Serien (s_b) sowie die Gesamtstandardabweichung (s_t) berechnet (Indizes aus dem Englischen: „w“ = within, „b“ = between, „t“ = total).

Standardabweichung *einer* Mehrfachbestimmung:

$$s_i = \sqrt{\frac{1}{f_i} \cdot \sum (x_{ij} - \bar{x}_i)^2} \quad \text{mit } f_i = N_i - 1; \tag{55}$$

bei Doppelbestimmung: $f_i = 2 - 1 = 1$

Standardabweichung innerhalb der Serien:

$$s_w = \sqrt{\frac{1}{f_w} \cdot \sum (f_i \cdot s_i^2)} \tag{56}$$

$$\text{mit } f_w = \sum f_i; \quad \text{bei Doppelbestimmungen: } f_w = N \tag{57}$$

Standardabweichung zwischen den Serien (von Serie zu Serie bzw. von Tag zu Tag):

$$s_b = \sqrt{\frac{1}{f_b} \sum (\bar{x}_i - \bar{\bar{x}})^2} \tag{58}$$

$$\text{mit } f_b = N - 1 \text{ und } \bar{\bar{x}} = \text{Gesamtmittelwert} = \frac{1}{N} \cdot \sum \bar{x}_i \tag{59}$$

Die Gesamt-(totale)Standardabweichung ergibt sich zu

$$s_t = \sqrt{\frac{1}{f_t} (s_b^2 \cdot f_b + s_w^2 \cdot f_w)} \tag{60}$$

$$\text{mit } f_t = f_b + f_w; \quad \text{bei Doppelbestimmung: } f_t = 2\,N - 1 \tag{61}$$

Bewertung:

1. Die Gesamtstandardabweichung muss den Qualitätsanforderungen (maximal zulässige Unpräzision) genügen.

2. Die Standardabweichung zwischen den Serien sollte maximal das Doppelte der Standardabweichung in der Serie betragen; gegebenenfalls führt die Anwendung des Varianzen-*F*-Tests auf s_b und s_w zur Präzisionsbewertung:

   Berechnung des Prüfwertes: $PW = \frac{s_b^2}{s_w^2}$

   Beurteilung des Prüfwertes: Ist $PW \leq F(f_b, f_w, 95\%)$, so ist s_b nur zufällig größer als s_w.

   Bei $PW > F(f_b, f_w, 95\%)$ beeinflusst die Unpräzision zwischen den Serien signifikant die Gesamtunpräzision. Falls die Gesamtstandardabweichung inakzeptabel hoch ist, können Suche und Korrektur der Analyseneinflüsse einerseits, eine Rejustierung oder gar Rekalibrierung in jeder Serie andererseits signifikant qualitätsverbessernd wirken.

Beispiel aus der Praxis der Wasseranalytik

Für die DOC-Bestimmung (dissolved organic carbon = gelöster organischer Kohlenstoff) wurde eine Kontrollprobe mit dem Gehalt 5 mg/l ausgewählt und an zehn aufeinander folgenden Tagen jeweils einer Doppelbestimmung unterzogen. Es ergaben sich:

$$s_w = 0{,}099 \text{ mg/l}$$

$$s_b = 0{,}224 \text{ mg/l}$$

$$s_t = 0{,}158 \text{ mg/l}$$

$$PW = \frac{s_b^2}{s_w^2} = 5{,}119 \quad (\text{Tabellenwert: } F(9, 10, 99\,\%) = 4{,}94)$$

Da $PW > F(9, 10, 99\,\%)$, unterscheiden sich s_b und s_w signifikant.

Ursache für die erhöhte Unpräzision ist hier eine instabile Kalibrierfunktion. Durch tägliche Rekalibrierung könnte somit die Präzision der Analysenergebnisse wesentlich verbessert werden.

1.7.1.2 **Überprüfung der Möglichkeit einer Tagesjustierung des Analysengerätes**

Wurde eine Zeitabhängigkeit der Analysenergebnisse festgestellt, so empfiehlt es sich, vor jeder Analysenserie z. B. mit einer bzw. zwei Standardlösungen jeweils eine Tagesjustierung durchzuführen, um die *aktuelle Steigung* der Kalibrierfunktion ermitteln zu können. Voraussetzung für die Anwendbarkeit der Tagesjustierung ist jedoch, dass sich die Verfahrensstandardabweichungen s_{xo} für verschiedene Steigungen nicht signifikant unterscheiden (s. Abb. 1-20 b). Dies kann mittels *F*-Test geprüft werden.

Bei gleich bleibender Reststandardabweichung s_y (Fall (a) in Abb. 1-20) ist vor der Anwendung der Tagesjustierung zu untersuchen, wie stark sich die *aktuelle Steigung* der Kalibrierfunktion (ermittelt über die Tagesjustierung) verringern darf, um noch über den gesamten gewählten analytischen Arbeitsbereich auswerten zu können. Hierzu empfiehlt sich die Überprüfung mit Hilfe der maximal zulässigen Unpräzision (s. Abschnitt 1.3.3) [22].

Verringert sich bei konstanter Reststandardabweichung s_y die Steigung der Kalibrierfunktion (s. Abb. 1-20 a), so kann es vorkommen, dass die geforderte Mindestpräzision $VB_{\text{rel,zulässig}}$ bei x_1 nicht mehr eingehalten werden kann.

Ist keine Unpräzisionsgrenze durch $VB_{\text{rel,zulässig}}$ vorgegeben, so muss eine Prüfung der unteren Arbeitsbereichsgrenze mit Hilfe des Prüfwertes x_p (s. Abschnitt 1.2.4.2.3) erfolgen (s. Abb. 1-21). Unterhalb der Konzentration x_p kann keine sichere analytische Aussage mehr gemacht werden. Der Praktiker kann aber oberhalb dieser Konzentration quantitative Analysen durchführen – vorausgesetzt, die Bestimmungsgrenze des Analysenverfahrens wird hierdurch nicht unterschritten.

1.7.1.3 **Trendtest** (nach Neumann [190])

Das in Abschnitt 1.7.1.1 vorgestellte Verfahren eignet sich nicht dazu, einen zeitabhängigen *systematischen Trend* nachzuweisen. Daher soll zusätzlich ein einfacher Trendtest [190] durchgeführt werden.

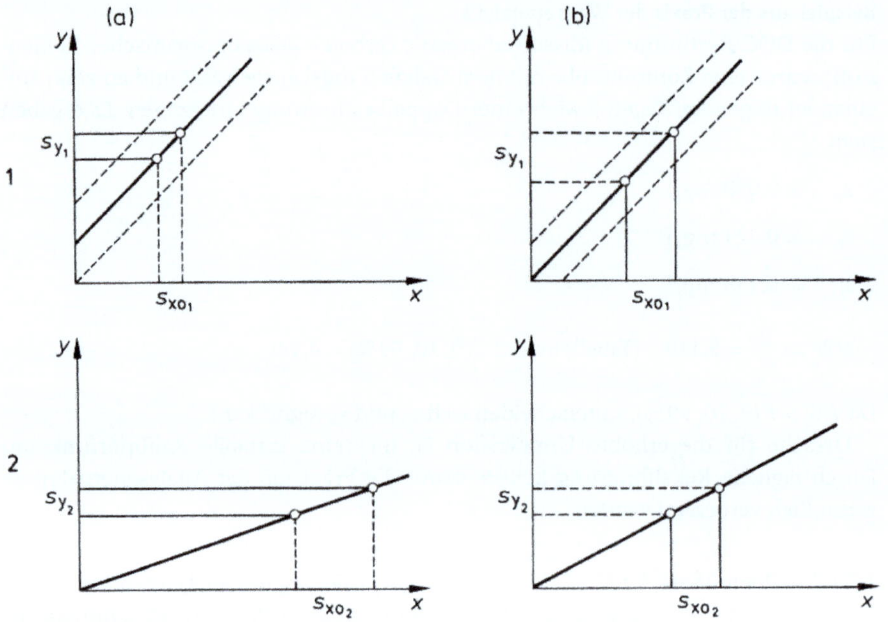

(a)

$s_{y_1} = s_{y_2}; \quad b_1 > b_2;$

$\frac{s_{y_1}}{b_1} = s_{xo_1} < s_{xo_2} = \frac{s_{y_2}}{b_2}$

(b)

$s_{y_1} > s_{y_2}; \quad b_1 > b_2$

$\frac{s_{y_1}}{b_1} = s_{xo_1} = s_{xo_2} = \frac{s_{y_2}}{b_2}$

Abb. 1-20. Gegenseitige Abhängigkeit von Präzision und Empfindlichkeit.

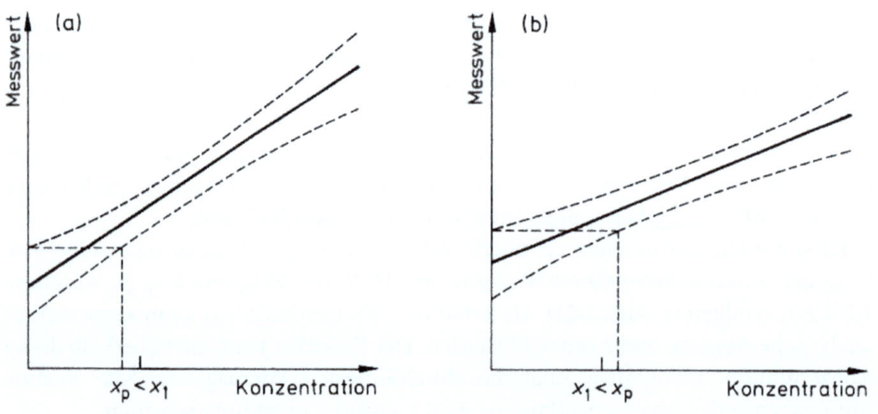

Abb. 1-21. Statistische Absicherung des Arbeitsbereichs mittels x_p bei Tagesjustierung.

a) x_1 unterscheidet sich signifikant von der Konzentration Null,

b) x_1 unterscheidet sich *nicht* signifikant von der Konzentration Null.

Voraussetzung für die Durchführung des Trendtests ist das Vorliegen einer Reihe zeitlich aufeinander folgender Analysenergebnisse einer Kontrollprobe x_1, x_2, ..., x_n, die einer normalverteilten Grundgesamtheit entstammen. Dabei sollte nach Möglichkeit mindestens eine Anzahl von $n = 20$ Analysenergebnissen betrachtet werden.

Zusätzlich zur Standardabweichung s der n Werte wird das mittlere Quadrat der $n - 1$ Differenzen aufeinander folgender Werte (Einzel- bzw. Mittelwerte von aufeinander folgenden Serien) (sukzessive Differenzenstreuung) Δ^2 berechnet:

$$\Delta^2 = \frac{\sum (x_i - x_{i+1})^2}{(n-1)} \tag{62}$$

Sind die aufeinander folgenden Werte unabhängig, dann gilt $\Delta^2 \approx 2s^2$.

Die Hypothese, aufeinander folgende Werte sind unabhängig, muss zu Gunsten der Alternativhypothese, es besteht ein Trend, aufgegeben werden, wenn der Quotient

$$\frac{\Delta^2}{s^2} = \frac{\sum (x_i - x_{i+1})^2}{\sum (x_i - \bar{x})^2} \tag{63}$$

kleiner oder gleich der kritischen Schranke (n, $\alpha = 1\%$) (s. Tabelle 1-2) wird.

Bedeutung des Trendtests

Durch Anwendung des Trendtests kann überprüft werden, ob eine im Vergleich zur Standardabweichung in der Serie (s_w) größere Standardabweichung zwischen den Serien (s_b, s. Abschnitt 1.7.1.1) auf eine zeitabhängige systematische Verschlechterung des Detektionssystems zurückzuführen ist. Beispielsweise kann so in der Gaschromatographie die Alterung des ECD festgestellt werden.

Konsequenz

Wird ein zeitabhängiger Trend nachgewiesen, so kann durch Rejustierung oder gar Rekalibrierung in jeder Serie die Qualität der Analysenergebnisse signifikant verbessert werden.

1.8 Zusammenfassung der Ergebnisse aus Phase I (Verfahrensentwicklung): Dokumentation

Die endgültige Dokumentation eines analytischen Grundverfahrens umfasst neben der Analysenvorschrift auch alle relevanten Angaben zur Analysenqualität.

Da die Qualität von Analysenergebnissen eng verbunden ist mit der Qualität der Analysenvorschrift, sollte diese eindeutig, verständlich und praxisorientiert sein [17, 123], damit ein mit dem Verfahren noch nicht vertrauter Analytiker dem Analysengang folgen und befriedigende Ergebnisse erzielen kann.

Tabelle 1-2. Kritische Schranken für den Quotienten aus der mittleren quadratischen sukzessiven Differenzenstreuung und der Varianz [190].

n	0,1%	1%	5%	n	0,1%	1%	5%
4	0,5898	0,6256	0,7805	33	1,0055	1,2283	1,4434
5	0,4161	0,5379	0,8204	34	1,0180	1,2386	1,4511
6	0,3634	0,5615	0,8902	35	1,0300	1,2485	1,4585
7	0,3695	0,6140	0,9359	36	1,0416	1,2581	1,4656
8	0,4036	0,6628	0,9825	37	1,0529	1,2673	1,4726
9	0,4420	0,7088	1,0244	38	1,0639	1,2763	1,4793
10	0,4816	0,7518	1,0623	39	1,0746	1,2850	1,4858
11	0,5197	0,7915	1,0965	40	1,0850	1,2934	1,4921
12	0,5557	0,8280	1,1276	41	1,0950	1,3017	1,4982
13	0,5898	0,8618	1,1558	42	1,1048	1,3096	1,5041
14	0,6223	0,8931	1,1816	43	1,1142	1,3172	1,5098
15	0,6532	0,9221	1,2053	44	1,1233	1,3246	1,5154
16	0,6826	0,9491	1,2272	45	1,1320	1,3317	1,5206
17	0,7104	0,9743	1,2473	46	1,1404	1,3387	1,5257
18	0,7368	0,9979	1,2660	47	1,1484	1,3453	1,5305
19	0,7617	1,0199	1,2834	48	1,1561	1,3515	1,5351
20	0,7852	1,0406	1,2996	49	1,1635	1,3573	1,5395
21	0,8073	1,0601	1,3148	50	1,1705	1,3629	1,5437
22	0,8283	1,0785	1,3290	51	1,1774	1,3683	1,5477
23	0,8481	1,0958	1,3425	52	1,1843	1,3738	1,5518
24	0,8668	1,1122	1,3552	53	1,1910	1,3792	1,5557
25	0,8846	1,1278	1,3671	54	1,1976	1,3846	1,5596
26	0,9017	1,1426	1,3785	55	1,2041	1,3899	1,5634
27	0,9182	1,1567	1,3892	56	1,2104	1,3949	1,5670
28	0,9341	1,1702	1,3994	57	1,2166	1,3999	1,5707
29	0,9496	1,1830	1,4091	58	1,2227	1,4048	1,5743
30	0,9645	1,1951	1,4183	59	1,2288	1,4096	1,5779
31	0,9789	1,2067	1,4270	60	1,2349	1,4144	1,5814
32	0,9925	1,2177	1,4354	∞	2,0000	2,0000	2,0000

Die Analysenvorschrift ist durch folgende, größtenteils in Phase I gewonnenen Informationen zu ergänzen:

- zu analysierende Substanz,
- Anwendungsbereich/Art der möglichen Urproben,
- Toleranzen (z. B.: „Füge 6,0 ml $\pm$ 0,1 ml zu“), um die erforderliche Genauigkeit bei einzelnen Arbeitsschritten zu erzielen,
- die Messvorschrift einschließlich physikalischer Größe und Einheit des Messwertes,
- die jeweilige Vorgehensweise zur Ermittlung der Kalibrierfunktion und des Blindwerts,
- der Arbeitsbereich,
- die Kalibrieranleitung: Anzahl, Art, Herstellung der Standardlösungen,

- die Koeffizienten der Kalibrierfunktion mit Angaben über die Linearität, Empfindlichkeit und Reststandardabweichung,
- die Verfahrensstandardabweichung,
- die Nachweisgrenze mit Angaben, wie und mit wie vielen Messungen sie ermittelt wurde,
- die relative Unpräzision an der unteren Arbeitsbereichsgrenze ($VB_{rel}(x_1)$) zum späteren Vergleich mit der geforderten Bestimmungsgrenze,
- eine Vorschrift zur Auswertung und Angabe der Analysenergebnisse,
- häufig auftretende Verfahrensfehler und zugehörige Gegenmaßnahmen,
- quantitative Informationen über Störsubstanzen (interfering substances),
- qualitative und quantitative Angaben über konstant- und proportional-systematische Abweichungen sowie ihre Beseitigung,
- die Zeitstabilität (Haltbarkeit) und die Lagerungsvorschriften für Proben, Reagenzien, Standardlösungen und Referenzmaterialien,
- besondere Hinweise:
  - ggf. Einschränkung der Anwendbarkeit des Analysenverfahrens,
  - besondere Maßnahmen wie z. B. Rejustierung, Rekalibrierung, Anwendung interner Standards (inkl. Auswertung),
  - Bestimmung und Verwendung eines Blindwertes,
- Hinweise zur Entsorgung der Reagenzien und für den Arbeitsschutz,
- Literaturangaben mit weiterer Information (z. B. Anwendungsbeispiele).

Aus der nachfolgenden Routineanalytik und den damit verbundenen Qualitätssicherungsmaßnahmen ergibt sich im Nachhinein eine Ergänzung der Dokumentation durch die Ringversuchskenndaten (siehe Phase IV).

2
Phase II: Einführung eines Analysenverfahrens in die Routineanalytik; vorbereitende Qualitätskontrolle

2.1
Einführung

Der Einsatz eines Analysenverfahrens in der Routineanalytik wird vorbereitet und im Rahmen der Validierung begleitet durch statistisch gestützte Qualitätssicherungsmaßnahmen. Damit wird sichergestellt, dass nur validierte Analysenverfahren in der Routine zur Anwendung kommen [2, 7, 27, 92, 114, 137, 196, 197, 219].

2.1.1
Zielsetzung der Phase II

Ziel der Phase II ist die Verfügbarmachung eines überprüften (siehe Phase I) Analysenverfahrens für die Routineanalytik. Hierzu gehören in erster Linie das Erreichen und die Wahrung einer ausreichenden Analysenqualität *vor* Beginn der Routineanalytik.

2.1.2
Ausführende der Phase II

Im Gegensatz zur Phase I, deren Arbeitsschritte vornehmlich vom Ersteller eines Analysenverfahrens auszuführen sind, ist Phase II vor jeder erstmaligen Routineanwendung eines jeden Analysenverfahrens zu durchlaufen. Betroffen ist hierbei in erster Linie das die Analysen in der Routine ausführende Personal.

2.1.3
Ablauf der Phase II

Phase II beginnt mit dem „Einüben" des Analysenverfahrens und endet mit der Vorbereitung der Qualitätsregelkarten für die folgende Routine (vgl. Schema 2-1).

Qualitätssicherung in der Analytischen Chemie, 2. Auflage. W. Funk, V. Dammann, G. Donnevert

ISBN: 3-527-31112-2

2.1.4
Ergebnisse der Phase II

Zum Ende der Phase II wird das Laboratorium einerseits genügend Sicherheit und Erfahrung in der Anwendung des jeweiligen Analysenverfahrens gewonnen haben, andererseits über Präzisions- und Zuverlässigkeitsdaten verfügen, die in der folgenden Routine-Periode als Basis für eine Qualitätskontrolle und -regelung dienen. Hierzu gehören in erster Linie Präzisionskenndaten wie z. B. Mittelwert und Standardabweichung der Analysen von Kontrollproben, Spannweiten bei Mehrfachanalysen, Wiederfindungsraten bei Kontrollproben und insbesondere Zuverlässigkeitsbereiche (Streubereiche, Vertrauensbereiche), in deren Grenzen künftige Kontrollanalysen bzw. aus ihnen abgeleitete Kenndaten liegen müssen.

Schema 2-1. Arbeitsablauf der Phase II. Ablauf-Diagramm.

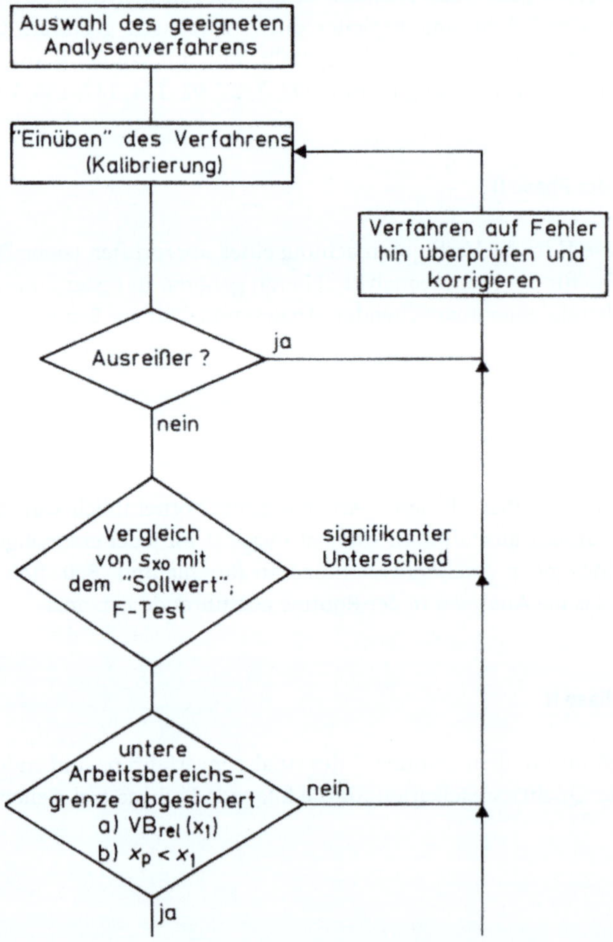

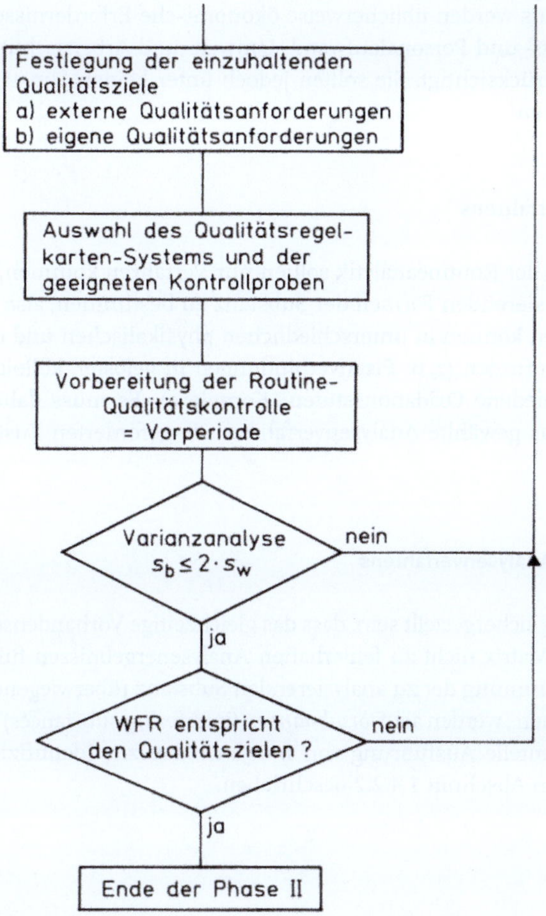

2.2
Auswahl des Analysenverfahrens

Die Wahl des Analysenverfahrens wird bestimmt durch die Vorgaben der analytischen Fragestellung, d.h. durch

- die zu bestimmende Substanz:
  – welches chemische Element bzw. welche chemische Verbindung,
  – in welchem physikalisch-chemischen Zustand liegt sie vor (gelöst, suspendiert, gasförmig; Oxidationsstufe usw.),
- den interessierenden Arbeitsbereich,
- die geforderte Genauigkeit (maximal zulässige systematische und zufällige Abweichung),
- die zu untersuchenden Matrices,
- die verfügbaren Analysengeräte, usw.

Darüber hinaus werden üblicherweise ökonomische Erfordernisse (wie z. B. Analysenzeit, Arbeits- und Personalaufwand, Umwelt- und Arbeitsschutzvorkehrungen, Kosten usw.) berücksichtigt. Sie sollten jedoch unter keinen Umständen zu Lasten der Qualität gehen!

2.2.1 Spezifität des Verfahrens

Zum Einsatz in der Routineanalytik sollten nur Verfahren kommen, die in der Lage sind alle interessierenden Formen der Substanz zu bestimmen, also spezifisch sind. Viele Substanzen können in unterschiedlichen physikalischen und chemischen Zustandsformen auftreten (z. B. Eisenverbindungen in gelöster, kolloidaler oder Partikelform; verschiedene Oxidationsstufen; Komplexe). Es muss daher sichergestellt werden, dass das gewählte Analysenverfahren alle geforderten Zustandsformen erfasst [17, 28].

2.2.2 Selektivität des Analysenverfahrens

Zusätzlich muss sichergestellt sein, dass das gleichzeitige Vorhandensein anderer Substanzen in der Matrix nicht zu fehlerhaften Analysenergebnissen führt. Substanzen, die bei der Bestimmung der zu analysierenden Substanz (überwiegend systematische) Fehler verursachen, werden als *Störsubstanzen* (interfering substances) bezeichnet.

Die experimentelle Ausführung von *Interferenztests* zur Identifizierung von Störsubstanzen ist in Abschnitt 1.4.2.2 beschrieben.

2.2.3 Arbeitsbereich

Der Arbeitsbereich des gewählten Analysenverfahrens muss dem analytischen Problem angepasst sein. Verdünnungs- oder Aufkonzentrierungsschritte, die nicht in der Arbeitsvorschrift beschrieben wurden, sollten – wenn überhaupt – erst nach Prüfung (s. Abschnitt 1.4.3.1) in das Verfahren eingefügt werden, da sie die Ungenauigkeit des Gesamtverfahrens vergrößern können.

2.2.4 Kalibrierfunktion, Empfindlichkeit und Präzision des Verfahrens

Die vom Methodenersteller ermittelte Kalibrierfunktion (s. Abschnitt 1.2.3) liefert Angaben bezüglich der Empfindlichkeit (Steigung b), Präzision (Reststandardabweichung s_y) und Leistungsfähigkeit (Verfahrensstandardabweichung s_{xo}) des Analysenverfahrens.

Der Anwender des Analysenverfahrens vollzieht die im Verfahren beschriebene Kalibrierung in seinem Labor nach und vergleicht die erreichten Kenndaten, insbesondere die Verfahrensstandardabweichung s_{xo} mit den angegebenen Kenndaten.

2.2.5
Erfassungsgrenze und Bestimmungsgrenze

Die Erfassungsgrenze eines Analysenverfahrens ist besonders dann von Interesse, wenn eine Substanz im Spuren- oder Ultraspurenbereich analysiert werden soll. Der Analytiker wird in solchen Fällen das Verfahren mit der größten Empfindlichkeit, bei geringst möglicher Unpräzision, d. h. mit der niedrigsten Erfassungsgrenze auswählen.

Es sei in Erinnerung gerufen, dass ein Analysenergebnis, welches der Erfassungsgrenze x_{EG} entspricht, einen relativen Vertrauensbereich von 50 % aufweist.

Dabei ist jedoch nicht nur die Erfassungsgrenze des analytischen Grundverfahrens (s. Abschnitt 1.3.2) zu beachten, da diese „ideale Erfassungsgrenze" für das analytische Grundverfahren, d. h. z. B. ohne Aufschluss, Extraktion u. ä., durch Analysieren von reinen Standardlösungen ermittelt wurde. In realen Matrices kann die Erfassungsgrenze erheblich größer sein (erfahrungsgemäß um etwa Faktor 5 bis 10). Ursache hierfür ist der mögliche negative Einfluss von Matrixkomponenten auf die Reststandardabweichung s_y und die Steigung b der Kalibrierfunktion. Daher sollten nicht nur die Angaben des Methodenerstellers bezüglich der Matrixbeeinflussung beachtet, sondern außerdem auch für typische eigene Matrices die „reale Erfassungsgrenze" mittels des Verfahrens der Standardaddition (s. Abschnitt 3.4.1.1) bestimmt werden.

2.2.6
Risiko systematischer Abweichungen

Da der Methodenersteller bei der Vielzahl verschiedener möglicher Matrices nicht für alle möglichen Matrixarten Wiederfindungsfunktionen ermitteln kann, sollte der Anwender vor Einsatz eines Analysenverfahrens in der Routineanalytik mit den ihm vorliegenden Matrices zusätzliche Wiederfindungsexperimente (s. Abschnitt 1.4) durchführen.

2.2.7
Aufwand, Kosten

Ein mit entscheidendes Kriterium für die Auswahl eines Analysenverfahrens sind die Kosten pro Analyse.

Als kostenwirksam sind folgende Teilfaktoren zu beurteilen:

- *Die erforderliche Zeit*: Sie umfasst alle Schritte der Probenvorbereitung und -analyse und kann anhand der Analysenvorschrift ermittelt werden.
  In die Gesamtzeit-Berechnung gehen dabei neben dem Aufwand für die Analysen der realen Proben vor allem auch Zeitaufwendungen ein für
  a) Qualitätssicherungsmaßnahmen:
  – Justierung*
  – Kalibrierung*

– Einarbeitung des Personals*
– Kontrollanalysen im Rahmen der internen *und* externen Qualitätskontrolle*
– Instandhaltungsarbeiten* einschließlich Gerätewartung und Pflege des Arbeitsplatzes und der Geräte

b) Auswertungs- und Verwaltungsarbeiten.

Hierbei sind die durch * gekennzeichneten Aufwendungen nahezu unabhängig von der Zahl der Proben in einer Analysenserie und können als „Grundaufwand" bezeichnet werden, der sich auch auf den Materialbedarf signifikant auswirkt.

Rationalisierungs-, insbesondere Automatisierungsmaßnahmen bieten sich bei höherer Analysenfrequenz an und können den mittleren Zeitbedarf pro Analyse entscheidend senken.

- *Die benötigten Geräte*: Für das neue Analysenverfahren eigens anzuschaffende Geräte verursachen Investitions- und Betriebskosten, die gegebenenfalls nur bei einer höheren Analysenfrequenz ökonomisch vertretbar sind.

- *Das erforderliche Material*: Der Materialverbrauch kann sich bei verschiedenen Analysenverfahren in Qualität, Quantität und Lagerungsfähigkeit stark unterscheiden.

- *Das notwendige Personal*: Hier ist sowohl die benötigte Anzahl als auch die erforderliche Qualifikation des Personals zu berücksichtigen und festzulegen.

- *Die Einsatzart*: Ein Unterschied im Aufwand ergibt sich je nachdem, ob das Analysenverfahren lediglich zur qualitativen oder auch zur quantitativen Analyse eingesetzt werden kann und ob es für die Analytik unterschiedlicher Matrixarten direkt geeignet ist oder nur einen ganz eng definierten Einsatzbereich besitzt. Gleiches gilt für die Beurteilung der Arbeitsbereiche, die nicht nur praxisgerecht, sondern auch möglichst breit sein sollten, um den Kalibrier- und Justieraufwand zu minimieren.

Insgesamt ist die *Einsatzhäufigkeit* eines Analysenverfahrens abzuschätzen. Sehr selten angewandte Verfahren können sich als sehr kostenintensiv erweisen, wenn die erforderlichen Qualitätssicherungsmaßnahmen einen besonders großen Anteil am Gesamt-Analysenaufkommen darstellen. Ein Verzicht auf Qualitätssicherungsmaßnahmen aus Kostengründen ist in jedem Fall inakzeptabel.

2.3 „Einübphase" des Verfahrens

Die so genannte „Einübphase" umfasst die Festlegung der geforderten Qualität sowie die Überprüfung und gegebenenfalls Verbesserung der erreichten Qualität bei Anwendung des Analysenverfahrens. Störungen, die im Analysenverfahren selbst auftreten können, sind zu untersuchen. Hierzu erfolgt zunächst die Kalibrierung des Analysenverfahrens.

Die Verfahrensstandardabweichung s_{xo} (s. Abschnitt 1.2.3.1) als Maß für die Präzision eines Analysenverfahrens wurde in der Dokumentation des Analysenverfahrens im Rahmen der Kenndaten publiziert und stellt nun das erste zu erreichende Qualitätsziel bei der praktischen Einführung des Analysenverfahrens dar. Im Zuge des „Einübens“ eines Analysenverfahrens wird die aktuelle Kalibrierfunktion erstellt und die Verfahrensstandardabweichung berechnet.

Die erreichte Verfahrensstandardabweichung wird per *F*-Test mit dem in der Verfahrensbeschreibung angegebenen Wert verglichen. Ist die Soll-Verfahrensstandardabweichung noch nicht erreicht, d. h. signifikant überschritten, so hat eine Verbesserung der Analysenpräzision zu erfolgen. Fast immer ist hierfür ein weiteres „Üben“ ausreichend. Kalibrierung und Überprüfung der Präzision nach dem *F*-Test sind entsprechend zu wiederholen.

Wenn kein signifikanter Unterschied mehr nachweisbar ist (siehe Tabelle 2-1), kann davon ausgegangen werden, dass der Anwender das Verfahren beherrscht.

Beispiel: „Einüben“ der Eisenbestimmung nach DIN 38406 Teil 1 [49] (Tabelle 2-1).

Tabelle 2-1. Überprüfung der Verfahrensstandardabweichung mit dem *F*-Test.

Tag	*Verfahrensstandard-abweichung mg/l Fe*	*Prüfgröße*	*Entscheidung*
1.	$s_{xo1} = 0{,}098$	8,31	signifikanter Unterschied (zum Sollwert)
2.	$s_{xo2} = 0{,}087$	6,55	signifikanter Unterschied
3.	$s_{xo3} = 0{,}053$	2,43	kein signifikanter Unterschied
4.	$s_{xo4} = 0{,}038$	1,25	kein signifikanter Unterschied

Sollwert: $s_{xo} = 0{,}034$ mg/l, Tabellenwert: $F(f_1, f_2, P = 99\%) = 6{,}03$

Mit dem Erreichen der Soll-Verfahrensstandardabweichung nach der zweiten Wiederholung wird vom Anwender eine im Vergleich zur geforderten Analysenqualität ausreichende Präzision dokumentiert. Gelingt es darüber hinaus, diese Zielgröße über lange Zeit zu halten, lässt sich mit ihr auch die Zuverlässigkeit des Analysenverfahrens beschreiben, d. h. dass die Leistungsfähigkeit des reinen Analysenverfahrens somit in Zukunft zu gewährleisten sein sollte.

Liegt jedoch auch nach mehrmaliger Wiederholung der Kalibrierung noch eine signifikant höhere Unpräzision (s_{xo}-Werte) vor, müssen die Ursachen hierfür gefunden werden. Folgende Ursachen sind u. a. denkbar:

- unzureichende Qualität der verwendeten Reagenzien,
- ungenau angesetzte Standardlösungen,
- Missverständnis bei oder Abweichung von der Analysenvorschrift,
- Verwendung ungeeigneter Hilfsgeräte, z. B. Pipetten (s. Tabelle 2-2), Probengefäße etc.,
- Einsatz ungeeigneter, ungeprüfter oder defekter Messgeräte.

Beispiel: Optimierung eines Pipettierschrittes (Tabelle 2-2).

Die o.g. Kalibrierung für Eisen wurde insgesamt viermal durchgeführt, jedoch unter Verwendung jeweils einer anderen Pipettenart für die Herstellung der Standardlösungen. Ergebnisse der Kalibrierungen können Tabelle 2-2 entnommen werden.

Tabelle 2-2. Optimierung eines Pipettierschrittes.

Herstellung der Standardlösung mittels	b $\left[\frac{\text{Ext.}}{\text{mg/l}}\right]$	s_y [Ext.]	s_{xo} [mg/l]
1. Einmalpipette	0,999	0,0037	0,0038
2. Vollpipette	1,044	0,0011	0,0011
3. Mikrobürette	1,059	0,0013	0,0012
4. Mikrobürette (fettfrei)	1,050	0,0005	0,0005

Weitere Fehlermöglichkeiten sind in Abschnitt 3.5.1 aufgeführt.

Liegt die untere Grenze (x_1) des gewählten Arbeitsbereiches niedriger als in der Analysenvorschrift beschrieben, so lässt sich zwar – häufig – eine geringere Verfahrensstandardabweichung s_{xo} erreichen, dennoch besteht hier ein erhöhtes Risiko, bei niedrigen Substanzgehalten zu unsichere Analysenergebnisse zu erhalten. Zu prüfen ist daher die relative Unpräzision an der unteren Arbeitsbereichsgrenze:

a) Überschreitet $VB_{rel}(x_1)$ die maximal zulässige Unpräzision, so bedarf die Analysenpräzision einer – weiteren – Verbesserung.

b) Ist keine Mindestpräzision (maximal zulässige Unpräzision) definiert, so erfolgt eine Absicherung des Arbeitsbereiches anhand der Prüfgröße x_p (s. Abschnitt 1.2.4.2.3).

2.4 Festlegung der in der Routine einzuhaltenden Qualitätsziele

Aufgabe der Analytik ist, nicht nur kurz-, sondern insbesondere auch langfristig zuverlässige und vergleichbare Analysenergebnisse zu „produzieren".

Die angestrebte Genauigkeit der Analysenergebnisse kann nur dann erreicht werden, wenn der Analytiker sich der Fehler, die während des gesamten Analysenverfahrens auftreten können, bewusst ist und sie beseitigt. Nur durch ständige Kontrolle und Dokumentation der Analysenqualität kann die Genauigkeit der Analysenergebnisse gewährleistet und – bei Bedarf – nachgewiesen werden.

Ziel einer routinemäßigen Qualitätskontrolle ist das schnelle Erkennen von Unpräzisionen und Unrichtigkeiten in Analysenergebnissen bei vertretbarem Aufwand.

Ein mögliches Verfahren hierfür stellt die laborinterne statistische Qualitätskontrolle dar, die schon seit langer Zeit in der herstellenden Industrie zur Kontrolle der Produktqualität eingesetzt wird. Sie ermöglicht das Erfassen zufälliger Abweichungen durch *Präzisionskontrolle* und systematischer Abweichungen durch *Richtigkeits-*

kontrolle. Grundlagen der Qualitätskontrolle sind Qualitätsziele in Form maximal zulässiger Unpräzision bzw. Unrichtigkeit, als absolute oder relative Abweichungen definiert. Durch systematische Wiederholung von Kontrollanalysen wird die Einhaltung dieser Ziele während der Routineanalytik überwacht. Instrumente der statistischen Qualitätskontrolle sind die Qualitätsregelkarten, fortlaufende Visualisierung der aktuell erreichten Qualität (graphische Darstellung der Ergebnisse der Kontrollanalysen). Eingetragene Grenzlinien ermöglichen die Kontrolle der Qualität:

- Sog. Kontrollgrenzen, deren Überschreitung unmittelbar einen korrigierenden Eingriff ins Analysenverfahren erfordert. Synonym werden diese Grenzen auch als Eingriffsgrenzen bezeichnet.
- Sog. Warngrenzen, deren Überschreitung besondere Aufmerksamkeit auf die folgenden Kontrollanalysen lenkt.

Die Lage der Grenzen im Diagramm wird ausschließlich durch Präzisionsmaße (Standardabweichung etc.) bestimmt.

Hinweis: Der deutsche Begriff „Kontrollkarte" trifft den Kern der Qualitätssicherung nicht. Es handelt sich hier vielmehr um eine – ungenaue – Übersetzung des englischen „Control chart", gleichbedeutend mit Regelkarte.

Der Ersteller einer Qualitätsregelkarte sollte die Größenordnung der Streuung seiner Analysenwerte sehr kritisch beurteilen. Die Standardabweichung und damit die Warn- und Kontrollgrenzen dürfen akzeptierbare Größen bzw. gesetzliche Vorgaben nicht überschreiten. Beispielsweise wäre es unsinnig, mittels Shewhart-Karte ein Analysenverfahren zu überwachen, das einen Variationskoeffizienten von 50% aufweist.

In manchen Bereichen der Analytik wie z. B. in der Trinkwasseranalytik sind z.T. Präzisions- bzw. Genauigkeitsvorgaben festgelegt [186, 205]. Fehlen solche Vorgaben, so können die akzeptierbaren Fehlergrenzen folgendermaßen ermittelt werden.

a) Orientierung an den Präzisionsdaten aus der Verfahrensnorm.

b) Im Vergleich mit anderen Laboratorien, sei es innerhalb eines Ringversuches oder im persönlichen Austausch, sollten die im eigenen Labor ermittelten Größen überprüft werden, bevor sie auf eine Kontrollkarte übernommen werden. Außerdem sollte die Literatur in dieser Hinsicht durchgesehen werden.

c) Orientierung an gesetzlichen Mindestanforderungen (z. B. EG-Richtlinien).

d) Andere Autoren (z. B. Tonks [200]) empfehlen, die akzeptierbare relative Fehlergrenze aus Lage und Breite des Arbeitsbereiches zu berechnen.

2.4.1
Extern vorgegebene Qualitätsanforderungen

Umweltrelevante Gesetze, Verordnungen, Richtlinien und Vorschriften, aber auch internationale Vereinbarungen fordern in zunehmendem Maße über die Einhaltung von Grenzwerten hinaus auch eine gewisse Analysenqualität, quantifiziert entweder als Genauigkeit oder Präzision. Beispielsweise werden in der EU-Trinkwasser-Richtlinie [186] und den daraus abgeleiteten nationalen Vorschriften oder auch in den Richtlinien für die Labormedizin [187, 188] die zulässigen Fehler des Analysenergebnisses für die einzelnen Parameter angegeben. Weiterhin können in Genehmigungen für Emissionen (Abwasser, Abluft) einzuhaltende Qualitätsvorgaben festgelegt sein.

Beispiel: Der Sulfatgehalt in Trinkwasser soll überwacht werden. Grenzwert und maximal zulässige Analysenunsicherheit sind festgelegt:

Grenzwert: 240 mg/l SO_4^{2-}

Zulässiger Fehler: ± 5 mg/l $SO_4^{2-} \cong 2{,}08\%$, d. h. $VB_{\text{rel}}(x = 240) = 2{,}08\%$

2.4.2 Eigene Qualitätsanforderungen

Sind für einen zu analysierenden Parameter weder vom Auftraggeber noch vom Gesetzgeber irgendwelche Vorgaben bezüglich der erforderlichen Analysenqualität gegeben worden oder benötigt der Anwender eines Analysenverfahrens eine höhere Analysenqualität, so kann der Analytiker sich eigene Qualitätsziele setzen. Eine Mindestforderung hierbei wäre, die in der Einübphase erreichte Präzision auch in der folgenden Routineanalytik zu halten. Sind Ringversuchskenndaten (s. Abschnitt 4.3) für das Analysenverfahren bekannt, so kann die dort publizierte Wiederholstandardabweichung s_r hilfsweise als Präzisionsziel herangezogen werden, vergleichbare Substanzgehalte und insbesondere Matrices vorausgesetzt.

2.5 Kontrollproben für die interne Qualitätssicherung

Da die Analysenqualität über einen längeren Zeitraum mit Hilfe von Kontrollanalysen überwacht werden soll, sind so genannte Kontrollproben, d. h. Proben, die *über einen längeren Zeitraum stabil* bleiben und in jeder Analysenserie „zur Kontrolle" mitanalysiert werden, erforderlich.

2.5.1 Anforderungen an Kontrollproben

Eine Probe, die als Kontrollprobe Verwendung finden soll, muss generell folgenden Anforderungen genügen [195]:

- Die Kontrollprobe sollte bezüglich ihrer Matrix und Konzentration repräsentativ sein.
- Der Gehalt der Kontrollproben ist so zu wählen, dass analytisch wichtige Bereiche (z. B. Grenzwertnähe) abgesichert werden können.

- Die Kontrollprobe sollte in ausreichender Menge vorhanden sein, damit Kontrollanalysen über einen langen Zeitraum mit derselben Probe durchgeführt werden können.
- Die Stabilität der Kontrollproben muss erwiesen sein und sollte möglichst einige Monate betragen (unter definierten Lagerungsbedingungen).
- Ein Einfluss der Gefäße zur Aufbewahrung der Kontrollproben muss ausgeschlossen sein.
- Die regelmäßige Entnahme von Teilproben für die Kontrollanalysen darf nicht zu Veränderungen in der Kontrollprobe führen (z. B. Entweichen leicht flüchtiger Bestandteile durch Öffnen des Gefäßes).

2.5.2 Kontrollprobenarten

Als Kontrollproben können in der Qualitätssicherung eingesetzt werden:

- Standardlösungen,
- Blindproben,
- reale Proben,
- synthetische Proben,
- zertifiziertes Referenzmaterial.

Im Folgenden sollen diese verschiedenen Kontrollproben charakterisiert werden, d. h. ihre Eigenschaften und Besonderheiten sowie die Forderungen, die an sie gestellt werden, diskutiert werden.

2.5.2.1 Standardlösung

Eine Standardlösung ist die Lösung einer Standardsubstanz bekannter Reinheit in einem geeigneten möglichst probenäquivalenten Lösungsmittel.

Zur Herstellung von Standardlösungen sind Standardsubstanzen mit einer Genauigkeit von 0,1% einzuwiegen; einschließlich des Volumenfehlers des Lösungsmittels muss eine Genauigkeit besser oder gleich 1% erreicht werden. Standardsubstanzen und Lösungsmittel selbst müssen eine ausreichende Reinheit aufweisen.

Der Gehalt dieser Lösungen ist somit mit 1% Unsicherheit bekannt.

2.5.2.2 Blindproben

Eine Blindprobe ist eine Analysenprobe, die mutmaßlich frei von der zu bestimmenden Komponente ist, jedoch wie eine reale Probe den gesamten Analysengang durchläuft. Das Ergebnis dieser Analyse wird als Blindwert bezeichnet.

2.5.2.3 Reale Proben

Die reale Probe, manchmal auch irreführend als Standardprobe [195] bezeichnet, enthält zusätzlich zu der zu bestimmenden Substanz viele, auch unspezifische, unbekannte Komponenten.

Der Gehalt dieser realen Proben muss vorab analytisch bestimmt werden. Da weder ihr wahrer, noch ihr konventionell richtiger Wert bekannt sind, kann er nicht als Sollwert für die Richtigkeitskontrolle verwandt werden; reale Proben sind lediglich für die Präzisionskontrolle geeignet.

2.5.2.4 **Reale aufgestockte Proben**

Eine reale Probe wird – unbeschadet ihres Originalsubstanzgehaltes – als repräsentative Matrix für einen Wiederfindungsversuch benutzt. Analysiert wird zunächst die Originalprobe *vor* Standardzugabe. Danach erfolgen die Zugabe einer definierten Menge Standardsubstanz oder Standardlösung, eine ausreichende Durchmischung und die zweite Analyse. Kontrollgröße ist die Wiederfindungsrate (WFR), der Quotient aus gefundener Differenz im Substanzgehalt zu Soll-Differenz im Substanzgehalt, angegeben in Prozent.

Die Zugabe der Standardsubstanz/-lösung darf dabei jedoch nicht zu einem Volumenfehler führen. Andernfalls muss eine Korrekturrechnung unter Berücksichtigung des veränderten Volumens durchgeführt werden.

Beispiel:

Volumen der Originalprobe: $V_o = 10$ ml
Analysenergebnis der Originalprobe: $\hat{x} = 73$ µg/l
Addierte Standardkonzentration: $x_{soll} = 75$ µg/l
Analysenergebnis der aufgestockten Probe: $\hat{x} = 151$ µg/l

$$WFR = \frac{151 - 73}{75} = 104\%$$

Wenn der Volumenfehler berücksichtigt werden muss:
Zugesetztes Volumen der Standardlösung: $V+ = 1$ ml

Korrigiertes x_{soll} $$x_{soll} = \frac{75\,\mu g/l \cdot 10\,ml}{10\,ml + 1\,ml} = 68{,}18\,\mu g/l$$

Analysenergebnis der aufgestockten Probe: $\hat{x} = 151$ µg/l

$$WFR = \frac{151 - 73}{68{,}18} = 114\%$$

2.5.2.5 **Synthetische Proben**

Eine synthetische Probe ist eine Standardlösung, die neben der zu bestimmenden Substanz noch weitere Komponenten (evtl. Störkomponenten) in bekannter Konzentration enthält. Die Herstellungsgenauigkeit entspricht derjenigen von Standardlösungen (s. Abschnitt 2.5.2.1).

2.5.2.6 **Zertifiziertes Referenzmaterial**

Zertifiziertes Referenzmaterial – manchmal fälschlicherweise auch als Standardproben bezeichnet – sind reale oder synthetische Proben, deren Gehalt mittels unterschiedlicher Analysenverfahren von verschiedenen Personen bestimmt wurde. Diese Standards werden von anerkannten Organisationen (z. B. NIST, BCR) unter Angabe des Sollwertes und der Unsicherheit seiner Bestimmung angeboten und sind wegen der aufwändigen Sollwert-Bestimmung sehr teuer.

2.5.3
Forderungen an die Hersteller von Kontrollmaterial

Kommerziell erhältliche Kontrollproben, deren Erstellung nicht direkt in der Verantwortung des sie nutzenden Analytikers liegt, sollten nur mit zusätzlichen Informationen [131] versehen akzeptiert werden:

1. Angabe über den Sollwert und seine Messunsicherheit.
2. Verfallsdatum der Kontrollprobe für ungeöffnete Probengefäße unter verschiedenen definierten Lagerbedingungen; Mindesthaltbarkeitsdatum.
3. Zeitraum, über den eine Kontrollprobe nach dem Öffnen des Probengefäßes noch benutzt werden kann, mit Unterscheidung nach Lagerungsbedingungen (Lagerung bei Zimmertemperatur, bei +4 °C, bei –18 °C).
4. Anleitung, wie die Kontrollprobe gehandhabt werden muss. Bei gefrorenen Proben: Angaben darüber, ob, wie oft und in welcher Weise die Probe aufgetaut und wieder eingefroren werden darf.
5. Angaben darüber, wie der Sollwert $\pm$ Unsicherheit ermittelt wurde sowie Empfehlungen bezüglich des anzuwendenden Analysenverfahrens.
6. Angabe über mögliche Begleitkomponenten und ihre Konzentrationen in der Probe.
7. Angaben bezüglich der Herkunft der Urprobe. Angabe der Menge und Reinheit der dazuaddierten Komponente(n).
8. Angaben bezüglich der Homogenität des Kontrollmaterials. Für den Einsatz zur Präzisionskontrolle ist eine Homogenität $\geq$ 99,5 % erforderlich, überprüfbar mittels Wiederholanalysen aus dem selben Probengefäß (max. Variationskoeffizient $\leq$ 0,5 %).

Verwendet ein Labor eigene Kontrollproben (insbesondere reale Proben), so gelten dieselben Anforderungen.

2.5.4
Verwendbarkeit der Kontrollprobenarten (s. Tabelle 2-3)

Kontrollproben sollen in jeder Analysenserie mindestens ein- bzw. zweimal mitanalysiert werden.

Während eine Präzisionskontrolle lediglich eine homogene, langzeitstabile Kontrollprobe erfordert, kann die Aussage über die Richtigkeit von Analysenergebnissen nur über eine Kontrollprobe mit hinreichend genau untersuchtem Sollwert getroffen werden.

Tabelle 2-3. Kontrollprobenarten und ihre Verwendbarkeit für die interne Qualitätssicherung.

Probenart	***Geeignet für die Überwachung der***		
	Präzision	***Richtigkeit (eingeschränkt)***	***Richtigkeit***
Standard	ja (MW-KK)	nein	nein
Blindprobe	ja (MW-KK	ja (Überwachung der Reagenzien)	nein
Reale Probe	ja (Range-KK)	nein	nein
Reale Probe + Aufstockung	nein	ja (Wieder-findungs-KK)	nein
Synth. Probe	ja	ja (nur wenn repräsentativ für Matrix)	ja (nur wenn repräsentativ für Matrix)
Zertifizierte Standard-Probe	ja	ja	ja

(MW = Mittelwert; KK = Kontrollkarte).

Da zudem Matrixeffekte entscheidenden Einfluss auf die Richtigkeit des Analysenergebnisses haben (können), sind z. B. reine Standards für die praxisgerechte Richtigkeitskontrolle ungeeignet. Eine Richtigkeitskontrollprobe muss repräsentativ für die in der Routine zu analysierenden Proben (Matrices) sein. Gegebenenfalls ist für jede Problemmatrix eine eigene Qualitätssicherung durchzuführen.

2.6
Das Qualitätsregelkarten-System

2.6.1
Einführung: Geschichte der Qualitätsregelkarten

Die 1931 von Shewhart entwickelte Qualitätsregelkarte [193] wurde ursprünglich für die industrielle Produktkontrolle eingesetzt. Im Unterschied beispielsweise zur Wasseranalytik liegt hierbei immer ein Produkt vor, das innerhalb gewisser vorgegebener Grenzen konstante Merkmale besitzen soll. (Die Länge einer Schraube entspricht z. B. einem Merkmal.) Während des Herstellungsprozesses könnten nun beliebig viele Stichproben gezogen, d. h. Schrauben vermessen werden. Shewhart entnahm zunächst zur Überwachung eines Merkmals jeweils mehrere Stichproben innerhalb eines Herstellungsabschnittes (z. B. Tag oder maschinenabhängiger Parameter), diese n Stichproben gehörten dann zu einer Untergruppe. Zur Erstellung der Kontrollkarte (Sollwert und Festlegung der Warn- und Eingriffsgrenzen) führte er Analysen an N Untergruppen durch. Das betreffende Merkmal wurde in der Routine ebenfalls n-fach untersucht und der Mittelwert daraus in der Mittelwertregelkarte eingetragen (vgl. Tabelle 2-4 und Abb. 2-1).

Tabelle 2-4. Urwertetabelle zur Produktkontrolle nach Shewhart und zugehörige Kontrollkarte.

Messung Nr. j innerhalb der Gruppe	***Produktionsabschnitt i (= Gruppe)*** 1	*2*	*3*	*4*	.	.	.	*N*
$j = 1$	$x_{1,1}$	$x_{2,1}$						
$j = 2$	$x_{1,2}$	·						
$j = 3$	$x_{1,3}$		·					
$j = 4$	$x_{1,4}$			·				
·					$x_{i,j}$			
·						·		
·							·	·
$j = n$	$x_{1,n}$	·	·	·	·	·	·	$x_{N,n}$
Gruppenmittelwert	$\bar{x}_1$	$\bar{x}_2$						$\bar{x}_N$

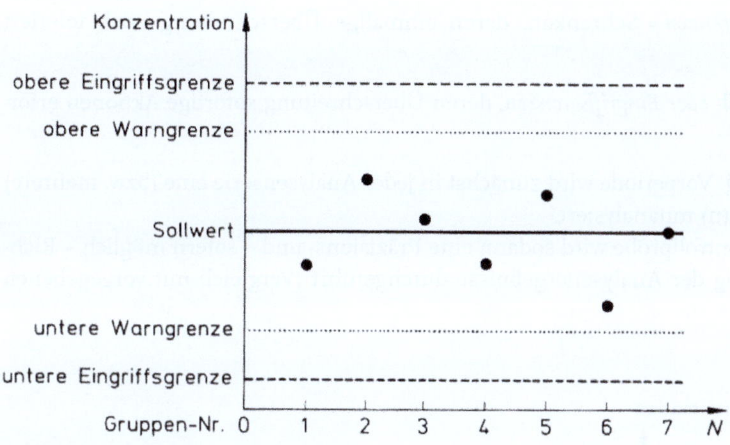

Abb. 2-1. Kontrollkarte nach Shewhart.

Plötzlich auftretende gravierende Änderungen in den Produktionsbedingungen ließen sich ebenso wie eine langsame aber stetige Qualitätsverschlechterung direkt aus der Graphik ablesen (bezüglich Details: s. Abschnitt 2.6.7.1). Sofortige korrigierende Eingriffe in den Produktionsablauf verringerten das Risiko von „Ausschuss-Produktion" und Kundenreklamationen.

Durch die Mehrfachmessungen überwachte Shewhart nicht Einzelwerte eines Merkmals, sondern Mittelwerte, eine Vorgehensweise, die in einem Analytiklabor zur Blockierung jeglicher Routineanalytik führen könnte, da beispielsweise in jeder Serie für jeden Parameter Kontrollproben mehrfach untersucht werden müssten. Daher bestehen die Untergruppen hier meist nur aus einem Analysenergebnis, d. h. $n = 1$.

Ein weiterer grundlegender Unterschied gegenüber der Produktkontrolle in der Industrie liegt in der Notwendigkeit, eigens „Kontrollprodukte" (nämlich Kontrollanalysen) herzustellen. Das eigentliche „Produkt" Analysenergebnis entzieht sich einer Präzisions- oder Richtigkeitskontrolle; es kann allenfalls einer Plausibilitätsprüfung unterzogen werden. Darüber hinaus kann das „Produkt" Analysenergebnis im Einzelfall jeden Wert innerhalb des Arbeitsbereiches annehmen. Eine Gleichwertigkeit mit vorangegangenen oder folgenden Ergebnissen wäre bei unterschiedlichen Analysenproben rein zufällig.

2.6.2 Prinzip der Qualitätsregelkarte

Das Prinzip der Qualitätsregelkarte ist eine optische Darstellung der „Qualität" unter Zugrundelegung der

- Qualitätszielgröße (Sollwert der Analysenergebnisse für Kontrollproben) und der
- Qualitätsschranken (s. Abb. 2-2).

Bei Letzteren wird unterschieden zwischen

- sog. *Warngrenzen* = Schranken, deren einmalige Überschreitung noch toleriert wird, und
- sog. *Kontroll- oder Eingriffsgrenzen*, deren Überschreitung sofortige Aktionen erfordern.

In einer sog. Vorperiode wird zunächst in jeder Analysenserie eine (bzw. mehrere) Kontrollprobe(n) mitanalysiert.

Für jede Kontrollprobe wird sodann eine Präzisions- und – sofern möglich – Richtigkeitsprüfung der Analysenergebnisse durchgeführt (Vergleich mit vorgegebenen Werten).

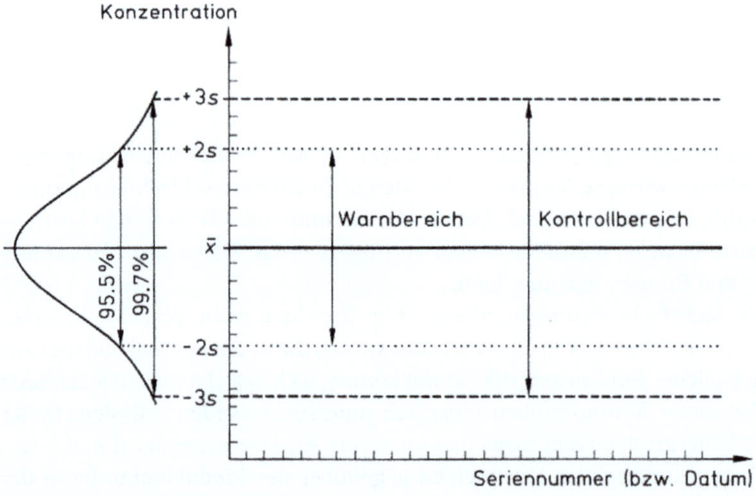

Abb. 2-2. Prinzipskizze Kontrollkarte.

Bei akzeptabler Analysenqualität werden die Warn- und Eingriffsgrenzen festgelegt und die Qualitätsregelkarten konstruiert.

In der anschließenden Kontrollperiode wird die Einhaltung der ermittelten Grenzen überwacht, indem weiterhin Kontrollproben untersucht werden.

Die Ergebnisse aus diesen Kontrollanalysen oder aus ihnen abgeleitete statistische Kenndaten werden fortlaufend in die Qualitätsregelkarte eingetragen. Hierbei entspricht die Abszisse der fortlaufenden Seriennummer (oder Arbeitstage); auf der Ordinate werden die Kontrollwerte eingetragen. Der Verlauf der Kontrollwerte ist direkt ablesbar, die Regelkarte kann nach jedem weiteren Eintrag sofort – visuell – ausgewertet werden.

Die Qualitätsregelkarte dient somit dem schnellen Erkennen von aufgetretenen Fehlern, wobei vorgegebene Kontrollkriterien eine „Außer-Kontrolle-Situation" für das überwachte Analysenverfahren anzeigen.

Qualitätssicherung ist ein Regelungsprozess. Je Analysenserie und Kontrollprobe wird mindestens einmal der Regelkreis durchlaufen:

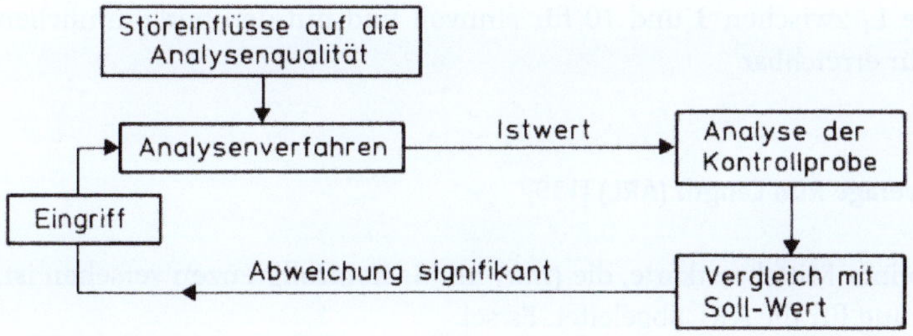

Mit einer Qualitätsregelkarte kann jeweils eine der statistischen Qualitätsdaten

- Einzelwert, Mittelwert,
- Wiederfindungsrate,
- Standardabweichung,
- Range

überwacht werden.

2.6.3
Average Run Length (ARL) und Beurteilung von Qualitätsregelkarten

Das Festlegen der Grenzen der Qualitätsregelkarten erfolgt nach zwei Gesichtspunkten:

1. Möglichst schnelle Anzeige einer so genannten statistischen Außer-Kontroll-Situation, wenn sich durch Einflüsse unbekannter Art das Analysenverfahren (bzw. in der industriellen Praxis das Produkt) signifikant (der Messwert gehört dann einer anderen Grundgesamtheit an!) verändert hat.

2. Geringe Wahrscheinlichkeit für „falschen Alarm", d. h. beispielsweise, ein Messwert gehört noch zur gleichen Grundgesamtheit (der Karte), fällt jedoch aufgrund zufälliger Schwankungen außerhalb der Grenze. Bei zu eng gewählten Grenzen muss mit der Möglichkeit häufiger Fehlalarme gerechnet werden.

Ein wichtiger Parameter zur Beurteilung von Kontrollkarten und Außer-Kontroll-Situationen ist die ARL (Average Run Length).

Unter der ARL wird die mittlere Anzahl von Eintragungen auf einer Kontrollkarte verstanden, innerhalb der eine einzelne Außer-Kontroll-Situation angezeigt wird [109, 125, 216].

Eine hohe ARL (L_0) ist erforderlich, wenn das Analysenverfahren in Kontrolle verläuft. Die Wahrscheinlichkeit eines „falschen Alarms" (α-Fehler) ist dann sehr gering. Nach Woodward [216] sollte L_0 bei mehreren Hundert liegen. Bei der Mittelwertkarte fällt im Mittel ein Wert von 400 außerhalb der $3s$ Grenze, obwohl das Verfahren in Kontrolle ist. Die ARL dieser Karte entspricht somit $L_0 = 400$ [148].

Hingegen sollte eine echte Außer-Kontroll-Situation so schnell wie möglich angezeigt werden, d. h. die ARL (L_1) muss sehr klein sein. Haeckel [109] und Woodward [216] halten eine L_1 zwischen 3 und 10 für sinnvoll und mit den herkömmlichen Kontrollkarten für erreichbar.

2.6.4
Herleitung der Average Run Length (ARL) [139]

Ausgehend von einer Mittelwertkarte, die (nur) mit $3s$ Kontrollgrenzen versehen ist, wird eine Gleichung für die ARL abgeleitet. Es sei

$\bar{\bar{x}}$	der Gesamtmittelwert
$\bar{\bar{x}} + 3\,\frac{s}{\sqrt{n}}$	die obere Kontrollgrenze

(In diesem Fall werden n Analysen pro Untergruppe durchgeführt, deren Mittelwert $\bar{x}_i$ dann in die Karte eingetragen wird.)

Die Wahrscheinlichkeit, dass ein Untergruppenmittelwert außerhalb der Kontrollgrenzen liegt, beträgt nur 0,003, d. h. 0,3%. Dieser Wert ergibt sich aus der Gaußkurve (s. Abb. 2-2). Somit liegen im Mittel drei von tausend bzw. einer von 333 Werten außerhalb der Kontrollgrenzen.

Verschiebt sich der Gesamtmittelwert um K Standardabweichungen nach

$$\bar{\bar{x}} + K \cdot s$$

liegt die obere (alte) Kontrollgrenze in einer Entfernung von

$$e = \bar{\bar{x}} + \frac{3\,s}{\sqrt{n}} - \left(\bar{\bar{x}} + K \cdot s\right) = s\left(\frac{3}{\sqrt{n}} - K\right) \tag{64}$$

zum neuen Gesamtmittelwert (s. Abb. 2-3).

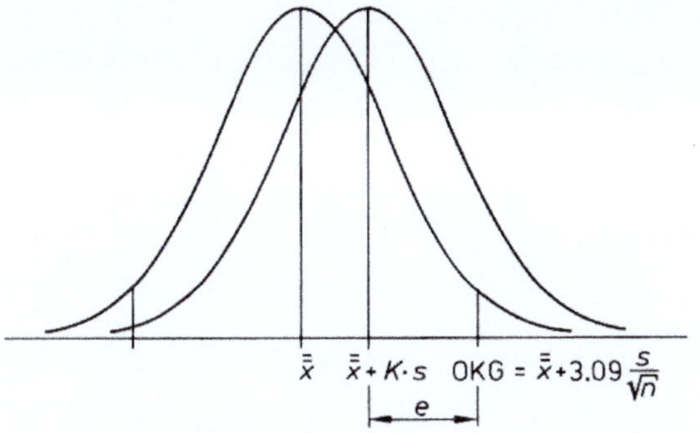

Abb. 2-3. Verschiebung des Gesamtmittelwertes um $K \cdot s$.

Diese Entfernung e wird in die standardisierte Normalverteilungseinheit e' umgeformt, indem sie durch $s/\sqrt{n}$ dividiert wird.

$$e' = 3 - K\sqrt{n} \tag{65}$$

Die Wahrscheinlichkeit, dass ein Untergruppenmittelwert bei einer gegebenen Verschiebung des Gesamtmittelwertes von $K \cdot s$ außerhalb der (alten) oberen Kontrollgrenze fällt, ist gleich der Wahrscheinlichkeit, einen Wert zu erhalten, der größer der standardisierten Entfernung e' ist. Dies ist die Wahrscheinlichkeit, mit der eine Veränderung des Gesamtmittelwertes von $K \cdot s$ entdeckt wird (Empfindlichkeit der Karte). Da diese Wahrscheinlichkeit natürlich sehr groß sein sollte, muss erreicht werden, die Entfernung e' zu minimieren, beispielsweise durch Erhöhung der durchgeführten Analysen n pro Untergruppe.

2.6.4.1 Theoretische Rechenbeispiele

a) Die Analysenanzahl pro Untergruppe beträgt $n = 1$ und der Gesamtmittelwert hat sich um $1s$ erhöht ($K = 1$). Bei $n = 1$ und $K = 1$ ergibt sich nach Gl. (65) der Wert 2.

   $$e' = 3-1 = 2$$

   Die Wahrscheinlichkeit, dass bei einer Analyse ($n = 1$) ein Wert ermittelt wird, der größer e' ist, kann einer Tabelle der Standard-Normal-Verteilung entnommen werden [127].
   Für $e' = 2$ ergibt sich die Wahrscheinlichkeit von $1-0{,}9772 = 0{,}0228 = 2{,}28\%$.

b) Beträgt die Untergruppengröße (bei gleich gebliebenen $K = 1$) jedoch $n = 4$, ergibt sich die Entfernung $e' = 1$.

   $$e' = 3-2 = 1$$

   Die Wahrscheinlichkeit, dass ein Wert größer 1 ist, beträgt bereits 15,87 % (0,1587).

   Die Empfindlichkeit steigt demnach mit Anwachsen der Anzahl der Messungen pro Untergruppe.

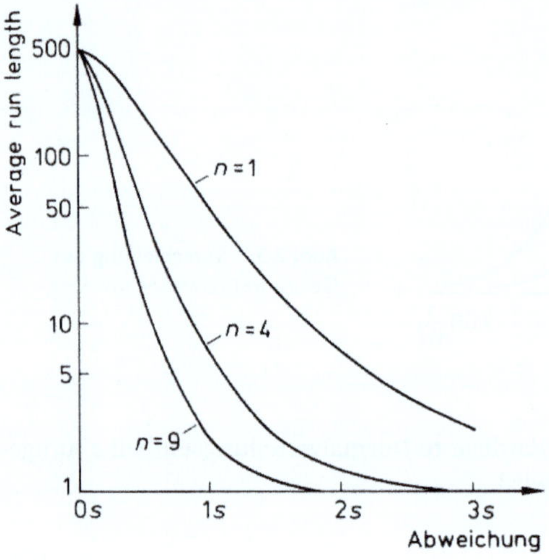

Abb. 2-4. ARL-Kurvenverläufe für drei Mittelwertkarten mit unterschiedlichem *n*.

Die Empfindlichkeit wird durch die ARL quantifiziert:

$$\text{ARL} = \frac{1}{\begin{array}{c}\text{Wahrscheinlichkeit des Auftretens}\\ \text{eines Wertes der größer als } e' \text{ ist}\\ \text{bei Änderung des Gesamtmittelwertes um } K \cdot s\end{array}}$$

Der Abbildung 2-4 sind die ARL-Kurvenverläufe für drei Mittelwertkarten mit unterschiedlichen Untergruppengrößen n (einziges Außer-Kontroll-Kriterium: 3,09 · s-Kontrollgrenzen) zu entnehmen: x-Achse: Betrag der systematischen Abweichung des aktuellen Mittelwertes vom ursprünglichen (Soll-)-Mittelwert (ausgedrückt in Standardabweichungseinheiten). Bei Abweichung = 0 s liegt kein systematischer Fehler vor; demnach wird einer von 500 Mittelwerten zufällig außerhalb der Kontrollgrenzen liegen ($L_0 = 500$).

Zur Erkennung eines systematischen Fehlers in der Größe 1s bedarf es bei nur einer Einfach-Kontrollanalyse je Serie im Mittel etwa 50 Serien, bis dass der Fehler „auffällt". Eine 9-fach-Kontrollanalyse je Serie führt dagegen schon innerhalb von zwei bis drei Serien zum Alarm!

2.6.4.2
Beispiel aus der Analytik [141]

Mittelwert = 1000 ppb $\quad s = 50$ ppb $\quad 3\,s = 150$ ppb

Die Kontrollgrenzen liegen somit bei:

KO = Mittelwert + 3 s = 1150 ppb
KU = Mittelwert – 3 s = 850 ppb

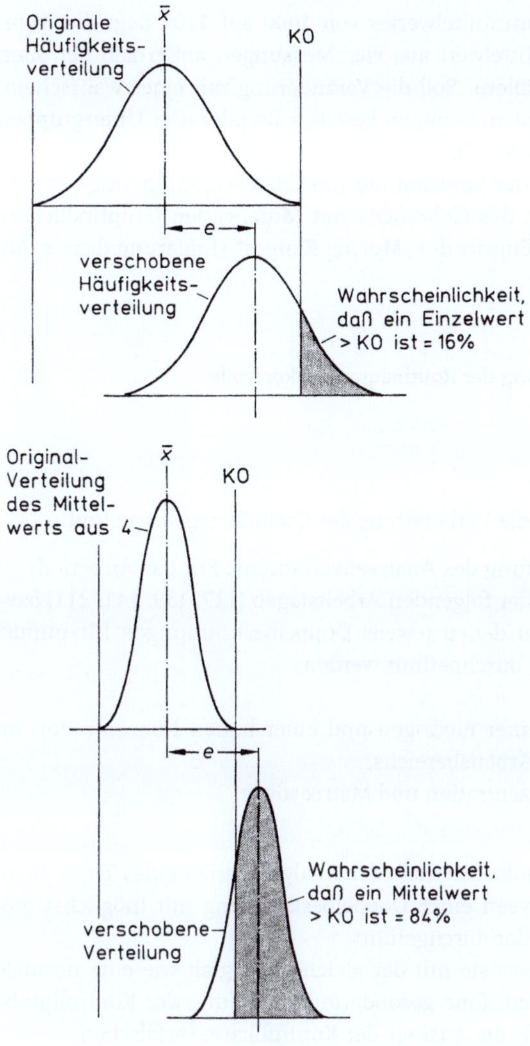

Abb. 2-5. Empfindlichere Anzeige einer Mittelwertverschiebung bei Vierfach-Messungen im Vergleich zu Einzelmessungen.

Eine Erhöhung des Mittelwertes um 100 ppb (= $2 \cdot s$) auf $\bar{x} = 1100$ verändert den $3\,s$-Bereich zu 1250 bis 950. Jedoch liegt die Wahrscheinlichkeit, dass ein Einzelwert bei der vorgenannten Erhöhung des Mittelwertes außerhalb der alten Grenzen fällt, bei 16%. Soll eine derartige Veränderung im System jedoch mit einer Irrtumswahrscheinlichkeit von 1% entdeckt werden, würden durchschnittlich 27 Einzelmessungen dazu benötigt werden. Wird hingegen eine Kontrollkarte für Mittelwerte aus vier Messungen geführt, ergeben sich deutlich engere Kontrollgrenzen:

$$\bar{x} \pm \frac{3\,s}{\sqrt{n}} = \bar{x} \pm \frac{3 \cdot 50}{\sqrt{4}} = \bar{x} \pm 75$$

$KO = 1075$ ppb
$KU = 925$ ppb

Bei einer Änderung des Gesamtmittelwertes von 1000 auf 1100 liegt die Wahrscheinlichkeit dafür, dass ein Mittelwert aus vier Messungen außerhalb der alten Grenzen fällt, bei 84 von 100 (Fällen). Soll die Veränderung mit einer Wahrscheinlichkeit von 99% festgestellt werden, genügen bereits zwei oder drei Untergruppen aus jeweils vier Messungen (s. Abb. 2-5).

Eine Möglichkeit, die Vorteile der Verwendung von Einzelwerten (geringerer zeitlicher Aufwand usw.) mit denen des Gebrauchs von Mittelwerten (empfindlichere Karten) zu verknüpfen, liegt im Einsatz der „Moving Ranges" (Erklärung dazu s. Abschnitt 2.6.7.2).

2.6.5
Minimalkonzept für die Vorbereitung der Routinequalitätskontrolle (so genannte Vorperiode)

Ziele der Vorperiode sind

- die Kenndatengewinnung für die Vorbereitung der Qualitätsregelkarte und
- die Vorab-Zuverlässigkeitsprüfung des Analysenverfahrens. Für die Vorperiode ist ein Zeitraum von 20 aufeinander folgenden Arbeitstagen [117, 139, 141, 211] bzw. Analysenserien vorzusehen, in denen jeweils Doppelbestimmungen für mindestens folgende Kontrollproben durchgeführt werden:
  1. Blindproben,
  2. Standardlösungen mit je einer niedrigen und einer hohen Konzentration innerhalb des vorgegebenen Arbeitsbereichs,
  3. reale Proben typischer Konzentration und Matrix sowie
  4. aufgestockte reale Proben.

Um auch Veränderungen/Trends innerhalb der Analysenserien eines Tages zu erfassen, werden die beiden Analysen einer Doppelbestimmung mit möglichst großem zeitlichen Abstand zueinander durchgeführt.

Dabei ist darauf zu achten, dass sie mit der gleichen Sorgfalt wie eine normale Analysenprobe untersucht werden. Eine gesonderte Behandlung der Kontrollprobe in Vorperiode oder Routine würde die Aussage der Kontrollkarte verfälschen.

Anmerkung: Eine Vorperiode von 20 Arbeitstagen/Analysenserien ergibt ausreichende statistische Sicherheit sowohl für die Varianzenanalyse als auch für die Festlegung der Warn- und Eingriffsgrenzen. Whitehead [211] begründet die Anzahl von $N = 20$ Analysen in der Vorperiode damit, dass bei einer Anzahl von $N > 20$ Wiederholanalysen die Standardabweichung des Mittelwertes nur noch wenig abnimmt (s. Abb. 2-6). Eine Verkürzung der Vorperiode auf zehn oder gar nur sechs Serien (absolutes Minimalkonzept nach WHO-Empfehlung [212]) kann nur bei anderweitiger – externer – Vorgabe der Eingriffsgrenzen akzeptiert werden.

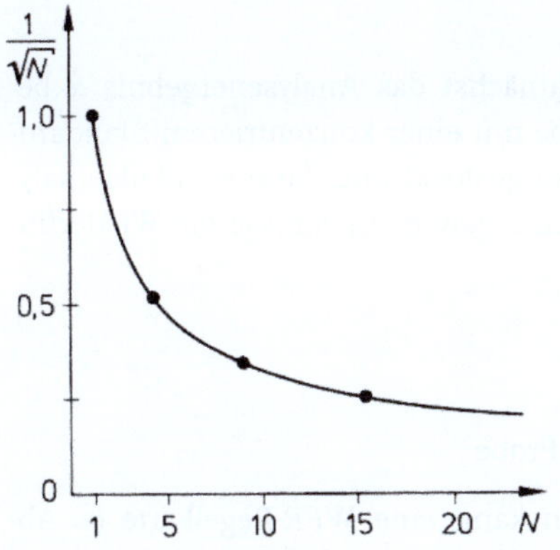

Abb. 2-6. Einfluss der Anzahl von Wiederholmessungen (*N*) auf die Größe der Standardabweichung ($s/\sqrt{N}$) des Mittelwertes [211].

zu 1. Blindproben:

Die Blindwertbestimmung kann ggf. zur Ermittlung der Nachweis- und Erfassungsgrenze (s. Abschnitte 1.3.1 und 1.3.2) verwendet werden.

Wichtiger ist jedoch die Verwendung der Blindwerte zur Qualitätssicherung:

a) Beispielsweise zeigen sich Veränderungen der Reagenzien, neuer Reagenzienchargen, Verschleppungsfehler, Drift apparativer Parameter usw. in einer Änderung der Blindwerte.
b) Durch Blindwertbestimmungen am Anfang und Ende einer Analysenserie können systematische Trends erkannt werden.

zu 2. Standardlösung:

Primäres Ziel der Qualitätssicherung mittels Standardlösung ist die Überprüfung der Kalibrierungen und der Kalibrierbedingungen.

Wichtig hierzu ist, dass die zu analysierende Standardlösung nicht identisch mit einer der Kalibrier-Standardlösungen ist; andernfalls könnte ein Fehler beim Ansetzen der Standardlösungen nicht erkannt werden. Die Analysenergebnisse für die Standardlösung können in einer Mittelwert-Regelkarte (s. Abschnitt 2.6.7.1.5.1) dokumentiert werden.

zu 3. Reale Probe:

Sollen in der Routineanalytik Proben sehr unterschiedlicher Zusammensetzung (verschiedene Matrices, z. B. Abwasser, Deponie-Sickerwasser, Oberflächenwasser) analysiert werden, so sollte nach Möglichkeit von jedem Matrixtyp eine reale Probe ausgewählt werden.

Bei Doppelbestimmung des Gehaltes dieser realen Proben kann die Differenz der beiden Analysenergebnisse in unterschiedlichen Range-Regelkarten (s. Abschnitt 2.6.7.2) für jeden einzelnen Matrixtyp dokumentiert werden. Dadurch können matrixbedingte Störungen der Präzision schnell erkannt werden.

zu 4. Aufgestockte reale Proben:

Wird für eine Teilmenge der realen Probe zunächst das Analysenergebnis $\hat{x}$ bestimmt, daraufhin ein anderer Teil der Urprobe mit einer konzentrierten Standardlösung (Vermeidung eines Volumenfehlers!) aufgestockt und dann ebenfalls analysiert, so kann mittels der Differenz der beiden Analysenergebnisse die Wiederfindungsrate bestimmt werden:

$$WFR = \frac{\hat{x}_A - \hat{x}}{x_{soll}} \cdot 100\,(\%)$$

$\hat{x}_A$ = Analysenergebnis für die aufgestockte Probe

Für die so ermittelten Wiederfindungsraten kann eine *WFR*-Regelkarte (s. Abschnitt 2.6.7.1.5.3) angelegt werden, mit deren Hilfe u. U. mögliche Matrixstörungen erkannt werden können. Es muss auch hier für jeden Matrixtyp eine eigene *WFR*-Kontrollkarte geführt werden.

Allerdings ist hierbei zu beachten, dass die Art der zur Aufstockung verwendeten Substanz repräsentativ ist. So ist es z. B. für die Bestimmung des CSB wenig sinnvoll, Wiederfindungsraten mit Kaliumhydrogenphthalat (KHP) zu bestimmen, da diese Substanz sehr leicht oxidierbar ist und somit letztendlich nur die Pipettierfehler beim Zudosieren der KHP-Lösung, nicht jedoch Fehler im CSB-Analysenverfahren oder matrixbedingte Störungen erfasst werden können.

2.6.6 Auswertung der Vorperiode

Obwohl die Daten aus der Vorperiode in erster Linie zur Erstellung der Regelkarten (s. u.) dienen und zu Kontrollzwecken auch in diese eingetragen werden, werden sie darüber hinaus einer Vorabprüfung unterzogen.

2.6.6.1 Varianzanalyse

Für jeden Kontrollprobentyp (außer der täglich wechselnden realen Probe) wird nach Abschluss der Vorperiode eine Varianzanalyse (s. Abschnitt 1.7.1.1) durchgeführt. Die Standardabweichung zwischen den Serien (s_b) sollte jeweils nicht mehr als doppelt so groß wie die Standardabweichung in der Serie (s_w) sein.

2.6.6.2 Einhaltung geforderter Qualitätsziele

Sofern eine maximal zulässige Ergebnisunsicherheit definiert ist (s. Abschnitte 2.4.1 und 2.4.2), sind die in der Vorperiode ermittelten Kontrollgrenzen mit dieser zu überprüfen. Überschreiten die Kontrollgrenzen die vorgegebene maximale Unsicherheit, muss das Analysenverfahren optimiert und die Vorperiode fortgesetzt werden.

2.6.7
Qualitätsregelkarten-Typen und ihre Anwendung

In der analytischen Qualitätskontrolle werden v. a. folgende Qualitätsregelkarten-Typen eingesetzt:

- Shewhart-Regelkarte als
  - Mittelwert-Regelkarte (auch Blindwert- und Zielwert-Regelkarte),
  - Wiederfindungsraten-Regelkarte.
- Spannweiten-Regelkarte bzw. Standardabweichungs-Regelkarte.
- Cusum-Regelkarte.
- Zielwert-Regelkarte.

Im Folgenden werden diese Qualitätsregelkarten-Typen im Einzelnen vorgestellt.

2.6.7.1 Shewhart-Regelkarte

2.6.7.1.1 Allgemeines

Einer der ältesten und einfachsten Regelkartentypen liegt mit der Shewhart-Regelkarte vor. Mit ihr kann die Präzision von Mittelwerten aus Mehrfachanalysen oder auch von Einzelergebnissen überwacht werden [81, 124, 208]. Die Entscheidung, ob ein im Rahmen der Kontrolle neu ermittelter Analysenwert noch zur Gesamtheit der Werte, die für die Erstellung der Karte notwendig waren, gehört, kann einfach mit Hilfe einer graphischen Auswertung visuell (d. h. Grenzen/Linien werden über- bzw. unterschritten) und objektiv erfolgen [17]. Die Anwendung der hier vorgestellten Karte setzt im Prinzip eine Normalverteilung und Werte mit konstanter Standardabweichung voraus.

2.6.7.1.2 Statistische Grundlage der Shewhart-Regelkarte

Teilt man den bei Wiederholmessungen an einer Probe erhaltenen Messbereich in gleich große Klassen ein und zählt die Häufigkeit, mit der Einzelergebnisse in jeweils eine Klasse fallen, so kann ein Histogramm gezeichnet werden (Abb. 2-7).

Die Anzahl der Klassen richtet sich dabei nach der Anzahl der Einzelergebnisse (N): Anzahl der Klassen = $\sqrt{N}$.

Bei einer sehr häufigen Wiederholung der Messung ($N \to \infty$) und gleichzeitiger unendlicher Verkleinerung der Einzelklassen nähert sich das Histogramm der Form einer so genannten Gauß'schen Glockenkurve. Diese Normalverteilung wird durch den Mittelwert der Einzelergebnisse sowie durch die Standardabweichung beschrieben. Der Mittelwert der Messungen liegt hierbei unter dem Gipfel der Glockenkurve. Die Standardabweichung ergibt sich aus dem Schnittpunkt einer Senkrechten durch den Wendepunkt der Kurve mit der x-Achse. Die Fläche zwischen den beiden 1s-Linien überdeckt 68,3% der gesamten Fläche unterhalb der Glockenkurve und umfasst entsprechend 68,3% aller Einzelergebnisse; die Fläche zwischen den 2s-Linien beträgt 95,5% und die Fläche zwischen den 3s-Linien 99,7% (s. Abb. 2-8).

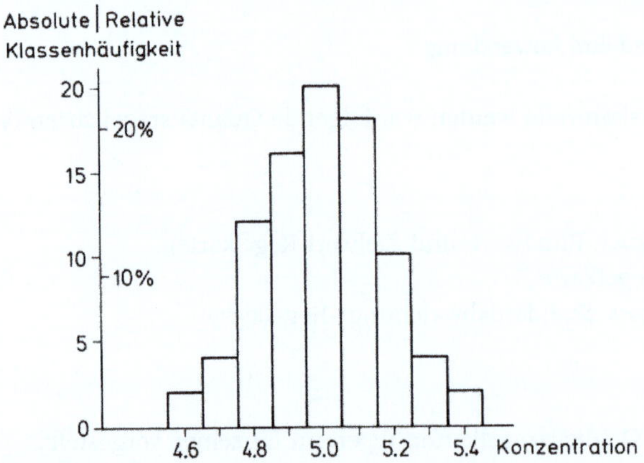

Abb. 2-7. Histogramm (bei kleinem *N*) [109].

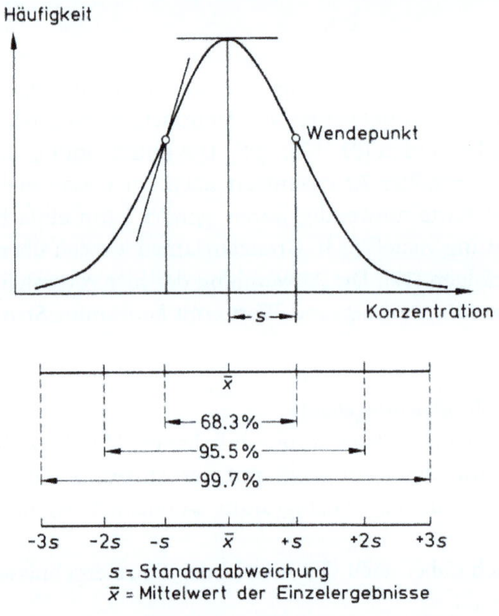

Abb. 2-8. Häufigkeitsverteilung der Analysenergebnisse bei $N \to \infty$ Wiederholanalysen und Klassenbreite $\to 0$ (Gauß'sche Glockenkurve).

Aus dieser Darstellungsform lassen sich folgende Schlüsse ziehen:

- Die Gesamtfläche ist – unabhängig von $\bar{x}$ und s – immer gleich (= 100%), endet dabei aber erst im Unendlichen.
- Streuen die Messergebnisse erheblich um den Mittelwert, d.h. bei sehr großer Standardabweichung, so äußert sich dies bei einer gleich bleibenden Gesamtfläche in einer breiten aber dafür niedrigen Glockenkurve.
- Umgekehrt deutet eine schmale, hohe Form auf eine kleine Standardabweichung, d.h. hohe Präzision hin.

2.6.7.1.3 Aufbau der Shewhart-Regelkarte

Die Anwendung der Regelkarten in der Qualitätssicherung beruht auf der Annahme, dass die ermittelten Ergebnisse normalverteilt sind [3, 214]. Shewhart [193] entwickelte daher eine Regelkarte, die die Glockenkurve in um 90° gedrehter Form aufweist.

Hierzu wird ein Koordinatensystem konstruiert, in dem die Ordinate (y-Achse) die Einheit der Analysenergebnisse erhält und dementsprechend unterteilt ist (z. B. Konzentrationen). Die Abszisse (x-Achse) ist eine diskrete Zeit(punkt)achse. Auf ihr werden in chronologischer Reihenfolge die Zeit, die Seriennummer, der Tag o. Ä. eingetragen.

So werden nun beispielsweise die Ergebnisse der Vorperiode fortlaufend eingetragen.

Nach einer Anzahl von N Tagen bzw. Serien werden der Mittelwert $\bar{x}$ sowie die Standardabweichung s berechnet und die Shewhart-Regelkarte konstruiert.

Die Zentrallinie der Karte wird durch den berechneten Mittelwert aus der Vorperiode gebildet (s. Abb. 2-9).

Mit Hilfe der Standardabweichung werden die Warn- und Kontrollgrenzen bei $\bar{x} \pm 2\,s$ bzw. $\bar{x} \pm 3\,s$ eingezeichnet.

Konstruktionshilfe: Die y-Achse sollte in jedem Fall ungefähr den Bereich $\pm 4\,s$ abdecken. So ist gesichert, dass auch Außer-Kontroll-Werte Platz finden. In die so vorbereitete Regelkarte werden die Analysenergebnisse der Vorperiode eingezeichnet und die Karte nach den in Abschnitt 2.6.7.1.4.1 genannten Kontrollkriterien überprüft.

Die Kontroll- und Warngrenzen sind die $\pm 2\,s$- bzw. $3\,s$-Bereiche:

obere Kontrollgrenze	$KO = \bar{x} + 3s$
untere Kontrollgrenze	$KU = \bar{x} - 3s$
obere Warngrenze	$WO = \bar{x} + 2s$
untere Warngrenze	$WU = \bar{x} - 2s$

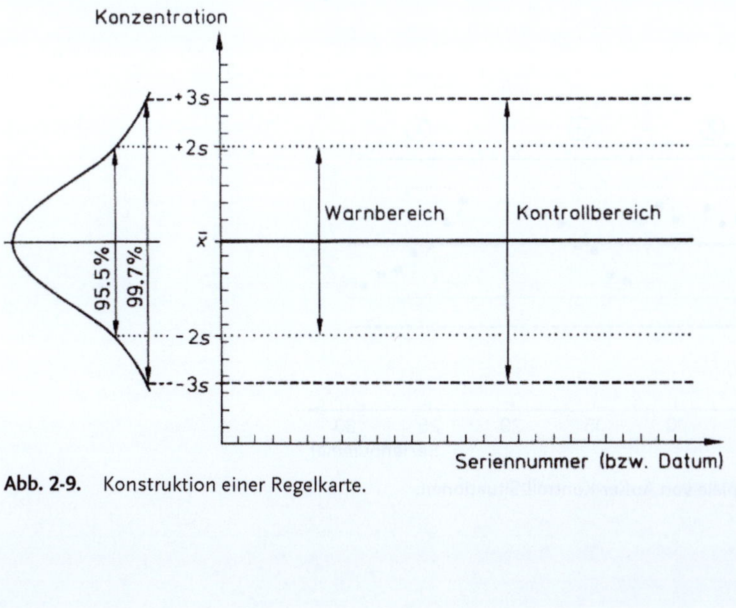

Abb. 2-9. Konstruktion einer Regelkarte.

Der Bereich Zentrallinie $\pm 2s$ überdeckt 95,5% der Fläche unterhalb der Kurve, d.h. die Wahrscheinlichkeit, einen „falschen Alarm" auszulösen, beträgt hier 4,5%, daher wird eine einmalige Überschreitung noch toleriert. Die Überschreitungswahrscheinlichkeit bei den $3s$-Grenzen beträgt 0,3%, d.h. tritt dieser Fall ein, kann mit großer Sicherheit von einer Außer-Kontroll-Situation ausgegangen werden.

Bei der Auswertung der Vorperiode-Daten weist die Feststellung einer vorangegangenen Außer-Kontroll-Situation bereits in der Vorperiode, noch vor Beginn der Routineanalytik, auf dringend erforderliche korrigierende Maßnahmen hin (s. Abschnitt 3.5).

2.6.7.1.4 Bewertung der Qualitätsregelkarte

Grundsätzlich ist festzustellen, dass eine Kontrollkarte umso empfindlicher reagiert, d.h. Außer-Kontroll-Situationen erkennt, je präziser das Analysenverfahren ist [1].

2.6.7.1.4.1 So genannte „Außer-Kontroll-Situation"

Die Qualitätsregelkarte soll neben der Aufdeckung zu großer zufälliger Fehler (grobe Fehler) auch Hinweise auf systematische bzw. tendenziell systematische Fehler liefern.

Folgende Kriterien für Außer-Kontroll-Situationen werden in der Literatur genannt:

1. 1 Wert außerhalb der Kontrollgrenze [29, 56, 109, 117, 179], (Nr. 1 in Abb. 2-10).
2. 7 aufeinander folgende Werte auf einer Seite der Zentrallinie [56, 109, 117], (Nr. 2).
3. 7 aufeinander folgende Werte mit ansteigender Tendenz [56, 109, 117], (Nr. 3).
4. 7 aufeinander folgende Werte mit abfallender Tendenz [56, 109, 117], (Nr. 4).
5. 2 von 3 aufeinander folgenden Werten außerhalb der Warngrenzen [56, 141].
6. 10 von 11 aufeinander folgenden Werten auf einer Seite von der Zentrallinie [117].

In Abb. 2-10 sind die Außer-Kontroll-Situationen Nr. 1 bis 4 dargestellt.

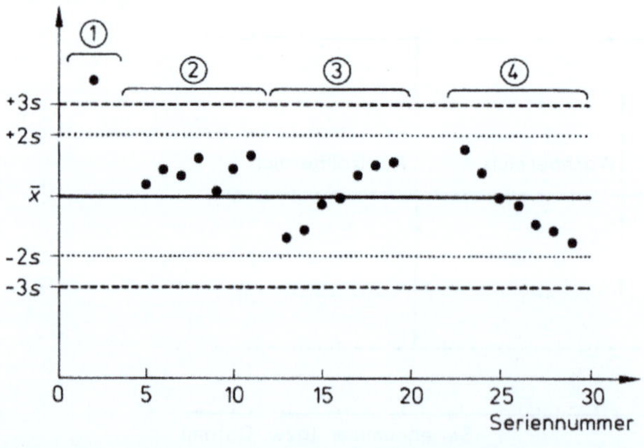

Abb. 2-10. Beispiele von Außer-Kontroll-Situationen.

2.6.7.1.4.2 Auffällige Eintragungen

Bei der Auswertung einer Qualitätsregelkarte sollte nicht nur auf Außer-Kontroll-Situationen geachtet, sondern zusätzlich der allgemeine Verlauf der Eintragungen auf der Karte verfolgt werden. In Abb. 2-11 sind vier Beispiele dargestellt, in denen zu keinem Zeitpunkt das Verfahren „außer Kontrolle“ ist, jedoch die Folge der Eintragungen auf nicht zufällige Einflüsse hindeutet.

Maßnahmen sollten demnach schon vor der Anzeige von Außer-Kontroll-Situationen ergriffen werden.

Die Ursachen b), c) und d) werden in absehbarer Zeit auch zu „Außer-Kontroll-Situationen“ führen.

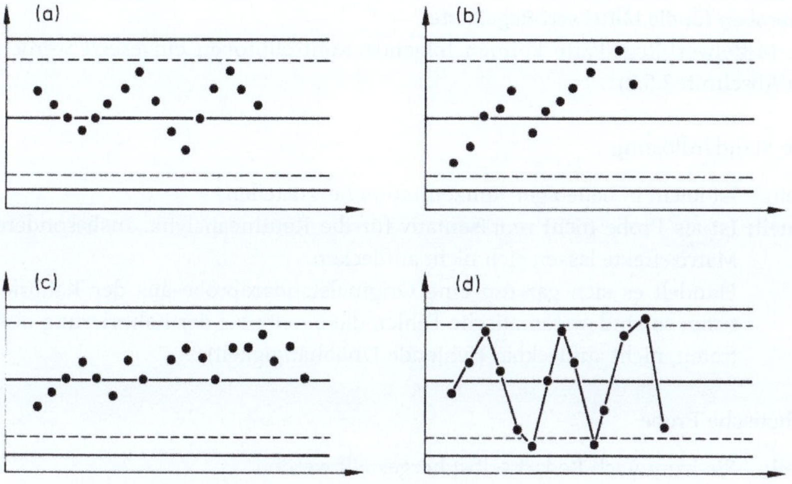

Abb. 2-11. Auffällige Folgen von Eintragungen in der Shewhart-Karte.
a) Zyklische Veränderungen (Gründe: Rotation der Bearbeiter, „Montagseffekte“ etc.) [141].
b) Shift des Mittelwertes (Gründe: technischer Eingriff am Messgerät, neue Reagenzien, neue Geräte, Einmalartikel etc.).
c) Trend (Gründe: Geräteeinfluss, Reagenzienalterung, etc.) [141].
d) Viele Eintragungen nahe den Kontrollgrenzen (s vergrößert).

2.6.7.1.5 Anwendungsarten der Shewhart-Regelkarte

Die Shewhart-Regelkarte kommt in der analytischen Qualitätskontrolle in Form von drei verschiedenen Regelkarten zur Anwendung, als:

- Mittelwert-Regelkarte,
- Blindwert-Regelkarte,
- Wiederfindungsrate-Regelkarte.

2.6.7.1.5.1 Mittelwert-Regelkarte

Die Mittelwert-Regelkarte entspricht der ursprünglichen Form der Shewhart-Regelkarte, wobei jedoch im Gegensatz zur Produktkontrolle in der analytischen Chemie meist nur mit Einzelwerten gearbeitet wird.

Die Mittelwert-Regelkarte dient vorwiegend der Überprüfung der Präzision eines Analysenverfahrens. Da systematische Veränderungen wie z. B. Trends ebenfalls erkannt werden können, kann die Richtigkeit eingeschränkt überwacht werden.

Kalibrierparameter wie Steigung und Achsenabschnitt, sofern sie täglich ermittelt werden, können ebenfalls mit Hilfe der $\bar{x}$-Karte überprüft werden. Hierbei bietet es sich an, eine Abszisse (x-Achse) für alle Parameter zu verwenden und die zwei Ordinaten übereinander auf einem Blatt anzuordnen [117].

Die Auswahl der Kontrollproben ist von der jeweiligen Qualitätskontrollsituation abhängig. Die Konstruktion einer Qualitätsregelkarte bleibt davon unbeeinflusst (s. Abschnitt 2.6.7.1.3).

Kontrollproben für die Mittelwert-Regelkarte

Für die Mittelwert-Regelkarte können folgende Kontrollproben eingesetzt werden (s. auch Abschnitt 2.5.2):

- **Reine Standardlösung**

  Vorteil: Ist leicht in beliebiger Konzentration herzustellen.

  Nachteil: Ist als Probe nicht repräsentativ für die Routineanalytik. Insbesondere Matrixeffekte lassen sich nicht aufdecken.
  Handelt es sich gar um eine Originalstandardprobe aus der Kalibrierung, so sind systematische Fehler, die bereits bei der Kalibrierung auftraten, nicht aufdeckbar (fehlende Unabhängigkeit).

- **Synthetische Probe**

  Vorteil: Sie kann nach Bedarf selbst hergestellt werden.

  Nachteil: Die Herstellung ist bei komplexeren Matrices sehr aufwändig, da die Probenmatrix ebenfalls repräsentativ simuliert werden muss. Die Probe muss zeitstabil sein.

- **Referenzproben**

  (stabile natürliche Proben, die mit anderen Analysenverfahren genau genug analysiert wurden; sie stammen beispielsweise aus einem Ringversuch)

  Vorteil: Sie sind preisgünstiger als ein zertifizierter Referenzstandard, aber ebenfalls unabhängig.

  Nachteil: Matrix und Stoffmengengehalt sind u. U. nicht repräsentativ.

Zertifiziertes Referenzmaterial

Vorteil: Ist eine unabhängige Probe mit bekanntem Sollwert.

Nachteil: Ist relativ teuer und deckt – wenn überhaupt – nur eine bestimmte Probenmatrix aus der Routineanalytik ab. Der Stoffmengengehalt ist ebenfalls nicht notwendigerweise repräsentativ. Lässt sich jedoch zur Überwachung der Messgeräte verwenden.

2.6.7.1.5.2 Blindwert-Regelkarte

Die Blindwert-Regelkarte stellt eine Spezialanwendung der Mittelwert-Regelkarte dar. Sie gibt speziell Hinweise auf das verwendete Reagenzien- und Messsystem [105]. Besonderheit: In die Blindwert-Regelkarte werden Messwerte und nicht Analysenergebnisse (z. B. Konzentrationen) eingetragen.

a) Umfang der Blindwertkontrolle

Vor der Festlegung der Entscheidungskriterien müssen Angaben über den Umfang der durchzuführenden Blindprobenanalysen gemacht werden.

Korrekterweise wäre für jede Analyse die gleichzeitige Bestimmung des Blindwertes erforderlich; diese Forderung lässt sich jedoch wegen des zu hohen Arbeits- und Kostenaufwandes kaum erfüllen. Es erscheint sinnvoll, als Minimum pro Analysenserie zwei Blindwerte ($n = 2$) zu bestimmen, wobei der eine zu Beginn, der zweite am Ende der Analysenserie ermittelt werden sollte. Eine solche Anordnung hat neben einer präzisen Ermittlung des Blindwertes den Vorteil, dass zusätzlich eine Driftkontrolle (s. Abschnitt 1.7.1) durchgeführt werden kann.

Für die Führung der Blindwert-Regelkarte kann das arithmetische Mittel der n einzelnen Blindwerte pro Analysenserie herangezogen werden. Die Grenzen werden mit Hilfe der Standardabweichungen der Mittelwerte

$$s_{\bar{x}} = \left(\frac{s}{\sqrt{n}}\right)$$

festgelegt.

b) Führen der Blindwert-Regelkarte

Die Kontroll- und Warngrenzen werden wie bei der Mittelwertkontrollkarte durch die Ergebnisse der Analysen einer Vorperiode bestimmt.

Alle weiteren Entscheidungskriterien, d. h. Nachweis von erhöhten bzw. erniedrigten mittleren Blindwerten und Aufdeckung von Trends entsprechen der Mittelwertkontrollkarte (s. Abschnitt 2.6.7.1.5.1).

2.6.7.1.5.3 Wiederfindungsraten-Regelkarten

a) Allgemeines

Analysen von Kontrollproben und die Führung von Mittelwert-Regelkarten geben keine Hinweise auf Fehler, die durch Matrixeinflüsse der Probe verursacht werden [17]. Vor allem bei Analysen, bei denen besonderes Gewicht auf die Spezifität des Verfahrens (und damit auf die Richtigkeit der Ergebnisse) gelegt wird, sollten Fehler durch das Miterfassen anderer, in der Probenmatrix enthaltener Substanzen, so gering wie möglich sein.

Eine Möglichkeit zur Überprüfung des Analysenverfahrens auf Matrixeinflüsse ist die Bestimmung der Wiederfindungsrate (*WFR*).

Die Wiederfindungsrate dient jedoch lediglich zur Erfassung matrixbedingter proportional-systematischer Abweichungen. Konstant-systematische Abweichungen bleiben hierbei unentdeckt (s. Abschnitt 1.4.2.2).

Somit bietet die Ermittlung der Wiederfindungsrate nur eine eingeschränkte Möglichkeit zur Richtigkeitskontrolle.

In Ausnahmefällen kann allerdings durch Berechnung der Wiederfindungsrate eine Richtigkeitskontrolle durchgeführt werden, und zwar dann, wenn zertifizierte Referenzmaterialien analysiert werden. Hier ist der Sollwert (x_{soll}) bekannt.
Die Analyse solcher bescheinigter Materialien liefert einen Analysenwert x_{ist}.
Die Wiederfindungsrate lässt sich dann nach

$$WFR = \left(\frac{x_{ist}}{x_{soll}}\right) \cdot 100\% \tag{66}$$

berechnen.

Qualitätsziel sollte eine mittlere Wiederfindungsrate von ≅ 100% sein, da nur dann keine systematische Matrixbeeinflussung vorliegt.

b) Festlegung der Aufstockmenge/-konzentration

Die Aufstockmenge/Aufstockkonzentration bestimmt entscheidend den Aussagewert der Wiederfindungsanalysen mit. Bei einer zu geringen Aufstockmenge wird die Differenz der Ergebnisse von aufgestockter und nicht aufgestockter Probe eventuell zu gering. In der Literatur wird daher eine Aufstockkonzentration empfohlen, die mindestens dem Analysenwert der unaufgestockten Probe entspricht [11], d. h. es kommt durch die Aufstockung etwa zu einer Verdoppelung der Probenkonzentration.

Bei Aufstockversuchen muss aber auch darauf geachtet werden, dass der Analysenwert der aufgestockten Probe die obere Arbeitsbereichsgrenze des Analysenverfahrens nicht überschreitet, d. h., dass z. B. im geprüften linearen Arbeitsbereich gearbeitet wird.

Die addierte Substanz muss der Probe angepasst sein, d. h.
- vergleichbare Löslichkeit,
- vergleichbares Reaktionsverhalten,
- vergleichbare Oxidationsstufe etc.

aufweisen.

Weiterhin ist es wichtig, die Aufstockmenge entweder direkt als Festsubstanz (falls möglich) oder in Form einer sehr konzentrierten Lösung zur Analysenprobe zuzugeben.

Damit wird verhindert, dass

1. die Probenmatrix signifikant verändert wird, wenn z. B. zu große Volumina Wasser oder anderer Matrix zugefügt werden,
2. zusätzliche Fehler, z. B. Verdünnungsfehler, etc. auftreten.

Bei einer Volumenänderung der Probe durch die Aufstockung um mehr als 0,5%, wie sie bei Konzentrationen von mg/l und mehr leicht auftreten kann, ist dieser Volumenfehler bei der späteren Berechnung der *WFR* zu berücksichtigen (s. Abschnitt 2.5.2.4).

c) Separate Kontrollproben für die Wiederfindungsraten-Regelkarte

Für die Wiederfindungsraten-Regelkarte können die in Abschnitt 2.6.7.1.5.1 aufgeführten Kontrollproben eingesetzt werden:

- reine Standardlösung,
- synthetische Probe,
- Referenzprobe,
- zertifiziertes Referenzmaterial.

Während das Führen von Mittelwert-Regelkarten mit realen Proben nur in Ausnahmefällen sinnvoll ist, werden bei der Wiederfindungsraten-Regelkarte dagegen fast ausschließlich aufgestockte reale Proben als Kontrollproben eingesetzt [176]:

- *Aufgestockte natürliche Probe aus der aktuellen Analysenserie*

  Vorteil: Die Probe selbst verursacht keine zusätzlichen Beschaffungskosten; sie ist außerdem repräsentativ für die gerade in Arbeit befindliche Analysenserie. Es treten keine Stabilitätsprobleme auf, da keine Kontrollprobe aufbewahrt werden muss.

  Nachteil: Es lassen sich nur proportional-systematische Abweichungen aufdecken, da der konstant-systematische Fehler, der bei der Analyse der Urprobe auftreten kann, auf diese Weise nicht quantifizierbar ist.

Bei der Vielzahl verschiedener Matrices (Trinkwasser, Abwasser, Oberflächenwasser, Blut, Urin, Gewebeproben, Pflanzenextrakt, Lebensmittel etc.) ist es unbedingt erforderlich, für jeden Matrixtyp eine eigene Wiederfindungsraten-Regelkarte zu führen. Es sollte somit von jedem Matrixtyp täglich je eine reale Probe für das Wiederfindungsexperiment ausgewählt werden. Die Konzentration dieser Probe sollte nach Möglichkeit etwa in der Mitte des Arbeitsbereichs des Analysenverfahrens liegen, gegebenenfalls sind die realen Proben entsprechend zu verdünnen.

d) Konstruktion der Wiederfindungsraten-Regelkarte

Die Wiederfindungsraten-Regelkarte entspricht in ihrem Aufbau und den Entscheidungskriterien grundsätzlich der Mittelwertkontrollkarte.

Nach einer ausreichend langen Vorperiode (z. B. $N = 20$) werden die mittlere Wiederfindungsrate WFR und deren Standardabweichung s_{WFR} berechnet:

$$\overline{WFR} = \frac{1}{N} \cdot \sum_{i=1}^{N} WFR_i \tag{67}$$

$$s_{WFR} = \sqrt{\frac{1}{N-1} \sum_{i=1}^{N} \left(WFR_i - \overline{WFR}\right)^2} \tag{68}$$

Die Kontroll- und Warngrenzen sind die $\pm 2s$- bzw. $\pm 3s$-Bereiche:

obere Kontrollgrenze	$KO = \overline{WFR} + 3s_{\mathrm{WFR}}$
untere Kontrollgrenze	$KU = \overline{WFR} - 3s_{\mathrm{WFR}}$

obere Warngrenze $WO = \overline{WFR} + 2s_{WFR}$
untere Warngrenze $WU = \overline{WFR} - 2s_{WFR}$

Entsprechend der Mittelwert-Regelkarte stellt die mittlere Wiederfindungsrate die Zentrallinie der Karte dar, von der in $\pm 3s$ Entfernung die Kontrollgrenzen und in $\pm 2s$ Entfernung die Warngrenzen eingezeichnet werden [89, 147]. Im Sinne der Richtigkeitskontrolle kann als Zentrallinie auch eine Wiederfindungsrate von 100% eingetragen werden [17]. Zur Beurteilung der Wiederfindungsraten-Regelkarte werden die Außer-Kontroll-Regeln der Shewhart-Regelkarte herangezogen.

2.6.7.2 Spannweiten-Regelkarte (Range-Regelkarte, *R-Regelkarte*)

2.6.7.2.1 Allgemeines

Während die Shewhart-Regelkarte anzeigt, inwieweit Probenmittelwerte der Untergruppen bzw. Einzelwerte mit dem Gesamtmittelwert (Prozessmittelwert) übereinstimmen, jedoch keine Aussage über die Streuung der einzelnen Analysenergebnisse innerhalb und zwischen den Untergruppen ermöglicht, dient die Spannweiten- bzw. R-(R = Range = Bereich)-Regelkarte vor allem der Präzisionskontrolle. Als Spannweite wird hierbei die Differenz zwischen größtem und kleinstem Einzelergebnis bei Mehrfachanalysen bezeichnet.

Folgende Kontrollmöglichkeiten bieten sich bei Verwendung der Spannweitenkarte an:

1. Präzisionskontrolle
   Eine grundsätzliche Voraussetzung beim Einsatz von Shewhart-Regelkarten ist die Konstanz der Standardabweichungen [214]. Die R-Karte ermöglicht die Aufdeckung signifikanter Unterschiede zwischen den Standardabweichungen der Untergruppen [3] und stellt somit einen Test auf Varianzen-Homogenität dar.
2. Eingeschränkte Richtigkeitskontrolle – Driftkontrolle
   Mittels der zur Differenzenkarte (s. Abschnitt 2.6.7.3) modifizierten Spannweitenkarte lassen sich Trends innerhalb einer Serie und Gerätedriften überwachen [109].

Der Einsatz von Spannweiten-Regelkarten ist jedoch nur dann sinnvoll, wenn die Kontrollgrenzen nicht durch externe Vorgaben festgelegt sind, sondern sich aus der Analysenunpräzision ergeben [214].

2.6.7.2.2 Erstellung einer Spannweiten-Regelkarte

Folgende Größen müssen zur Erstellung einer Spannweitenkarte bekannt sein bzw. errechnet werden:

- Anzahl n der Wiederholmessungen pro Untergruppe (n_i),
- Anzahl N der Untergruppen,
- R_i, Spannweite der Untergruppe i,
- $\bar{R}$, Mittelwert der Spannweiten,
- *(s^2 = Varianz der Gesamtmessung)*,
- obere Warngrenze WO,

- untere Warngrenze WU,
- obere Kontrollgrenze KO,
- untere Kontrollgrenze KU.

Zunächst werden die Spannweiten R_i sämtlicher Untergruppen ermittelt und zu $\bar{R}$ zusammengefasst:

R_i = größter Wert – kleinster Wert einer Untergruppe i aus n Einzelmessungen (69)

$$\bar{R} = \frac{\sum R_i}{N} \qquad (70)$$

$\bar{R}$ bildet die „Zentrallinie“ innerhalb der Spannweitenkarte (s. Abb. 2-12).

Die jeweiligen Warn- und Kontrollgrenzen errechnen sich aus der mittleren Spannweite $\bar{R}$ durch Multiplikation mit einem von der Anzahl n der Mehrfachbestimmungen und dem Signifikanzniveau abhängigen Faktor D.

Tabelle 2-5. D-Faktoren zur Berechnung der R-Karten-Grenzen.

n	P = 95% [23]		P = 99% [23]		P = 99,7% [3, 4]	
	$D_{W_{un}}$	$D_{W_{ob}}$	$D_{K_{un}}$	$D_{K_{ob}}$	$D_{K_{un}}$	$D_{K_{ob}}$
2	0,039	2,809	0,008	3,518	0	3,267
3	0,179	2,176	0,080	2,614	0	2,575
4	0,289	1,935	0,166	2,280	0	2,282
5	0,365	1,804	0,239	2,100	0	2,115
6	0,421	1,721	0,296	1,986	0	2,004
7	0,462	1,662	0,341	1,906	0,076	1,924
8	0,495	1,617	0,378	1,846	0,136	1,864
9	0,522	1,583	0,408	1,798	0,184	1,816
10	0,544	1,555	0,434	1,760	0,223	1,777
11	0,562	1,531	0,456	1,729	0,256	1,744
12	0,578	1,511	0,475	1,702	0,284	1,716
13	0,592	1,494	0,491	1,679	0,308	1,692
14	0,604	1,480	0,506	1,659	0,329	1,671
15	0,615	1,467	0,519	1,642	0,348	1,652
16	0,625	1,455	0,531	1,626	0,364	1,636
17	0,634	1,445	0,542	1,612	0,379	1,621
18	0,642	1,435	0,552	1,599	0,392	1,608
19	0,649	1,427	0,561	1,587	0,404	1,596
20	0,656	1,419	0,569	1,577	0,414	1,586

Zwei unterschiedliche Signifikanzniveau-Kombinationen stehen dabei zur Auswahl:

	Warngrenze	Kontrollgrenze	Literaturquellen
Kombination (a)	95%	99%	[23]
Kombination (b)	95%	99,7%	[3, 4, 14, 109, 141]

$KU = D_{Kun} \cdot \bar{R}$
$KO = D_{Kob} \cdot \bar{R}$ (D-Faktoren: s. Tabelle 2-5)
$WU = D_{Wun} \cdot \bar{R}$
$WO = D_{Wob} \cdot \bar{R}$

Kombination (b) basiert auf den gleichen $\pm 2s$- und $\pm 3s$-Signifikanzniveaus wie die Shewhart-Regelkarte und wird daher allgemein bevorzugt.

Die unteren Grenzen können bei relativ stabilen Prozessen, d. h. bei relativ zuverlässigen Analysenverfahren entfallen. Zur Messgerätüberwachung dagegen sollten sie jedoch beibehalten werden [139].

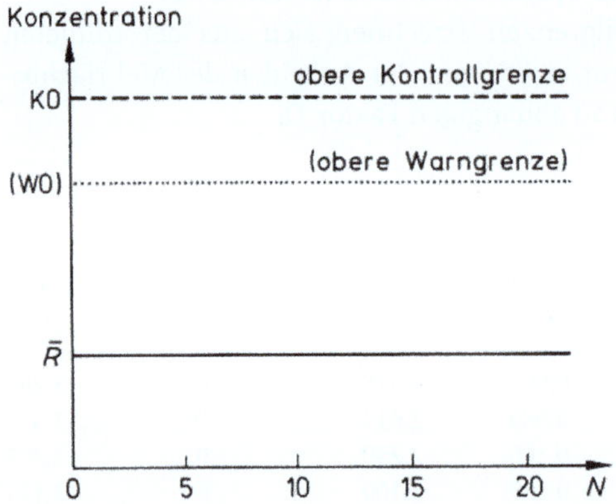

Abb. 2-12. Spannweitenregelkarte.

2.6.7.2.3 **Außer-Kontroll-Situationen**

Als Entscheidungskriterien für die Spannweitenkontrollkarte bieten sich die bei der Shewhart-Regelkarte angegebenen Kriterien nur bedingt an.

Beispielsweise ist es nicht sinnvoll, bei sieben aufeinander folgenden Werten unterhalb der Mittellinie von einer Außer-Kontroll-Situation auszugehen. Dies könnte z. B. im Gegenteil auf eine Verbesserung der Präzision hindeuten. Es empfiehlt sich, bei einem Andauern dieses Zustandes die Kontrollgrenzen neu zu berechnen.

2.6.7.2.4 **Entscheidungskriterien für die Spannweiten-Regelkarte**

Eine Außer-Kontroll-Situation liegt vor, wenn

- eine Spannweite R_i oberhalb der oberen Kontrollgrenze liegt (siehe 1, Abb. 2-13)
- eine Spannweite R_i unterhalb der unteren Kontrollgrenze liegt (gilt nur für $KU > 0$)
- sieben aufeinander folgende Werte eine aufsteigende (siehe 2, Abb. 2-13) oder abfallende (siehe 3, Abb. 2-13) Tendenz zeigen
- sieben aufeinander folgende Werte oberhalb der mittleren Spannweite $\bar{R}$ liegen (siehe 4, Abb. 2-13)

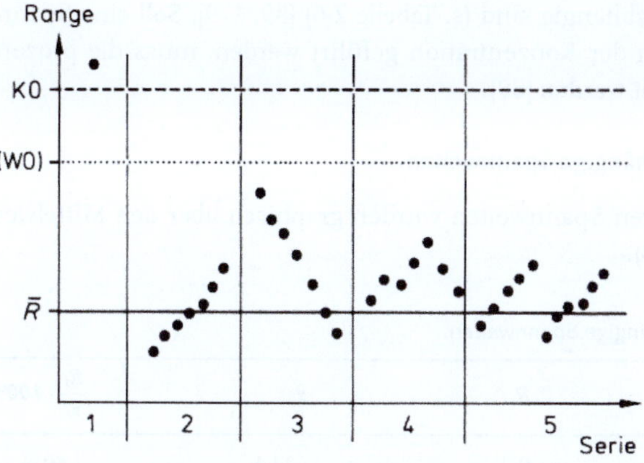

Abb. 2-13. Außer-Kontroll-Situationen der *R*-Karte.

Ebenso müssen alle zur Erstellung einer Spannweiten-Regelkarte benötigten Größen neu errechnet werden, falls mindestens eine Spannweite in der Vorperiode außerhalb der oberen Kontrollgrenze liegt.

Zyklische Bewegungen (aufsteigend (siehe 5, Abb. 2-13) – abfallend) der Spannweiten deuten beispielsweise auf Einflüsse des Wartungszeitplanes des Analysengerätes oder z. B. auf eine Alterung der Reagenzien hin [141]. Hier liegt jedoch keine Außer-Kontroll-Situation vor!

2.6.7.2.5 **Anwendung der Spannweiten-Regelkarte**

In der praktischen Anwendung im analytischen Labor wird die Spannweitenkarte sicherlich nur in ihrer einfachsten Form anzutreffen sein, d. h. mit nur einer Doppelbestimmung pro Analysenserie. Eine größere Anzahl von Parallelbestimmungen würde zwar zu einer empfindlicheren Präzisionskontrolle beitragen, jedoch ist der Aufwand bei $n > 2$ meist nicht akzeptabel.

2.6.7.2.6 **Kontrollproben für die Spannweiten-Regelkarte**

Die Erstellung von *R*-Karten mittels Standardproben oder Kontrollproben mit bekanntem Gehalt ist wenig sinnvoll, da stattdessen die Mittelwertkarte ausreichende Informationen liefert.

Die Analyse von Standardmaterialien hat entscheidende Nachteile, die bei Verwendung realer Proben nicht vorliegen. Matrixeinflüsse, Schwankungen in der Stabilität der Probe etc. können nur bei Einsatz von realen Proben in der Qualitätskontrolle erfasst werden. Die Präzision wird somit unter wirklichkeitsnahen Bedingungen überprüft.

Whitby [179] empfiehlt daher folgerichtig, so oft wie möglich Doppelbestimmungen an realen Proben durchzuführen. Am Anfang einer jeden Analysenserie wird eine der realen Proben als „Kontrollprobe" deklariert und am Serienende nochmals analysiert (insgesamt Doppelbestimmung).

Es muss jedoch darauf geachtet werden, dass die realen Proben innerhalb eines Konzentrationsbereiches liegen, da die Standardabweichung und auch die Spannweite häufig konzentrationsabhängig sind (s. Tabelle 2-6) [89, 179]. Soll eine Spannweitenkarte unabhängig von der Konzentration geführt werden, muss die prozentuale relative Range verwandt werden [89].

Beispiel für konzentrationsabhängige Spannweiten

Die in Tabelle 2-6 aufgelisteten Spannweiten wurden graphisch über den Mittelwerten aufgetragen (s. Abb. 2-14).

Tabelle 2-6. Konzentrationsabhängige Spannweiten.

x_{i1}	x_{i2}	R_i	$\bar{x}_i$	$\frac{R_i}{\bar{x}_i} \cdot 100\%$
11,2	11,0	0,2	11,1	1,80%
23,5	24,0	0,5	23,75	2,11%
114,3	112,0	2,3	113,15	1,24%
69,3	70,7	1,4	70,0	2,00%
78,7	80,3	1,6	79,5	2,01%
100,5	102,5	2,0	101,5	1,97%
203,4	198,8	4,6	201,1	2,29%
54,7	55,8	1,1	55,25	1,99%
150,1	153,1	3,0	151,6	1,98%
90,8	89,0	1,8	89,9	2,00%

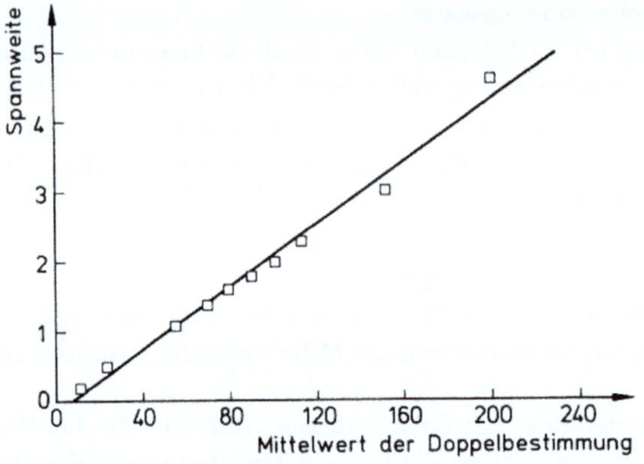

Abb. 2-14. Abhängigkeit der Spannweiten von der Konzentration.

Die Spannweiten R_j sind offensichtlich abhängig von der Konzentration. Der Korrelationskoeffizient beträgt

$$r = \frac{\sum (x_i - \bar{x}) \cdot (y_i - \bar{y})}{\sqrt{\sum (x_i - \bar{x})^2 \cdot (y_i - \bar{y})^2}} = 0{,}9941 \tag{71}$$

Eine Abhängigkeit zwischen den Spannweiten (y-Werte) und den Konzentrationen (x-Werte) gilt als statistisch nachgewiesen, wenn der Korrelationskoeffizient r

Tabelle 2-7. Schwellenwerte $r(P = 99\%, f)$ zur Prüfung des Korrelationskoeffizienten [78].

f	$r(P = 99\%, f)$	f	$r(P = 99\%, f)$	f	$r(P = 99\%, f)$
1	1,00	11	0,68	25	0,49
2	0,99	12	0,66	30	0,45
3	0,96	13	0,64	35	0,42
4	0,92	14	0,62	40	0,39
5	0,87	15	0,61	45	0,37
6	0,83	16	0,59	50	0,35
7	0,80	17	0,58	60	0,33
8	0,77	18	0,56	70	0,30
9	0,74	19	0,55	80	0,28
10	0,71	20	0,54	100	0,25

signifikant von null abweicht. Zur Prüfung wird der Betrag von r bei $f = n - 2$ Freiheitsgraden mit dem Schwellenwert $r(P = 99\%, f)$ verglichen (s. Tabelle 2-7). Ein Zusammenhang gilt als erwiesen, wenn $|r| > r(P = 99\%, f)$.

Im Beispiel ist $r = 0{,}9941$ größer als $r(P = 99\%, f = 8) = 0{,}77$, womit die Konzentrationsabhängigkeit der Spannweiten als gesichert gilt.

Hinweis: Für jeden Matrixtyp (z. B. Abwasser, Oberflächenwasser) muss eine separate Spannweiten-Regelkarte geführt werden, da die verschiedenen Matrices ganz unterschiedliche Einflüsse auf die Präzision der Analysenergebnisse haben können.

Zur Driftkontrolle bei realen Proben wird wiederum die Differenzenkarte (s. Abschnitt 2.6.7.3) [179] empfohlen.

2.6.7.2.7 $\bar{x}$-*R*-Kombinations-Karte

Die $\bar{x}$-*R*-Kombinations-Karte ist wahrscheinlich die gebräuchlichste Kontrollkarte in der industriellen Qualitätskontrolle [3]. Sie setzt sich aus einer Mittelwert- sowie einer Spannweitenkarte zusammen, die so angeordnet werden, dass Mittelwert und Spannweite *einer* Untergruppe jeweils übereinander liegen (s. Abb. 2-15).

Dieses Verfahren wird angewandt, um verschiedene Veränderungen gleichzeitig auf einer Karte zu erfassen. Die Mittelwertkarte reagiert empfindlich auf Änderungen der Mittelwerte der Untergruppen, hingegen kann die Spannweitenkarte Hinweise auf zu starke Streuungen innerhalb der Untergruppe geben.

Der Hauptvorteil dieser Methode liegt in der Möglichkeit zu entscheiden, ob die Streuung zwischen den Untergruppen signifikant größer als die Streuung innerhalb einer Untergruppe ist. Diese Situation würde sich darin dokumentieren, dass die *R*-Karte in Kontrolle ist und die $\bar{x}$-Karte eine Außer-Kontroll-Situation anzeigt [179]. Bei einigen chemischen Prozessen tritt dies häufig auf, was auf die Gegenwart ungenügend kontrollierter Variablen (z. B. Temperatur) hindeutet.

Liegt der umgekehrte Fall vor, d. h. $\bar{x}$-Karte in Kontrolle, *R*-Karte außer Kontrolle, oder ein Trend ist zu erkennen, deutet dies auf eine Veränderung der Einzelvarianzen hin [141].

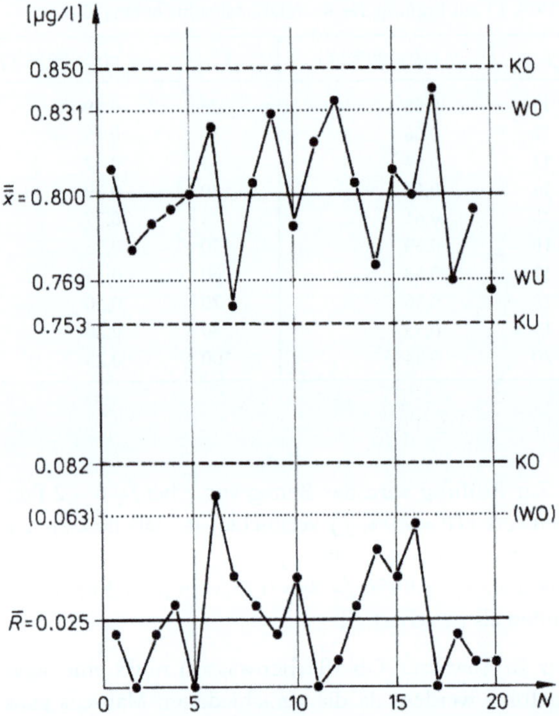

Abb. 2-15. Mittelwert-Spannweiten-Kontrollkarte.

Neigen die Mittelwerte dazu, sich immer in die gleiche Richtung wie die Spannweiten zu bewegen, kann es sich um eine „schiefe" Verteilung handeln [141] (genauso bei ständiger Bewegung in die entgegengesetzte Richtung).

Die $\bar{x}$-R-Karte ist jedoch nur dann sinnvoll, wenn für die Spannweiten-Kontrolle dieselben Kontrollproben verwendet werden wie für die Mittelwert-Kontrolle. Voraussetzung ist daher, dass eine über lange Zeit stabile Kontrollprobe (synthetisch oder real) vorhanden ist.

Die Führung einer matrix-repräsentativen $\bar{x}$-R-Karte empfiehlt sich insbesondere bei der regelmäßigen Analyse mehrerer gleichartiger Proben innerhalb der Analysenserien. Die mindestens erforderliche Doppelbestimmung einer Kontrollprobe je Matrix erhöht jedoch den Gesamt-Analysenaufwand u. U. erheblich und ist bei nur wenigen Proben der gleichen Matrix innerhalb der Serie gegebenenfalls nicht vertretbar (s. Abb. 2-16).

So sinkt beispielsweise der zusätzliche Kontrollanalysenaufwand erst bei einer Serie von 20 Proben auf $\leq 10\%$.

2.6.7.3 **Differenzenkarte** [17, 179]

Während bei der Spannweiten-Regelkarte der Absolutbetrag der Differenz zwischen größtem und kleinstem Analysenwert zur Prüfung verwandt wurde, geht bei der Differenzen-Karte neben dem Betrag der Differenz auch deren Vorzeichen mit in die Kontrolle ein. Ziel ist insbesondere die Erkennung von systematischen Fehlern,

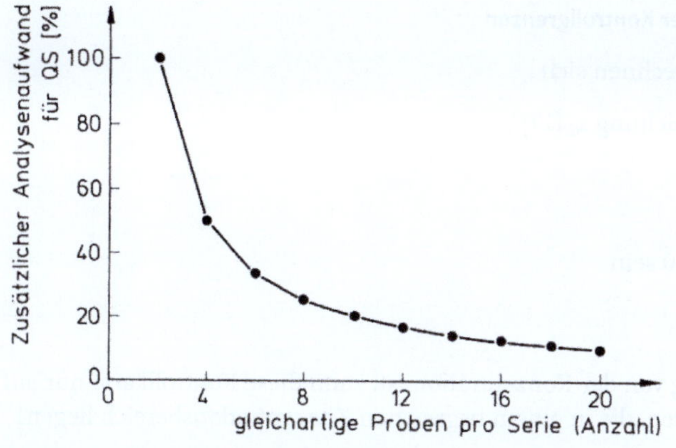

Abb. 2-16. Zusätzlicher Analysenaufwand für die $\bar{x}$-R-Karte.

die erst *während* einer Analysenserie auftreten. Für die Differenzenkarte wird in jeder Serie jeweils eine reale Probe doppelt analysiert. Zwischen den beiden Bestimmungen sollten möglichst viele Analysen der Serie liegen.

Bezugswert ist der jeweils zuerst gemessene Wert. Die Differenzen $d_i = x_{i2} - x_{i1}$, wobei immer der erste Wert vom zweiten Wert subtrahiert werden muss, werden unter Beachtung des jeweiligen Vorzeichens in eine Kontrollkarte eingetragen. Die Zentral- bzw. Mittellinie dieser Karte entspricht dem Erwartungswert der Differenzen, d.h. dem Wert 0. Unter optimalen Bedingungen müssten die Differenzen ihrem Vorzeichen entsprechend um die Null-Linie streuen. Bei vorliegender Drift (beispielsweise des Gerätes) wird x_2 jeweils immer größer (bzw. kleiner) als x_1 sein, was sich in einer einseitigen Lage der Differenzen oberhalb (bzw. unterhalb) der Null-Linie dokumentiert (s. Abb. 2-17).

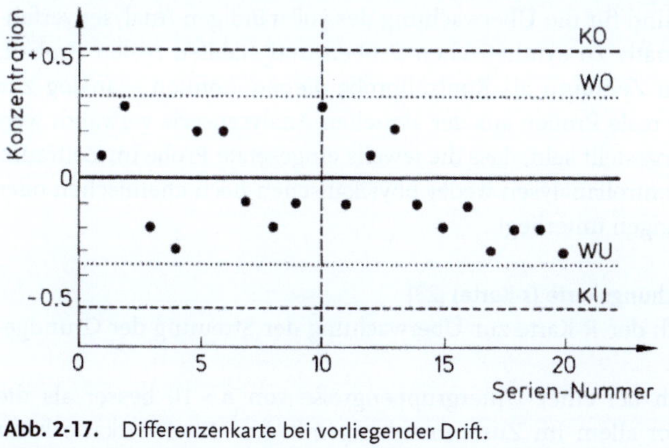

Abb. 2-17. Differenzenkarte bei vorliegender Drift.

2.6.7.3.1 Berechnung der Kontrollgrenzen

Die Kontrollgrenzen berechnen sich

a) aus der Standardabweichung s_d [17]

$$s_d = \sqrt{\frac{\sum (d_i - \bar{d})^2}{N-1}}$$

Zentrallinie: sollte 0 sein
Warngrenzen: $\pm 2\,s_d$
Kontrollgrenzen: $\pm 3\,s_d$

Da s_d jedoch abhängig von der Konzentration ist, kann diese Kontrollkarte nur auf Proben angewandt werden, die in einem begrenzten Konzentrationsbereich liegen!

b) über die mittlere Spannweite [179]

$$\bar{R} = \frac{\sum R_i}{N}$$

Mittelwert: $= 0$
Warngrenzen: $\pm 1{,}77 \cdot \bar{R}$ (vergleichbar $2\,s$)
Kontrollgrenzen: $\pm 2{,}65 \cdot \bar{R}$ (vergleichbar $3\,s$)

2.6.7.3.2 Kontrollproben für die Differenzenkarte

Unabdingbare Voraussetzung für die Führung einer Differenzenkarte ist die Verwendung stabiler Kontrollproben. Ihre Auswahl richtet sich nach dem Überwachungsziel.

Soll lediglich das Messgerät (Detektionsschritt) überwacht werden, so müssen unerkannte Matrixfehler ausgeschlossen sein. Als Kontrollprobe kommen nur Standards in Betracht, die möglichst nur die eigentliche Messung durchlaufen. Dieser Vorgang ist vergleichbar den Messungen zur Gerätejustierung.

Stabile reale Proben sind für die Überwachung des vollständigen Analysenverfahrens erforderlich. Alternativ zu synthetischen Proben und stabilen realen Proben, die über einen längeren Zeitraum als Kontrollprobe dienen, können – analog zur Range-Kontrolle – auch reale Proben aus der aktuellen Analysenserie verwandt werden. Jedoch muss sichergestellt sein, dass die jeweils eingesetzte Probe im Zeitraum zwischen den beiden Kontrollanalysen weder physikalischen noch chemischen oder biologischen Veränderungen unterliegt.

2.6.7.4 Standardabweichungskarte (s-Karte) [23]

Diese Karte wird ähnlich der *R*-Karte zur Überwachung der Streuung der Grundgesamtheit herangezogen.

Die *s-Karte* ist jedoch bei einer Untergruppengröße von $n > 10$ besser als die *R-Karte* einzusetzen. Vor allem im Zusammenhang mit der Mittelwertkarte kann die *s-Karte* eher systematische Fehler aufdecken [4].

2.6.7.4.1 **Berechnung der Zentrallinie und der Kontrollgrenzen für die s-Karte** [113]

Die *Zentrallinie* wird bei der mittleren Standardabweichung (s_w) eingetragen

$$s_w = \sqrt{\frac{\sum_{i=1}^{N} f_i \cdot s_i^2}{\sum_{i=1}^{N} f_i}} = \sqrt{\frac{\sum_{i=1}^{N} (n_i - 1) \cdot s_i^2}{\sum_{i=1}^{N} (n_i - 1)}} \tag{72}$$

bzw. bei Doppelbestimmung ($n_i = 2$):

$$s_w = \sqrt{\frac{\sum s_i^2}{N}} \tag{73}$$

Die Kontrollgrenzen ergeben sich aus der χ^2-Verteilung mit Hilfe der Tabellenwerte $\chi^2\left(n-1; \frac{\alpha}{2}\right)$ und $\chi^2\left(n-1; 1-\frac{\alpha}{2}\right)$ (s. Tabelle 2-8).

$$KO = s_w \cdot \sqrt{\frac{1}{n-1} \cdot \chi^2\left(n-1; \frac{\alpha}{2}\right)} \tag{74}$$

$$KU = s_w \cdot \sqrt{\frac{1}{n-1} \cdot \chi^2\left(n-1; 1-\frac{\alpha}{2}\right)} \tag{75}$$

Tabelle 2-8. Schwellenwerte der χ^2-Verteilung für $\alpha = 1\%$.

$n-1$	$1-\frac{\alpha}{2} = 99{,}5\%$	$\frac{\alpha}{2} = 0{,}5\%$
1 [a)]	$3{,}93 \cdot 10^{-5}$	7,879
2	$1{,}00 \cdot 10^{-2}$	10,60
3	$7{,}17 \cdot 10^{-2}$	12,84
4	0,207	14,86
5	0,412	16,75

a) Entspricht Doppelbestimmung ($n = 2$).

2.6.7.5 **Zielwertkarte** [136][1)]

Kontrollkarten werden üblicherweise auf der Basis der Normalverteilung der Werte geführt, ihre Kenngrößen werden daher statistisch ermittelt.

Eine andere Möglichkeit ist das Führen von Kontrollkarten anhand von empirisch abgeleiteten oder gesetzlich vorgegebenen Ausschlussgrenzen als so genannte Zielwertkarten. Mittelwert-, Blindwert-, Wiederfindungsraten- und Spannweiten-Kontrollkarten können als Zielwertkarten geführt werden.

1) In Deutschland beispielsweise in der Wasseranalytik von der Länder Arbeitsgemeinschaft Wasser LAWA empfohlen: LAWA AQS-Merkblatt A-2 [113].

Eine Zielwertkarte ist vor allem dann zweckmäßig, wenn

- keine Normalverteilung der Kontrollwerte vorliegt (z. B. Blindwerte),
- für die Ermittlung der statistischen Kenngrößen keine ausreichende Datengrundlage verfügbar ist (z. B. selten durchgeführte Analysen) oder
- durch die Vorgabe einer einzuhaltenden Ausschlussgrenze eine bestimmte Qualität der Analysenergebnisse sichergestellt werden soll [88, 183].

2.6.7.5.1 Kontrollproben für Zielwertkarten

Für das Führen von Zielwertkarten kommen die gleichen Kontrollproben wie bei den Shewhart- (s. Abschnitt 2.6.7.1) bzw. Range-Regelkarten (s. Abschnitt 2.6.7.2) zum Einsatz.

2.6.7.5.2 Festlegung der Ausschlussgrenzen

Bei Zielwertkarten gibt es keine Warn- und Kontrollgrenzen sondern lediglich eine obere und eine untere Ausschlussgrenze. Diese Ausschlussgrenzen ergeben sich aus:

- gesetzlichen Vorgaben,
- parameterbezogenen Normen und AQS-Merkblättern,
- der (mindestens) sicherzustellenden laborinternen Präzision und Richtigkeit für eine Messgröße,
- der Bewertung laborinterner Datenreihen.

Die Zielwertkarte wird mit Hilfe der Ausschlussgrenzen konstruiert, eine Vorperiode zur Ermittlung der Kontrollkartengrenzen entfällt daher.

Bei der Spannweiten-Zielwertkarte wird nur eine obere Ausschlussgrenze festgelegt.

2.6.7.5.3 Außer-Kontroll-Situationen

Das Analysenverfahren befindet sich außer Kontrolle, wenn die festgelegten Ausschlussgrenzen über- bzw. unterschritten werden.

Darüber hinaus eignen sich Zielwertkarten zum Erkennen von Trends auch wenn noch keine Außer-Kontroll-Situation eingetreten ist.

2.6.7.6 Cusum-Regelkarte

2.6.7.6.1 Prinzip der Cusum-Regelkarte

Unter der cumulativen Summe S (Cusum) wird die Summe der Abweichungen von einem Zielwert verstanden [202]. Der Zielwert kann beispielsweise dem in einer Vorperiode bestimmten Mittelwert einer Kontrollprobe entsprechen. Dieser Mittelwert, auch als Referenzwert k bezeichnet, wird von jedem Kontrollanalysenergebnis x_i subtrahiert und die Differenz wiederum zu der Summe aller vorhergehenden Differenzen hinzuaddiert [139].

Cumulative Summe:

$$
\begin{aligned}
S_1 &= (x_1 - k)\\
S_2 &= S_1 + (x_2 - k)\\
S_3 &= S_2 + (x_3 - k)\\
&\cdot\\
&\cdot\\
S_N &= S_{N-1} + (x_n - k) = (\Sigma x_i) - nk
\end{aligned}
\qquad (76)
$$

Die Cusum-Werte S_N (Ordinate) werden dann gegen die Anzahl der beobachteten Ergebnisse N (Abszisse) in eine Kontrollkarte eingetragen.

Zur Feststellung einer Außer-Kontroll-Situation wird die Steigung der Cusum-Linie beurteilt (s. Abb. 2-18). Läuft der Prozess unter Kontrolle, schwanken die Ergebnisse der Kontrollanalysen zufällig um den Referenzwert k, die cumulativen Summen liegen um den Wert 0 angeordnet. Eine Änderung des Verfahrens führt zu einem Ansteigen oder Abnehmen der cumulativen Summe, die Steigung der Cusum-Linie ändert sich, und eine Außer-Kontroll-Situation wird angezeigt.

2.6.7.6.2 Zweck und Einsatzmöglichkeiten der Cusum-Regelkarte

Die Cusum-Regelkarte wurde 1954 von E. S. Page [175] in die industrielle Qualitätskontrolle eingeführt. Bei dieser Karte handelt es sich um eine Weiterentwicklung der Mittelwertkarte nach Shewhart, wobei nicht mehr die einzelnen Kontrollergebnisse in die Karte eingetragen werden, sondern die Aufsummierung der Abweichungen der Einzelergebnisse von einem vorgegebenen Wert.

Somit enthält jede neue Eintragung sowohl die Information über den aktuellen Stand als auch über die vergangenen Analysenwerte des betreffenden Analysenverfahrens [81].

Auf diese Weise können Veränderungen, die auf der Mittelwert-Kontrollkarte noch nicht zu einer Außer-Kontroll-Situation führen, leichter erkannt werden. Dies ist insbesondere bei Verfahren mit großer Varianz von Vorteil [211].

Die Cusum-Technik eignet sich demnach besonders für folgende Anwendungsfälle:

- Erkennen einer systematischen Veränderung/Verschiebung des Mittelwertes im laufenden Prozess [210].
- Bestimmung der Größenordnung, um die sich der Mittelwert verändert hat [210].
- Bestimmung des Zeitpunktes der Veränderung [210].
- Kurzfristige Vorhersagen über den zukünftigen Mittelwert [216].

2.6.7.6.3 Erstellung der Cusum-Regelkarte

Die Cusum-Regelkarte sollte so dimensioniert sein, dass sie empfindlich auf die kleinste Abweichung im Mittelwert reagiert, die in der Praxis als wichtig angesehen wird. Diese Reaktion sollte sich in einer deutlich sichtbaren Steigungsänderung der Cusum-Linie widerspiegeln. Die Steigung der Linie hängt im Falle „Verfahren unter Kontrolle“ entscheidend vom gewählten Referenzwert k ab; die Deutlichkeit der

Steigungsänderung im Falle „Verfahren außer Kontrolle" hängt auch von der Skalierung der y-Achse (Cusum-Achse) ab. Daher muss das Augenmerk auf die richtige Wahl des Referenzwertes k sowie des Skalierungsfaktors w gerichtet sein.

2.6.7.6.4 Wahl des Referenzwertes *k*

Steht ein zertifizierter Standard für die Qualitätskontrolle zur Verfügung, entspricht die angegebene Standardkonzentration dem Referenzwert k. Ist dies nicht der Fall, muss in einer Vorperiode (s. $\bar{x}$-Karte) die Konzentration der Kontrollprobe ermittelt werden. Die Schätzung des Mittelwertes sollte auf mindestens 20 Analysen beruhen.

Wurde der Referenzwert k ungenau ermittelt, so schwanken die Cusum-Werte nicht mehr um den Wert 0, d.h. die Cusum-Linie steigt oder fällt kontinuierlich. Ein Beispiel hierfür ist in Abb. 2-18 gegeben.

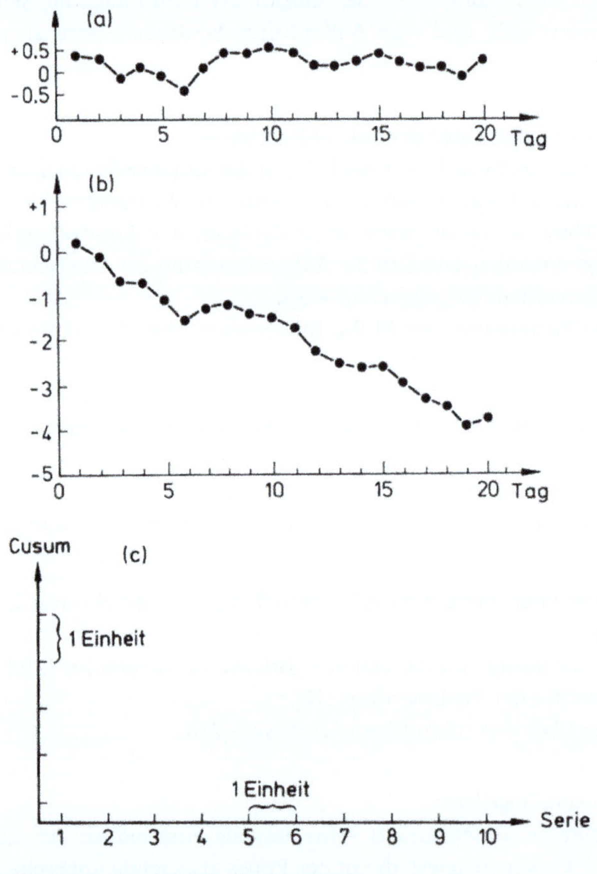

Abb. 2-18. Cusum-Verlauf:
a) bei Wahl des richtigen Referenzwertes $k = 6{,}0$,
b) bei Verwendung des falschen Referenzwertes $k = 6{,}2$,
c) Skalierung der Cusum-Achse.

Wird nicht der „richtige" Referenzwert gewählt, kann einerseits die obere bzw. untere Begrenzung der Cusum-Karte sehr schnell erreicht werden, andererseits sind geringe Änderungen der Steigung schwerer zu erkennen.

2.6.7.6.5 Skalierung der y-Achse (Cusum-Achse)

Zunächst werden Abszisse und Ordinate mit gleichen Rasterabständen (als 1 Einheit bezeichnet) versehen.

Bestimmend für die Achsskalierung ist der Skalierungsfaktor w. Er gibt an, welchem Cusum-Wert eine Einheit auf der Cusum-Achse entspricht. Üblicherweise wird w in „q Anzahl Standardabweichungen" angegeben. Die Standardabweichung s hierzu wird aus der Vorperioden-Standardabweichung s' ermittelt (s. auch Mittelwert-Regelkarte, Abschnitt 2.6.7.1.5.1).

Bei nur einer Kontrollanalyse je Serie wird $s = s'$; wird die Cusum-Karte jedoch mit Mittelwerten aus jeweils n Analysen konstruiert, so geht auch in die Skalierung die Standardabweichung der Mittelwerte ein:

$$s = \frac{s'}{\sqrt{n}}$$

Die Skalierung der Cusum-Achse trägt ebenso wie die richtige/geschickte Wahl des Referenzwertes zu einer einfach zu handhabenden Cusum-Karte bei. Die Cusum-Achse sollte weder zu stark auseinander gezogen (s. Abb. 2-19 b) noch zu sehr gestaucht sein, da in beiden Fällen eine Steigungsänderung schwierig zu erkennen wäre.

Goldsmith/Whitefield [106] und Ewan [96] empfehlen beispielsweise bei Verwendung graphischer Entscheidungskriterien einen Skalierungsfaktor von $w = 2s$ ($q = 2$) bis herunter zu $w = 1s$ ($q = 1$). Wird der Abstand zwischen zwei Eintragungen auf

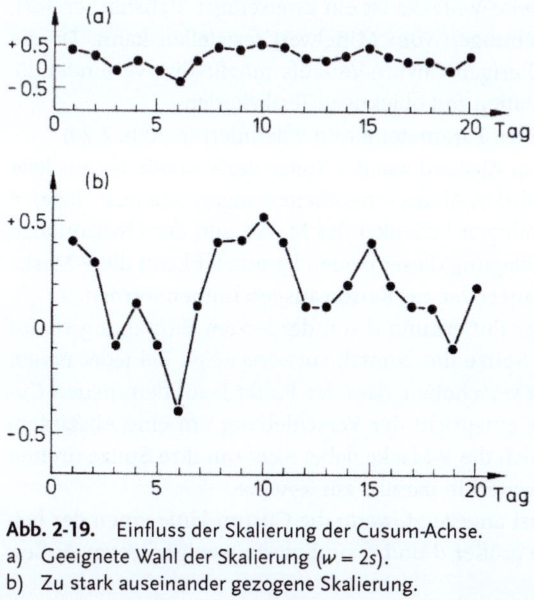

Abb. 2-19. Einfluss der Skalierung der Cusum-Achse.
a) Geeignete Wahl der Skalierung ($w = 2s$).
b) Zu stark auseinander gezogene Skalierung.

der x-Achse (z. B. 1 Tag) als eine Einheit definiert, dann entspricht der gleiche Abstand auf der Cusum-Achse $2s$. Somit steigt die Cusum-Linie um 45° an, wenn sich zwei aufeinander folgende Werte um $2s$ unterscheiden.

Es bleibt noch näher zu untersuchen, inwieweit diese Regel für die Analytik anwendbar ist, da die Cusum-Technik zu allererst für die Prozess- bzw. Produktüberwachung in der Industrie entwickelt worden ist.

2.6.7.6.6 Feststellung einer Außer-Kontroll-Situation

Zur Feststellung einer Außer-Kontroll-Situation stehen für die Cusum-Karte drei Entscheidungskriterien zur Verfügung:

1. Visuelles Entscheidungskriterium.
2. Die V-Maske als Entscheidungskriterium.
3. Numerisches Entscheidungskriterium (dies entspricht unter standardisierten Bedingungen der V-Maske).

2.6.7.6.6.1 Visuelles Entscheidungskriterium

Eine Abweichung des aktuellen vom geforderten Mittelwert führt zu einer Steigungsänderung. Diese Änderung kann bei einer gut dimensionierten Karte und einem zuverlässigen Prozess visuell gut festgestellt werden. Jedoch fällt bei einer nur geringfügigen Änderung des Cusum-Verlaufs eine visuelle Interpretation schwer [109, 211].

Um gesicherte und von anderen nachvollziehbare Entscheidungen zu treffen, ist es daher von Vorteil, ein objektives Entscheidungskriterium zu verwenden.

2.6.7.6.6.2 V-Maske

Die von Barnard [6] 1959 entwickelte V-Maske ist ein zweiseitiger statistischer Test, der positive und negative Abweichungen vom Mittelwert feststellen kann. Da die gleichzeitige Betrachtung des bisherigen Cusum-Verlaufs möglich ist, verbindet die V-Maske-Technik visuelle Interpretation mit objektiven Testkriterien.

Die V-Maske wird durch die beiden Parameter d und θ definiert (s. Abb. 2-20).

Der Leitabstand d entspricht dem Abstand von der Spitze der V-Maske bis zur letzten Eintragung auf der Karte; er wird in Abszisseneinheiten angegeben (z. B. Tage). θ ist der Winkel zwischen dem jeweiligen Schenkel der Maske und der Horizontalen durch die Maskenspitze. Nach Festlegung dieser beiden Parameter kann die V-Maske auf eine transparente Folie gezeichnet oder aus Karton ausgeschnitten werden.

Die V-Maske wird dann in einer Entfernung d von der letzten Eintragung so auf die Cusum-Karte gelegt, dass die Spitze (horizontal) vorwärts zeigt. Bei jeder neuen Eintragung wird die Maske derart verschoben, dass der Punkt E auf dem neuen Cusum-Wert zu liegen kommt. Dies entspricht der Verschiebung um eine Abszisseneinheit. Es ist zu beachten, dass sich die V-Maske dabei *nicht* um ihre Spitze drehen darf, d. h. der Leitabstand d liegt weiterhin parallel zur x-Achse.

Eine Außer-Kontroll-Situation ist angezeigt, wenn die Cusum-Linie einen der beiden V-Maskenschenkel kreuzt. Je größer θ und d sind, desto weniger treten Außer-Kontroll-Situationen auf.

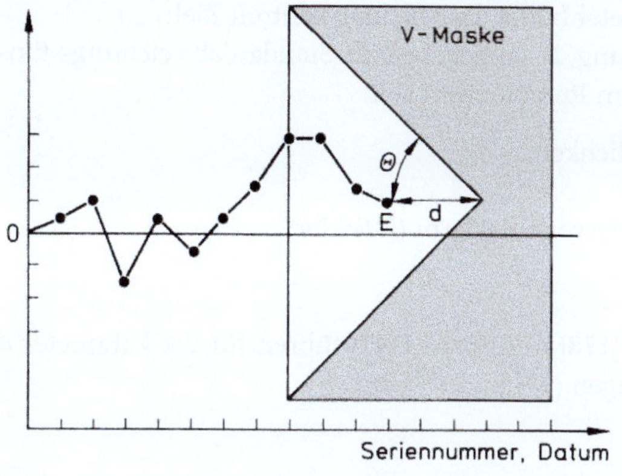

Abb. 2-20. V-Maske und Parameter *d* und *θ*.

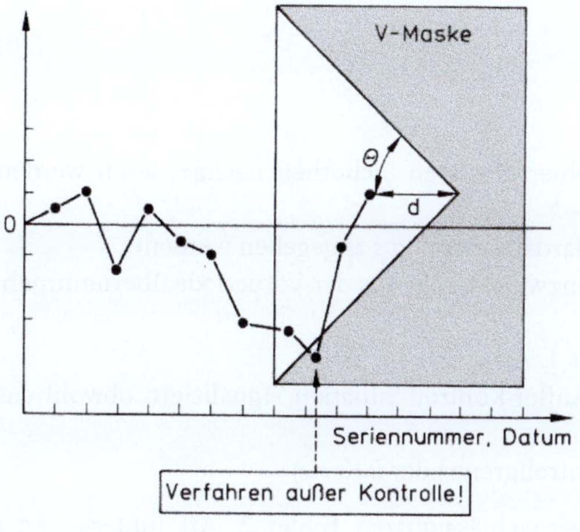

Abb. 2-21. Außer-Kontroll-Situation.

Schneidet die Cusum-Linie den oberen Schenkel der Maske, hat sich der Mittelwert verringert. Entsprechend ist der Mittelwert gestiegen, wenn die Linie den unteren Schenkel kreuzt (s. Abb. 2-21).

Der erste Cusum-Wert, der außerhalb der V-Maske liegt, kennzeichnet den Zeitpunkt des Auftretens der Außer-Kontroll-Situation. Diese Information kann sehr hilfreich bei der Suche nach der Ursache der Abweichung sein. Wird der Fehler entdeckt und behoben, beginnt die cumulative Summenbildung wieder bei 0.

2.6.7.6.6.3 **Festlegung der V-Masken-Parameter *θ* und *d***

Zur Bestimmung der V-Masken-Parameter *θ* und *d* stehen mehrere Wege zur Verfügung, die alle auf den mathematisch-statistischen Verfahren der Ermittlung sequenzieller Prüfpläne basieren [139, 141, 216]. Praktische Anwendung fanden jedoch entweder die vereinfachte, näherungsweise Berechnung der V-Masken-Parameter nach Juran ([141], s. u.) oder die Auswahl aus einer Sammlung vorberechneter Masken anhand der ARL.

Grundlage der V-Masken-Parameter bildet das Qualitätskontroll-Ziel:

Welche systematische Abweichung D (angegeben in Standardabweichungs-Einheiten) des Prozessmittelwertes vom Referenzwert soll

- mit welcher Irrtumswahrscheinlichkeit,
- wie schnell,
- mit welcher Sicherheit vor unterlassenem Alarm (β-Fehler)

erkannt werden.

(1) Bevorzugte Methode: Ratzlaff [178] und Juran [141] führen für die Parameter d und θ die Approximationsgleichungen (77) und (78) an:

$$\theta = \arctan\left(\frac{D}{2 \cdot w}\right) \tag{77}$$

$$d = \frac{2 \cdot s^2 \cdot \ln \alpha}{D^2} \tag{78}$$

mit

D kleinste Abweichung, die mit einer gewissen Sicherheit nachgewiesen werden soll: $D = x_{max} - k$ bzw. $D = x_{min} - k$
(D sollte in Vielfachen der Standardabweichung s angegeben werden)

s Standardabweichung des Referenzwertes, z. B. aus der Vorperiode übernommen

w Skalierungsfaktor (z. B. $w = 2s$)

α Wahrscheinlichkeit eines Fehlers 1. Art
(falscher Alarm; es wird eine Außer-Kontroll-Situation signalisiert, obwohl das Verfahren in Kontrolle läuft)
($\alpha = 0{,}0027$ entspricht der $3s$-Kontrollgrenze der $\bar{x}$-Karte)

Ratzlaff [178] geht von einem vernachlässigbaren Fehler 2. Art (unterlassener Alarm) aus ($\beta < 0{,}01$).

(2) Jardine [139] und weitere Autoren [96, 106, 210, 216] empfehlen die Wahl der Parameter über die ARL (Average Run Length, s. Abschnitt 2.6.3).

Zunächst sollte die ARL für eine nicht mehr zu tolerierende Abweichung des aktuellen Mittelwertes vom Zielwert festgelegt werden, z. B. $L_1 = 10$.

Die ARL sollte in jedem Fall sehr hoch sein, z. B. $L_0 = 500$, wenn der Prozess in Kontrolle verläuft, d. h. die Wahrscheinlichkeit eines falschen Alarms muss sehr gering sein.

Woodward und Goldsmith [106, 216] ermittelten ARL-Kurven für verschiedene Parameterkombinationen der V-Maske. Die vier Abb. 2-22 (a–d) sind ihrer Monographie „Cumulative Sum Techniques“ entnommen.

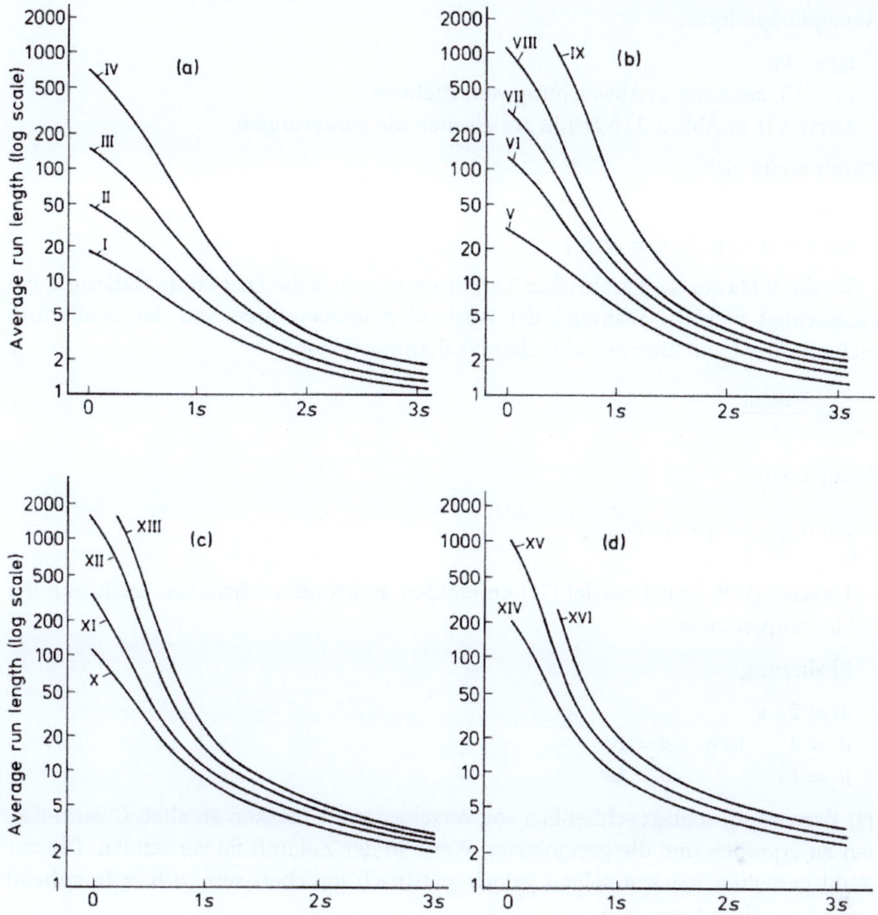

Abb. 2-22. ARL-Kurven für verschiedene Parameterkombinationen der V-Maske.

a) Kurve	*d*	*tan θ*
I	1	0,500
II	1	0,600
III	1	0,700
IV	1	0,800

b) Kurve	*d*	*tan θ*
V	2	0,400
VI	2	0,500
VII	2	0,600
VIII	2	0,700
IX	2	0,800

c) Kurve	*d*	*tan θ*
XI	5	0,300
XI	5	0,350
XII	5	0,400
XIII	5	0,450

d) Kurve	*d*	*tan θ*
XIV	8	0,250
XV	8	0,300
XVI	8	0,350

Anwendungsbeispiel:

$L_0 = 500$
$L_1 = 15$, bei einer 1*s*-Abweichung vom Zielwert
Kurve VII in Abb. 2-22 b erfüllt am ehesten die Forderungen.

Damit ergibt sich:

$d = 2$
$\tan\theta = 0{,}55$ (d. h. $\theta = 28{,}8°$)

Da die V-Maske ein graphisches Verfahren ist, muss die Diagrammskalierung berücksichtigt werden. Während der Abstand d unbeeinflusst von der Skalierung bleibt, ist der $\tan\theta$ über den aktuellen Skalierungsfaktor

$$q = \frac{w_{\text{aktuell}}}{s}$$

anzupassen:

$$\tan\theta_{\text{aktuell}} = q \cdot \tan\theta_{\text{Tabelle}}$$

Haeckel [109] und Doerffel [77] empfehlen aufgrund analytischer Erfahrung die V-Maskenparameter:

Skalierung:

$w = 2 \cdot s$
d $= 8$ bzw. $d = 10$
$\theta = 15°$ $\theta = 14°$

(3) Barnard [6] schlägt schließlich vor, verschiedene V-Masken an alten Cusum-Karten zu erproben und die geeignetsten Werte in der Zukunft zu verwenden. Die zur Wahl gestellten Masken sollten jedoch statistisch gesichert sein, d. h. z. B. anhand der ARL definiert sein (s. o.).

(4) Lucas [148] schlägt die Verwendung einer parabolischen Maske (s. Abb. 2-23) vor, die jedoch hier nur zur Vervollständigung der Aufzählung angeführt wird.

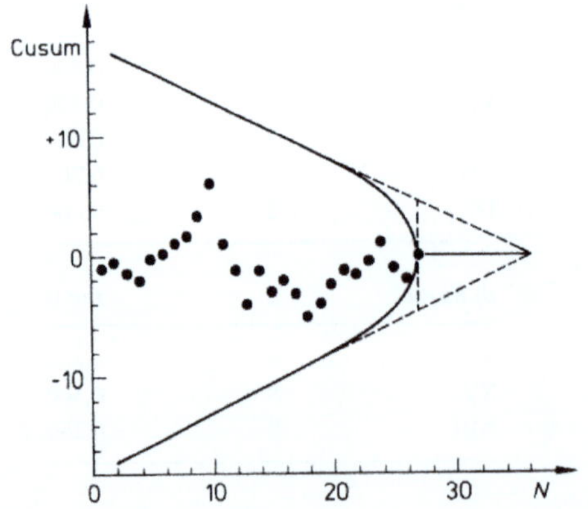

Abb. 2-23. Parabolische V-Maske nach Lucas [148].

2.6.7.6.6.4 Numerische Entscheidungskriterien

Eine Alternative zur V-Maske ist das von Ewan und Kemp [95] entwickelte numerische Entscheidungskriterium. Diese Technik [139, 202, 210, 216] benötigt keine graphische Darstellung der Cusum-Werte. Der Rechenaufwand ist gering, solange das Analysenverfahren befriedigende Ergebnisse liefert.

Bei der Mittelwertkarte zeigt das Überschreiten der $3s$-Kontrollgrenze eine Außer-Kontroll-Situation an. Diese Grenze entspricht bei der Cusum-Technik dem *Entscheidungsintervall,* d. h. die Schwellenwerte h fungieren als Eingriffsgrenzen.

Die cumulative Summe wird bei der numerischen Technik so lange nicht gebildet, wie die Analysenergebnisse unterhalb einer *Entscheidungsgrenze* K liegen. (Die Entscheidungsgrenze $\mathbf{K}$ ist *nicht* mit dem Referenzwert $\mathbf{k}$ identisch.)

Zur Ermittlung der Parameter h und K müssen folgende Kriterien festgelegt werden:

- D entspricht der kleinsten Abweichung des Mittelwertes vom Zielwert, die nicht mehr zu tolerieren ist.
- L_1 ist die Anzahl der Kontrolluntersuchungen (ARL), nach denen spätestens die Abweichung erkannt werden soll (ARL, s. Abschnitt 2.6.3).
- Sollen positive und negative systematische Abweichungen erkannt werden, muss der zweiseitige Test angewandt werden, der sich in diesem Fall aus zwei einseitigen Tests (Abweichung nach oben und Abweichung nach unten) zusammensetzt [210].
- Außerdem sollte die Wahrscheinlichkeit für das Auftreten eines Fehlers 1. Art (α-Fehler, falscher Alarm) sehr klein sein.

Im Gegensatz zur V-Maske sind ein- und zweiseitige Fragestellungen möglich. Hier soll nun das numerische Entscheidungskriterium für zu hohe *und* zu niedrige Werte gelten (zweiseitige Fragestellung). Die Entscheidungsgrenzen K errechnen sich aus dem in der Vorperiode erhaltenen Gesamtmittelwert $\bar{\bar{x}}$ und seiner geringsten nicht mehr zu tolerierenden Abweichung D wie folgt:

$$K_{\text{oben}} = \bar{\bar{x}} + \frac{1}{2}\,D \tag{79}$$

$$K_{\text{unten}} = \bar{\bar{x}} - \frac{1}{2}\,D \tag{80}$$

Die cumulative Summenbildung setzt jedoch erst ein, wenn

$\bar{x}_i > K_{\text{oben}}$

oder

$\bar{x}_i < K_{\text{unten}}$ ist.

Soll eine negative systematische Abweichung erkannt werden, so ist vom jeweiligen Untergruppenmittelwert der Wert K_{unten} abzuziehen:

$$S^- = \sum (\bar{x}_i - K_{\text{unten}}) \tag{81}$$

Bei einem positiven systematischen Fehler wird hingegen S^+ gebildet:

$$S^+ = \sum (\bar{x}_i - K_{\text{oben}}) \tag{82}$$

Die Summierung wird so lange fortgesetzt bis

a) die Entscheidungsgrenze K_{oben} oder K_{unten} erreicht wird, d. h. das Verfahren außer Kontrolle läuft

oder

b) $S^+ < 0$ bzw. $S^- > 0$ wird.

Das Entscheidungsintervall h kann über ein Nomogramm (s. Abb. 2-24) [202, 210, 216] oder mit Hilfe einer Tabelle [202] ermittelt werden.

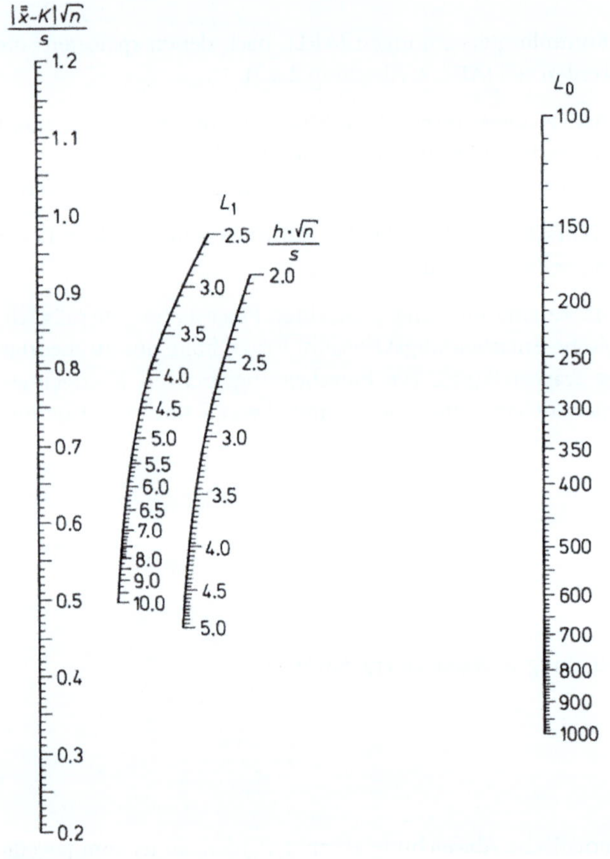

Abb. 2-24. Nomogramm zur Ermittlung von h, L_0 und L_1.

Anwendung:

1. Bestimmung von K nach Gl. (79) und (80)
2. Bildung des Quotienten $\dfrac{|\bar{\bar{x}} - K| \cdot \sqrt{n}}{s}$
3. L_1 festlegen
4. im Nomogramm L_1 mit dem Quotienten aus 2. verbinden und
5. Ablesen von $\dfrac{h \cdot \sqrt{n}}{s} = \ldots$
6. Berechnung von $h = \dfrac{\ldots \cdot s}{\sqrt{n}}$

Das Nomogramm kann ebenso zur Ermittlung der ARL verwendet werden (L_0 oder L_1), falls h bekannt ist. Jedoch ist zu beachten, dass jeweils nur eine ARL für die Abweichung in eine Richtung abzulesen ist. Wird der Mittelwert, wie oben beschrieben, beidseitig überwacht, ergibt sich die gemeinsame ARL [202, 210, 216] zu

$$\frac{1}{ARL_{\text{gemeinsam}}} = \frac{1}{ARL_{\text{unten}}} + \frac{1}{ARL_{\text{oben}}} \tag{83}$$

Es ist anzumerken, dass die folgende Beziehung zwischen den Parametern der V-Maske (d, θ) und den Parametern des numerischen Entscheidungskriteriums (K, h) besteht [139, 216]:

$$h = \frac{2 \cdot s}{\sqrt{n}} \cdot d \cdot \tan\theta \tag{84}$$

(bei $w = 2s$)

$$K = \bar{x} + \frac{2 \cdot s}{\sqrt{n}} \cdot \tan\theta \tag{85}$$

Anmerkung: Da durch die Verschiebung der V-Maske jederzeit gleichzeitig ein Blick auf die Vergangenheit des Prozessverlaufs geworfen werden kann, ist der V-Masken-Technik besonders bei instabilen Prozessen der Vorrang vor rein numerischen Entscheidungskriterien zu gewähren [139].

2.6.7.6.7 Gegenüberstellung der Vor- und Nachteile der Cusum-Regelkarte

2.6.7.6.7.1 Nachteile der Cusum-Technik

1. Die Cusum-Kontrollkarte ist in den folgenden Punkten komplizierter als die Mittelwertkontrollkarte:
   a) Berechnung der Cusum-Werte.
   b) Einteilung der Ordinate.
   c) Berechnung der Parameter zur Feststellung einer Außer-Kontroll-Situation (V-Maske, numerisches Entscheidungsintervall).

2. Der als Referenzwert k (V-Maske) verwendete Mittelwert muss sehr genau in der Vorperiode ermittelt werden.

3. Vereinzelte Abweichungen (grobe Analysenfehler) im Analysenprozess werden auf der Mittelwertkarte wesentlich deutlicher.

4. Wahl und Berechnung der Entscheidungskriterien sind für die Analytik bislang noch nicht genügend untersucht.

5. Graduelle Änderungen des Mittelwertes (Ansteigen und Abfallen innerhalb von fünf Probenintervallen) werden eher auf der Mittelwertkontrollkarte erkannt [141].

2.6.7.6.7.2 **Vorteile der Cusum-Technik**

1. Bereits geringe Veränderungen des Mittelwertes verursachen eine Steigungsänderung der Cusum-Linie, die unter Umständen rein visuell erkannt werden kann.

2. Bei Verschiebungen des Mittelwertes im Bereich 0,5 bis 2s reagiert die Cusum-Karte empfindlicher als die Mittelwertkarte (s. Abb. 2-25) [96, 109].
   Wie Abb. 2-26a zu entnehmen ist, führt bei der Mittelwertkarte eine Veränderung des Mittelwertes von 0 auf 0,2 zu keiner Außer-Kontroll-Situation. Hingegen weist die Cusum-Linie (Abb. 2-26b) deutlich eine Steigungsänderung ab Serie Nr. 30 auf, d.h. das Analysenverfahren ist „Außer-Kontrolle“.

3. Der Zeitpunkt, zu dem die Änderung des Analysenverfahrens aufgetreten ist, lässt sich leicht und relativ exakt bestimmen.

4. Die Cusum-Karte eignet sich zur Überwachung von Prozessen mit starker Streuung.

5. Bei Anwendung des numerischen Entscheidungskriteriums kann auf die graphische Darstellung der Cusum-Werte verzichtet werden, was aber die Auswertung einer direkten visuellen Plausibilitätskontrolle entzieht.

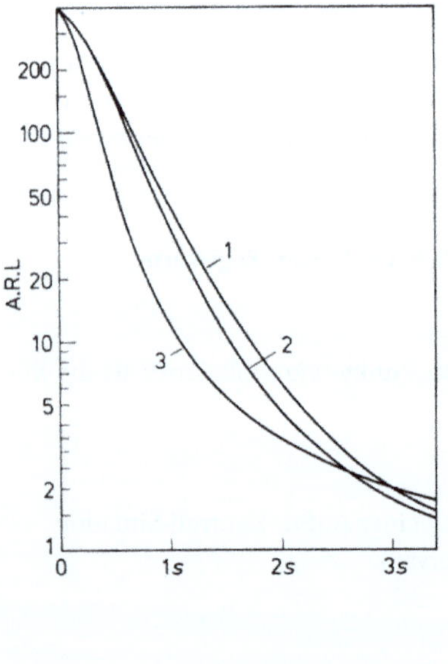

Abb. 2-25. Vergleich der ARL für
1 Mittelwertkarte mit 3 · s-Kontrollgrenzen.
2 Mittelwertkarte mit 2 · s-Warn- und 3 · s-Kontrollgrenzen.
3 Cusum-Karte.

Tabelle 2-9. Übersicht über häufig angewendete Qualitätsregelkarten.

Qualitätsregelkarten-Typ	*Berechnungen*	*Geeignet zur Erkennung von*	*Notwendige Analysen*
Mittelwert-Regelkarte	Mittelwert und Standardabweichung, Kontroll- und Warngrenzen in der Vorperiode	Groben Fehlern (Abweichungen vom Mittelwert), systematischen Fehlern (Trends, Veränderungen des Mittelwertes), zufälligen Fehlern (Streuung der Einzelwerte), allg. zur *Präzisionskontrolle*	Kontrollproben-Analyse in festgelegter Frequenz
Differenzen-Regelkarte	Mittlere Spannweite, Standardabweichung und Kontrollgrenzen in der Vorperiode; Differenzen aus den Kontrollprobenanalysen	Gerätedrift	Mindestens 2 Bestimmungen einer Kontrollprobe in festgelegter Frequenz zu Beginn und zum Ende einer Serie
Spannweiten-Regelkarte	Mittlere Spannweite, Standardabweichung und Kontrollgrenzen in der Vorperiode; Spannweite aus den Kontrollanalysen	Unpräzision	Mindestens 2 Bestimmungen einer realen Probe in festgelegter Frequenz
Wiederfindungs-Raten (*WFR*)-Regelkarte	Mittlere *WFR*, Standardabweichung, Kontroll- und Warngrenzen in der Vorperiode; Berechnung der *WFR* aus den Ergebnissen der Kontrollanalysen	Unrichtigkeit, proportional-systematische Fehler	Mindestens je 1 Analyse einer nicht aufgestockten und einer aufgestockten Kontroll- oder realen Probe bei bekannter Aufstockmenge
Blindwert-Regelkarte	Mittelwert und Standardabweichung, Kontroll- und Warngrenzen in der Vorperiode	Kontrolle des Blindwertes, Fehler der Messgeräte, Abweichungen bei Reagenzien	Mindestens 2 Blindwertbestimmungen in festgelegter Frequenz
Zielwertkarte	Grenzen nach Vorgabe	Unrichtigkeit bzw. Unpräzision	Je nach Aufgabenstellung
Cusum-Regelkarte	Referenzwert und Standardabweichung aus der Vorperiode; Festlegung von Leitabstand und halbem Winkel der V-Maske; Berechnung der cumulativen Summe	Unrichtigkeit, Drift	Kontrollprobenanalyse in festgelegter Frequenz

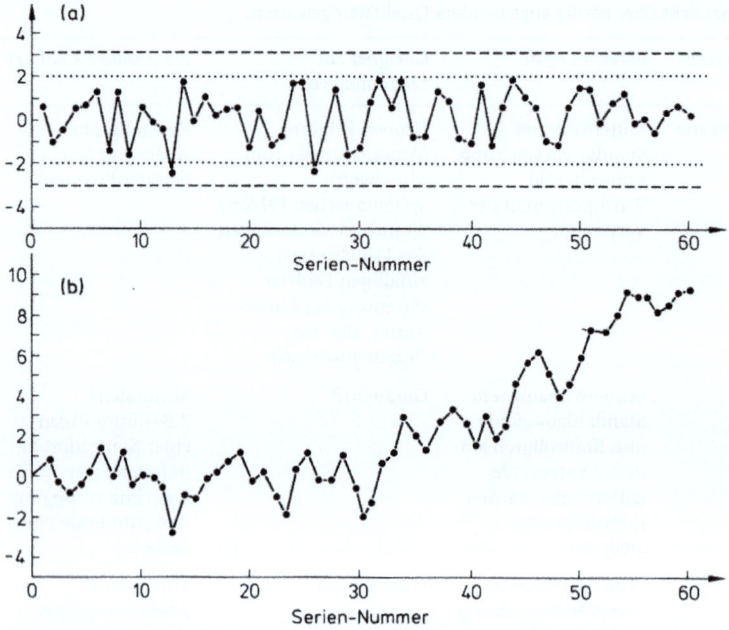

Abb. 2-26. Vergleich von Mittelwertkarte (a) und Cusum-Karte (b).

2.6.8
Zusammenfassende Charakterisierung der Qualitätsregelkarten

In Tabelle 2-9 sind die häufig angewendeten Qualitätsregelkarten sowie ihre Eignung kurz charakterisiert (s. Seite 114).

3
Phase III: Routinequalitätssicherung

3.1
Einführung

Qualitätssicherung in der Routineanalytik beinhaltet laborinterne Qualitätskontrollen sowie alle Maßnahmen, die vorbeugend oder ausgelöst durch alarmierende Ergebnisse interner und auch externer Kontrollen erfolgen. Routine bezieht sich hierbei nicht nur auf die Analysen, deren Qualität sichergestellt bleiben soll, sondern auch auf die Qualitätssicherungsmaßnahmen, die selbstverständlicher, routinemäßiger Bestandteil der Analytik werden.

3.1.1
Zielsetzung der Phase III

Phase III-Maßnahmen der Qualitätssicherung begleiten die Routineanalytik. Sie dienen der Aufrechterhaltung der Zuverlässigkeit, die in den vorangegangenen Phasen erreicht wurde, und ihrer fortlaufenden Dokumentation. Dies beinhaltet gleichzeitig auch die Sicherstellung der Vergleichbarkeit der Analysenergebnisse und ihrer Gerichtsfestigkeit.

3.1.2
Ausführende der Phase III

Während laborinterne Qualitätssicherungsmaßnahmen sowohl statistischer als auch verfahrenstechnischer Art Aufgabe eines jeden Labors sind, welches in Auftrag oder im Rahmen der Eigenkontrolle Analysen durchführt, kann externe Qualitätssicherung nur in Zusammenarbeit der betroffenen Labors erfolgen. Vorbereitung, Organisation und Auswertung von Ringversuchen (Phase IV) ist Aufgabe externer Kontrolllabors, die darüber hinaus auch insbesondere Beratungsfunktionen übernehmen sollten.

Qualitätssicherung in der Analytischen Chemie, 2. Auflage. W. Funk, V. Dammann, G. Donnevert

ISBN: 3-527-31112-2

3.1.3
Ablauf der Phase III

Phase III kann nach erfolgreichem Abschluss von Phase II, der vorbereitenden Qualitätssicherung beginnen.

Während die Maßnahmen von Phase II für jedes einzelne Analysenverfahren isoliert ablaufen können, ist in Phase III auch das Umfeld des einzelnen Analysenverfahrens mit einzubeziehen (s. Schema 3-1).

Laut übernationaler Direktiven [165, 213], nationaler und internationaler Normen (ISO/IEC 17025 [76], ISO 9000 Serie [66–68] und EN 45000 Serie [60–62]) muss eine definierte analytische Qualität erreicht, aufrecht erhalten und durch Dokumentation belegt werden. Die Elemente des Qualitätssicherungssystems erstrecken sich von der Qualitätspolitik, die von der Ebene des oberen Managements festgelegt wird, bis herunter zu einfachsten Arbeitsvorgängen an jedem Arbeitsplatz.

Gemäß der ISO-Normen sollte das Qualitätssicherungssystem eines Analysenlabors bestehen aus

- der Verantwortlichkeit des Managements,
- den Grundsätzen des Qualitätssystems, einschließlich
  - der Struktur und Verantwortung des Labormanagements,
  - einem internen Auditiersystem,
  - qualitätsbezogener Kostenbetrachtung,
  - Qualität bei Beschaffung, Einkauf,
  - Qualität von Verträgen mit Kunden und Unterauftragsnehmern,
  - Aufgabenmanagement, Planung und Verfolgung von Aufträgen und Verträgen,
- Qualität des Analysenprozesses einschließlich
  - Qualität des Labors, der Einrichtung und Ausstattung,
  - Materialkontrolle und Rückführbarkeit,
  - Validierung von Analysenverfahren,
  - Qualitätssicherung des Analysenprozesses,
  - Qualitätssicherung der Analysenergebnisse,
  - Qualität und Qualitätssicherung des Reports und der Archivierung von Analysenergebnissen,
- Kontrolle von Mess- und Prüfeinrichtung, Inspektion und Kalibrierung von Geräten,
- Wartung,
- Behandlung und Entsorgung von Abfällen, Umweltschutz,
- Umgang mit internen analytischen Qualitätsproblemen,
- Umgang mit extern angezeigten analytischen Qualitätsproblemen,
- Behandlung von Kundenbeschwerden,
- korrigierende Maßnahmen,
- Qualitätsaufzeichnungen und Dokumentation,
- Personalqualifikation und Weiterbildung,
- Vertraulichkeit und Sicherheit (berufliche Verschwiegenheit),
- Anwendung statistischer Methoden.

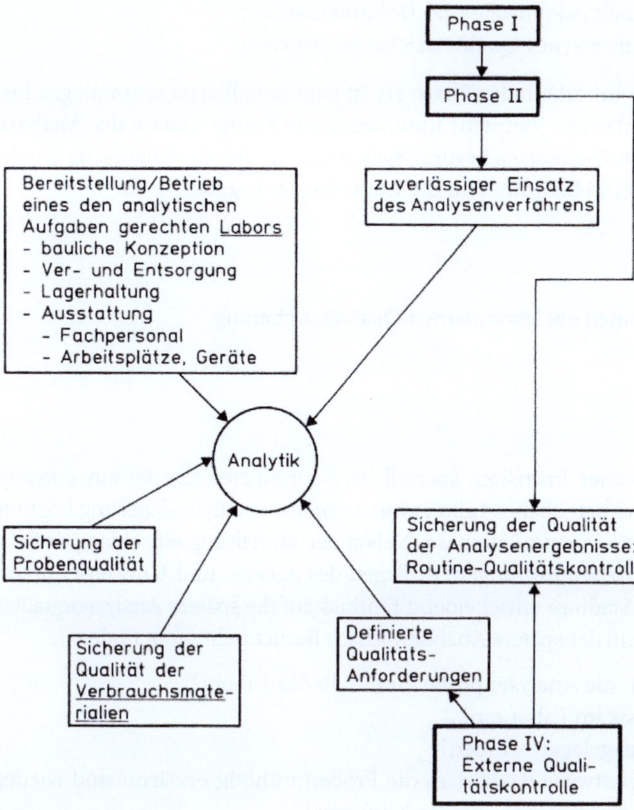

Schema 3-1. Arbeitsablauf der Phase III, Ablauf-Diagramm.

Alle zuvor aufgeführten Themen müssen in einem strukturierten Qualitätshandbuch [129] ausgearbeitet sein. Alle damit zusammenhängenden Tätigkeiten und Verfahren sind dabei in so genannten Standardarbeitsanweisungen (SOP) zu beschreiben. Falls eine anerkannte Norm genau befolgt wird, darf die Beschreibung auf die Zitierung dieser Norm reduziert werden. In allen anderen Fällen muss die Arbeitsanweisung detailliert beschrieben werden. Das Qualitätshandbuch sollte gepflegt werden und aktuell sein.

Qualitätssicherung in der Phase III umfasst alle Komponenten der Analytik:

- das Labor seitens Planung und Ausstattung,
- die Geräte,
- das Personal,
- die Analysenverfahren:
  - Spektrum der Verfahren,
  - Vorschriften (einschließlich Qualitätssicherungsvorschriften),
- die Proben,
- die Reagenzien,

- die „Befundung“, Qualitätskontrolle und Dokumentation,
- die Einbindung in ein externes Qualitätssicherungssystem.

Für die Maßnahmen innerhalb der Phase III ist kein detaillierter chronologischer Ablauf eindeutig formulierbar. Vielmehr unterliegen die Komponenten der Analytik in der Phase III eigenen Qualitätssicherungssystemen, für die die statistische Qualitätssicherung lediglich ein Hilfsmittel für die Kontrolle der Ergebnisse darstellt.

3.2
Grundsätzliche Maßnahmen der laborinternen Qualitätssicherung

3.2.1
Labor und Laborbetrieb

Zuverlässige Analytik hoher Präzision, speziell im Spurenbereich, setzt ein entsprechend eingerichtetes und betriebenes Laboratorium voraus. Qualitätssicherung beginnt hier bereits in der Planungs- und Bauphase. Neben der Einhaltung einschlägiger Bauvorschriften, Brandschutzbestimmungen, Auflagen des Arbeits- und Umweltschutzes, kann bereits in diesem Stadium entscheidend Einfluss auf die spätere Analysenqualität genommen werden, wenn der spätere Analysenbetrieb Berücksichtigung findet:

- Welchen Weg nimmt die Analysenprobe innerhalb des Labors?
  - Wo und wie trifft sie im Labor ein?
  - Wo und wie soll sie gelagert werden?
  - Führen die Transportwege dazu, dass die Proben unnötig erwärmt und wieder abgekühlt werden (Unterbrechung der Kühlkette)?
  - Könnte das Personal später durch zu lange Transportwege für die Proben versucht sein, behelfsmäßige Zwischenlager im Labor einzurichten, die den Probenkonservierungsvorschriften nicht mehr entsprechen?
  - Ist sichergestellt, dass Proben für die Spurenanalytik auf ihrem Weg durch das Labor nicht kontaminiert werden (z. B. durch Gase, Dämpfe aus der Luft usw.)?
- Ist die Klimatisierung (Befeuchtung, Heizung und insbesondere Be- und Entlüftung) für die geplante Analytik geeignet oder können Kontaminationen durch die Luft bei der Spurenanalytik später vielleicht nicht ausgeschlossen werden?
- Ist genügend Lagerungsmöglichkeit für Proben, Reagenzien, Glas- und Plastikgefäße sowie sonstiges Verbrauchsmaterial vorgesehen?
- Wie sind Betriebsabläufe und insbesondere die Wege des Personals innerhalb des Laborkomplexes konzipiert? Sind räumliche oder betriebliche Engpässe vorprogrammiert? Ist sichergestellt, dass Räume, in denen Spurenanalytik durchgeführt wird, nicht durch den regulären Personen- und Materialverkehr kontaminiert werden?
- Ist bei der Elektroinstallation an spätere Datennetze gedacht worden?

Fehler bei der Laborplanung können sich später während des Laborbetriebes als schwer wiegende Behinderungen bemerkbar machen. Lange, beschwerliche Transportwege durch das Labor lassen Provisorien aufkommen, die einer Qualitätssicherung im Wege stehen. Räumliche Engstellen, Kreuzungen im Personen- und Materialverkehr führen bei hektischer Arbeit leicht zu Unvorhersehbarkeiten oder gar Unfällen. Vom schlecht organisierten Laborbetrieb genervtes Personal wird anfälliger für Flüchtigkeitsfehler. Die Entdeckung der Ursache eines einzelnen Qualitätsproblems wird entsprechend erschwert.

3.2.2
Personal

Die Anforderungen an das Personal des Analysenlabors sind nahezu eine Selbstverständlichkeit:

- Es muss ausreichend Personal zur Verfügung stehen.
- Das Personal muss fachlich qualifiziert und kompetent sein. Hierunter ist nicht nur die einschlägige Formal-Qualifikation zu verstehen; vielmehr bedarf es zur Ermittlung zuverlässiger Analysenergebnisse auch einer gewissen routinemäßigen Übung, wie sie Fachkräfte, die die Analysen nur sporadisch durchführen oder gar angelernte Aushilfskräfte nicht besitzen können.
- Bei der Personal-Kapazitätsplanung sind selbstverständlich Qualitätssicherungsmaßnahmen, Einarbeitungs- und Übungsphasen des Personals sowie Weiterbildungsmaßnahmen zu berücksichtigen.
- Die Einstellung des Personals – vom Chef bis zur Hilfskraft – zur Arbeit sollte von Verantwortungs- und Qualitätsbewusstsein geprägt sein. Qualitätskontrollsysteme bergen immer die Gefahr, zu einem Personal-Kontrollsystem umfunktioniert zu werden. Die Qualitäts*kontrolle* sollte von jedem Mitarbeiter in seinem Bereich im Rahmen des von ihm mitzuverantwortenden Qualitäts*sicherungs*systems selbst durchgeführt werden; das Betriebsklima darf die offene und ehrliche Diskussion über Qualitätsprobleme nicht verhindern.

3.2.3
Ausstattung und Geräte

Aus Sicht der Qualitätssicherung ist es selbstverständlich, dass die Ausstattung der Arbeitsplätze mindestens dem Stand der Technik entspricht sowie den Regeln der Sicherheit und der Ergonomie (z. B. in Europa das CE-Zeichen tragen).

3.2.3.1 Prüfmittelüberwachung, Kalibrierung und Justierung von Geräten

Mess- und Dosiergeräte wie z. B. Pipetten, Thermometer, Waagen usw. unterliegen der Prüfmittelüberwachung, früher „Eichung" genannt [84].

Ziel der Prüfmittelüberwachung ist, die „Messrichtigkeit und Messbeständigkeit" von Messgeräten sicherzustellen. Ihre Kalibrierung – früher Eichung genannt – ist eine in festgelegten Intervallen wiederkehrende Aufgabe, die von akkreditierten Kalibrierlaboratorien durchzuführen ist. Laborinterne Qualitätssicherungsmaßnahme

Tabelle 3-1. Justierung von Geräten [5], beispielhaft.

Gerät	*Justierung*	*Hilfsmittel*
pH-Meter	stündlich oder täglich	Puffer mit pH 4, 7 und 10
UV/VIS-Spektrophotometer	monatlich	Absorption: z. B. schwefelsaure Kaliumdichromat-Lösung und zertifizierte Standards
IR-Spektrometer	vierteljährlich	Polyethylen-Standard
Analysenwaagen	halbjährlich	Prüfgewichte
Refraktometer	halbjährlich	Teststücke aus Glas
Spektrofluorometer	halbjährlich	Fluoreszenz-Standards
Gaschromatograph	abhängig vom Säulengebrauch	Vergleich der Auflösung bei Testproben

hierbei ist die Sicherstellung der Einhaltung der vorgeschriebenen Fristen für alle Prüfungen. Alle Kalibrierungen sind zu dokumentieren („Kalibrierschein").

Unabhängig von der Kalibrierung dient die *Justierung* von Analysengeräten der Überprüfung und gegebenenfalls Einstellung von Arbeitspunkten der elektronischen Schaltungen des Gerätes („Geräteabgleich"). Justierungen erfolgen regelmäßig wiederkehrend nach den Empfehlungen des Geräteherstellers (s. Tabelle 3-1). Jede Justierung ist unter Angabe von Datum und Ausführendem im Laborbuch zu vermerken.

3.2.3.2 Instandhaltung von Geräten

Instandhaltung von Geräten bedeutet, abgesehen von Instandsetzungen bei Defekten, auch die regelmäßige Durchführung von Inspektions- und Wartungsarbeiten [32]. Inspektionen und Wartungen erfolgen periodisch nach Herstellerangaben oder auch nach Erfahrung (s. Tabelle 3-2). Für ein Photometer beispielsweise reichen die Wartungszeiträume von täglich bis halbjährlich.

Tabelle 3-2. Regelmäßige Wartungs- und Inspektionsarbeiten am Photometer.

Täglich	
– vor Beginn der Messungen	Möglichst vor jeder Serie Photometer abgleichen (auch Drucker und Schreiber)
– nach Abschluss aller Messungen	Küvetten, Küvettenschlitten und Küvettenhalter säubern
Wöchentlich	Herausziehbare Filter säubern
Monatlich	Schläuche von Durchflussküvetten erneuern, Staubfilter säubern, ggf. erneuern, Photometerlampe und Multiplier kontrollieren und von außen vorsichtig mit weichem Lappen abwischen
Halbjährlich (Firmenservice)	Linsensysteme säubern, Gehäuseinneres entstauben

Wartungs- und Instandsetzungsarbeiten sind im Laborbuch (z. B. Gerätestammdatenblatt nach GLP) zu protokollieren!

3.2.4 Materialien

Zu den (Verbrauchs-)Materialien der Analytik zählen sowohl die Reagenzien und Kunststoff- bzw. Glas-Einmalartikel als auch die zu analysierenden Proben.

3.2.4.1 Sicherung der Probenqualität

Zur Wahrung der Qualität sollten nur Proben der Analyse zugeführt werden, deren Ursprung und „Lebenslauf" bekannt und dokumentiert sind. Insbesondere muss sich für jede einzelne Probe nachvollziehen lassen

- wann sie gewonnen wurde,
- wo sie (genau) gewonnen wurde,
- wie sie genommen wurde,
- wer sie genommen hat,
- wie sie am Probenahmeort behandelt wurde,
- worin sie transportiert wurde,
- wie sie transportiert wurde,
- wo sie gelagert wurde,
- wie lange sie gelagert wurde,
- wie sie konserviert wurde,
- ob und wie sie vor der Weiterverarbeitung homogenisiert wurde,
- wie sie im Labor zur Analyse aufgeteilt wurde
- und insbesondere, wie die positive Identifikation sichergestellt ist.

Je nach Analysenzweck, Ursprung der Proben und verwendetem Analysenverfahren sind bereits Verordnungen, Vorschriften und Richtlinien in Kraft, sind Normen formuliert, die die Probenahme, ihre Lagerung und Konservierung eindeutig vorschreiben oder regeln. Die Einhaltung dieser Vorgaben muss sichergestellt sein [35, 37–41, 73, 137, 182]. Grundsätzlich sollte bei der Probenahme beachtet werden, dass die Probenmenge/das Probenvolumen groß genug ist, um bei Bedarf mindestens eine zusätzliche Kontrollanalyse durchführen zu können.

3.2.4.2 Verbrauchsmaterialien

Zu den Verbrauchsmaterialien zählen in erster Linie Standardsubstanzen, Lösungsmittel einschließlich Wasser unterschiedlichen Reinheitsgrades, sonstige Reagenzien, technische Gase sowie Probenbehältnisse und Einmal-Artikel aus Kunststoff und/oder Glas. Alle Materialien, die in direktem oder indirektem Zusammenhang mit der Analytik stehen, müssen ihrerseits gewissen Qualitätsanforderungen genügen. Dies gilt sowohl für die Reinheit der Chemikalien als auch für Material, Verarbeitung und Umgang/(Vor-)Behandlung von Gefäßen, Verbindungen usw. (vgl. auch Abschnitt 3.5.1, Fehlerquellen im analytischen Laboratorium).

Vor der erstmaligen Verwendung von Chemikalien oder Materialien aus einer neuen Charge – dies gilt insbesondere, wenn offensichtlich ein Wechsel des Herstellers stattgefunden hat oder Prospektmaterial oder Begleitzettel auf Veränderungen in der Produktion hinweisen – sollte stichprobenartig eine Qualitätskontrolle erfolgen. Bei kalibierbedürftigen Analysenverfahren bedeutet dies beispielsweise die Durchführung einer vollständigen Neukalibrierung mit Ermittlung und Prüfung der Verfahrenskenndaten (vgl. Abschnitt 2.3, Einübphase).

Sachgerechte Lagerung und Verwendung der Materialien unter Berücksichtigung von Arbeitsschutzvorschriften [11] sollten selbstverständlich sein, ebenso wie die fachgerechte Entsorgung, die Berücksichtigung von Haltbarkeitsdaten und der wirklich nur einmalige Gebrauch von Einmal-Artikeln.

3.2.4.3 Kontrollproben für die Routinequalitätskontrolle

Bei der Routinequalitätskontrolle mittels Kontrollkarten ist darauf zu achten, dass die Kontrollproben-Chargen in ausreichender Menge vorhanden und ausreichend lange haltbar sind, damit sie über einen langen Zeitraum (ideal: 1 Jahr oder mehrere Jahre) verwendet werden können.

Falls eine neue Kontrollproben-Charge eingeführt werden soll, darf nicht vergessen werden, rechtzeitig mit einer neuen Vorperiode zu beginnen.

3.2.5 Eingesetzte Analysenverfahren

Für den Einsatz in der Routineanalytik geeignet sind nur Analysenverfahren, die der analytischen Aufgabenstellung im Hinblick auf Richtigkeit und Präzision angemessen sind und deren Zuverlässigkeit im Rahmen einer Vorperiode erwiesen wurde (s. auch Abschnitt 2.2 und folgende).

Die Auswahl der zum Einsatz kommenden Analysenverfahren hat sich je nach analytischer Aufgabenstellung an den gesetzlichen Vorgaben bzw. am Stand der Technik, dokumentiert in den Verfahrensnormen, zu orientieren. Die Verwendung modifizierter oder vollständig anderer Analysenverfahren ist mit dem Analysen-Auftraggeber abzustimmen und muss in jedem Fall dokumentiert werden.

Das zur Beantwortung einer bestimmten Fragestellung geeignete Analysenverfahren muss nicht unbedingt das aus naturwissenschaftlicher Sicht „beste Verfahren" sein [110] (s. auch Abschnitt 0, Einleitung). Wichtig ist jedoch, dass das gewonnene Analysenergebnis rechtsmittelfest ist, d. h. dass es z. B. bei der Überprüfung der Einhaltung gesetzlicher Vorschriften [75, 103, 186] gegebenenfalls auch vor Gericht haltbar ist.

Der Ersatz eines vorgeschriebenen Analysenverfahrens durch eines geringerer Genauigkeit ist unzulässig; Analysenergebnisse, die mit unterschiedlichen Analysenverfahren, deren Gleichwertigkeit nicht nachgewiesen wurde, gewonnen wurden, *sind nicht vergleichbar und werden üblicherweise nicht akzeptiert.*

3.2.6 Prüfung auf Gleichwertigkeit von Analysenergebnissen

Verfahren zur Prüfung der Gleichwertigkeit werden in der Neufassung der DIN 38402-71 [48] sowie in ISO/PDTS 16489 [134] beschrieben. Allen gemeinsam ist, dass zunächst eine Prüfung auf Gleichwertigkeit bei matrixfreien Proben – Standardlösungen – erfolgt. Im Folgenden weist der Index „R" auf Daten, die mit dem Referenzverfahren gewonnen wurden, hin. „V" weist auf Daten des Vergleichsverfahrens hin, das auf Gleichwertigkeit zum Referenzverfahren geprüft werden soll.

Es wird unterschieden zwischen dem Nachweis der *Gleichwertigkeit von Analysenergebnissen von Proben einer Matrix* und dem Nachweis der *Gleichwertigkeit von Analysenergebnissen von Proben verschiedener Matrices.*

3.2.6.1 Prüfung der Gleichwertigkeit für eine Matrix

Ein typischer Anwendungsfall für diese Art der Gleichwertigkeitsprüfung ist der Einsatz von Schnelltestverfahren auf Kläranlagen im Rahmen der Eigenkontrolle. Hier kann bei einheitlicher Probenzusammensetzung mit relativ geringem Aufwand geprüft werden, ob die Ergebnisse eines Schnelltests mit den Ergebnissen des Referenzverfahrens vergleichbar sind.

3.2.6.1.1 Vergleich der Streuungen in matrixfreien Lösungen

Zunächst erfolgt der Vergleich der Streuungen anhand von Standardlösungen. Die *F*-Tests werden jeweils nur dann durchgeführt, wenn der Variationskoeffizient des Vergleichsverfahrens größer ist als der des Referenzverfahrens. Ist er kleiner, erfolgt gleich die Prüfung an realen Proben:

a) Bei kalibrierfähigen Verfahren werden die Variationskoeffizienten (V_{xo}) der Kalibriergeraden des Referenz- (R) und des Vergleichsverfahrens (V) mittels *F*-Test verglichen. Hierbei kann auf bereits existierende Daten zurückgegriffen werden, die Kalibrierbereiche müssen nicht identisch, sollten aber ähnlich sein.

$$F\text{-Test:} \quad PG = \frac{(V_{\mathrm{xoV}})^2}{(V_{\mathrm{xoR}})^2} \tag{86}$$

Tabellenwert: $F(f_{\mathrm{R}} = f_{\mathrm{V}} = N - 2;\ P = 99\%)$

Entscheidung: Ist $PG \leq$ dem *F*-Tabellenwert, ist die Streuung gleichwertig, die Gleichwertigkeitsprüfung wird mit realen Proben fortgesetzt.

b) Bei nicht kalibrierfähigen Verfahren werden die Variationskoeffizienten (V_x) der Analysenergebnisse von mindestens fünf Wiederholbestimmungen von Standardlösungen mittels *F*-Test verglichen:

$$F\text{-Test:} \quad PG = \frac{(V_{\mathrm{V}})^2}{(V_{\mathrm{R}})^2} \tag{87}$$

Tabellenwert: $F(f_{\mathrm{R}} = f_{\mathrm{V}} = N - 1;\ P = 99\%)$

Entscheidung: Ist $PG \leq$ dem *F*-Tabellenwert, besteht kein signifikanter Unterschied zwischen den Streuungen, die Gleichwertigkeitsprüfung wird mit realen Proben fortgesetzt.

3.2.6.1.2 Gleichwertigkeitstests anhand realer Proben

Die Vorgehensweise ist bei kalibrierfähigen und nicht kalibrierfähigen Verfahren dieselbe. Auch hier erfolgt die Prüfung nur dann, wenn die Varianz des Vergleichsverfahrens größer ist als die des Referenzverfahrens:

Aliquote von repräsentativen Proben werden jeweils mindestens 6-fach mit dem Referenz- und dem Vergleichsverfahren analysiert. Jede Analysenserie wird zunächst mittels Grubbs-Test auf Ausreißer untersucht, wobei in jeder Serie maximal

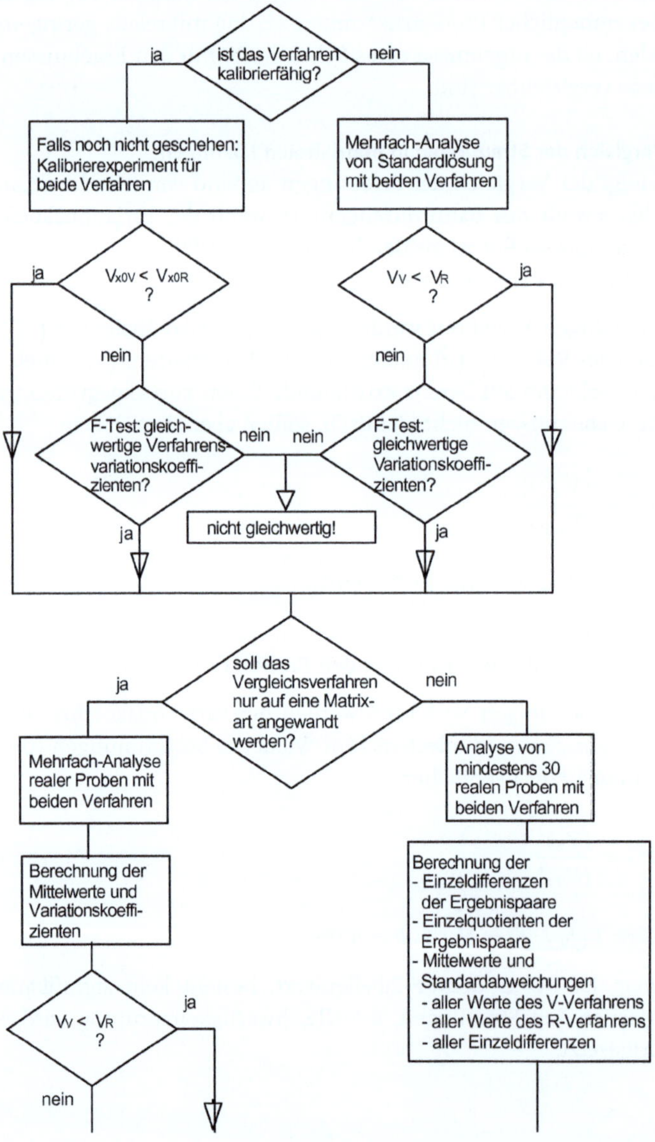

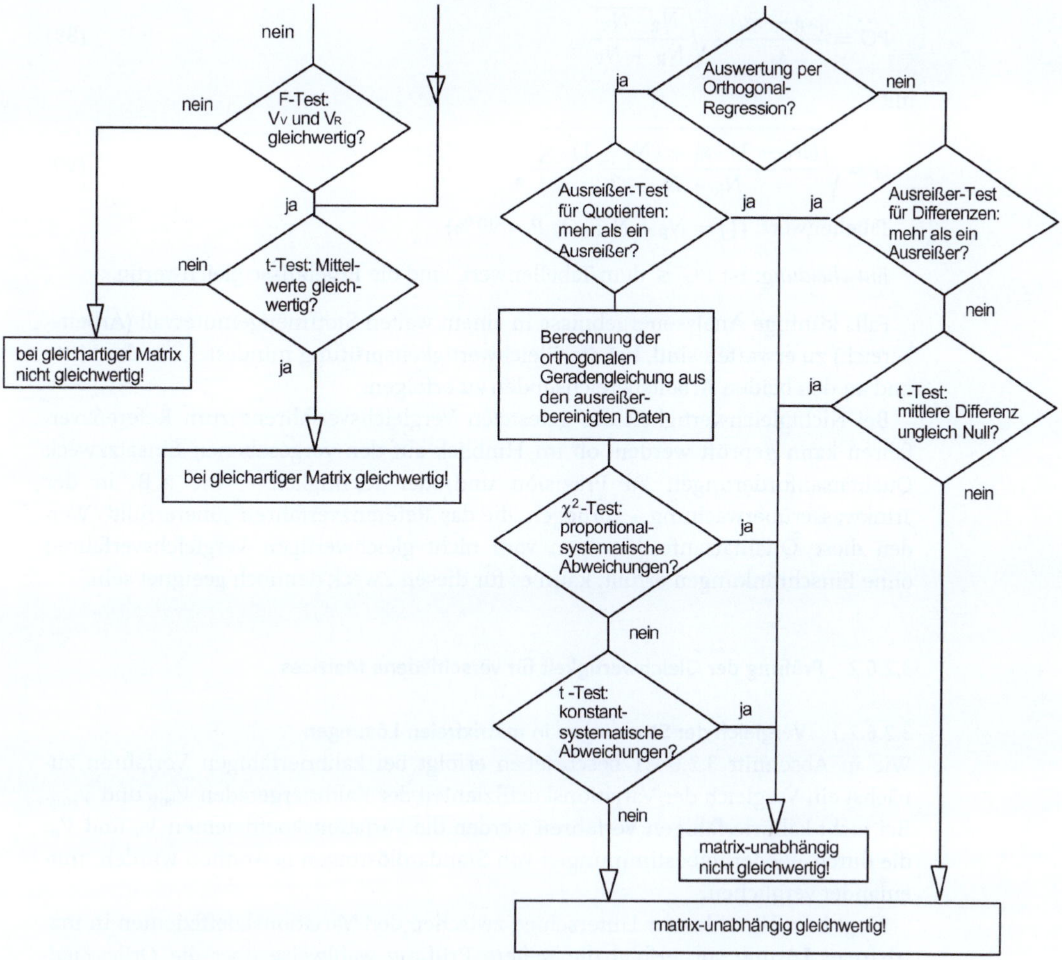

Abb. 3-1. Schema zur Prüfung auf Gleichwertigkeit von Analysenergebnissen.

ein Ausreißer zulässig ist. Anschließend erfolgt die Prüfung auf Gleichwertigkeit der Variationskoeffizienten:

$$F\text{-Test:}\quad PG = \frac{(V_V)^2}{(V_R)^2} \tag{88}$$

Tabellenwert: $F(f_R = f_V = N - 1;\ P = 99\,\%)$

Entscheidung: Ist $PG \leq$ dem Tabellenwert, ist die Streuung gleichwertig.

Wenn der Variationskoeffizient des Vergleichsverfahrens nicht signifikant größer ist als die des Referenzverfahrens, werden die Mittelwerte über den Mittelwert-t-Test auf signifikante Unterschiede untersucht:

$$PG = \frac{|\bar{x}_R - \bar{x}_V|}{s_d} \cdot \sqrt{\frac{N_R \cdot N_V}{N_R + N_V}} \tag{89}$$

mit

$$s_d = \sqrt{\frac{(N_R - 1) \cdot s_R^2 + (N_V - 1) \cdot s_V^2}{N_R + N_V - 2}} \tag{90}$$

Tabellenwert: $t(f = N_R + N_V - 2;\ P = 99\%)$

Entscheidung: Ist $PG \leq$ dem Tabellenwert, sind die Ergebnisse gleichwertig.

Falls künftige Analysenergebnisse in einem weiten Stoffmengenintervall (Arbeitsbereich) zu erwarten sind, hat die Gleichwertigkeitsprüfung mindestens in der Mitte und an den beiden Arbeitsbereichsenden zu erfolgen.

Bei Nichtgleichwertigkeit des getesteten Vergleichsverfahrens zum Referenzverfahren kann geprüft werden, ob im Hinblick auf den vorgesehenen Einsatzzweck Qualitätsanforderungen zu Präzision und/oder Richtigkeit – wie z. B. in der Trinkwasserüberwachung – vorliegen, die das Referenzverfahren „übererfüllt". Werden diese Qualitätsanforderungen vom nicht gleichwertigen Vergleichsverfahren ohne Einschränkungen erfüllt, kann es für diesen Zweck dennoch geeignet sein.

3.2.6.2 Prüfung der Gleichwertigkeit für verschiedene Matrices

3.2.6.2.1 Vergleich der Streuungen in matrixfreien Lösungen

Wie in Abschnitt 3.2.6.1.1 beschrieben erfolgt bei kalibrierfähigen Verfahren zunächst ein Vergleich der Variationskoeffizienten der Kalibriergeraden V_{xoV} und V_{xoR}. Bei nicht kalibrierfähigen Verfahren werden die Variationskoeffizienten V_V und V_R, die durch Wiederholbestimmungen von Standardlösungen gewonnen wurden, miteinander verglichen.

Liegt kein signifikanter Unterschied zwischen den Variationskoeffizienten in matrixfreier Lösung vor, erfolgt die weitere Prüfung wahlweise über die *Orthogonalregression* oder die *Differenzenmethode.*

3.2.6.2.2 Vorgehensweise bei der Orthogonalregression

Für die Prüfung müssen folgende Bedingungen erfüllt sein:

- Mindestens $N = 30$ reale Proben unterschiedlicher Matrix und unterschiedlichen Stoffmengengehaltes wurden jeweils mit Referenz- und Vergleichsverfahren analysiert, sodass 30 Wertepaare vorliegen.
- Das höchste Analysenergebnis des Referenzverfahrens muss mindestens 5-mal und darf maximal 100-mal größer als das niedrigste sein.
- Wenn das höchste Ergebnis weniger als das 5-fache des niedrigsten beträgt, muss die Differenzenmethode angewandt werden, bei mehr als dem 100-fachen wird der Vergleichsbereich geteilt.

- Damit die Probenkonzentrationen möglichst gleichmäßig über den interessierenden Konzentrationsbereich verteilt sind, wird der Vergleichsbereich in mindestens fünf äquidistante Konzentrationsklassen eingeteilt. Diese Klassen werden gleichmäßig mit Wertepaaren aus der Routineanalytik aufgefüllt, und zwar in der Reihenfolge der eingehenden Analysenwerte. Ist eine Klasse voll, werden die weiteren Wertepaare für diese Klasse verworfen.
- Es können jeweils Einfach- oder Mehrfachbestimmungen durchgeführt werden, aber die Zahl der Wiederholbestimmungen muss bei beiden Verfahren gleich sein. Bei Mehrfachbestimmungen werden die beiden Mittelwerte als Wertepaar verwandt.
  Aus jedem Wertepaar wird ein Quotient Q berechnet:
- $$Q_i = \frac{x_{Vi}}{x_{Ri}} \qquad (91)$$
- Mittels Grubbs-Ausreißertest darf maximal ein Wertepaar-Ausreißer beseitigt werden.

a) Ermittlung von Wertepaar-Ausreißern

Wertepaar-Ausreißer werden durch Grubbs-Test der Quotienten der einzelnen Wertepaare aus den jeweiligen Analysenwerten ermittelt (Q^* ist ein ausreißerverdächtiger Quotient):

$$PG = \frac{|Q^* - \bar{Q}|}{s_Q} \qquad (92)$$

$$\text{mit} \quad \bar{Q} = \frac{\sum Q_i}{N} \qquad (93)$$

$$\text{und} \quad s_Q = \sqrt{\frac{\sum (Q_i - \bar{Q})^2}{N-1}} \qquad (94)$$

Die Prüfgröße PG wird mit dem Tabellenwert $rM(f = N;\ P = 95\,\%)$ verglichen. Ist PG größer als der Tabellenwert, muss das geprüfte Wertepaar als Ausreißer eliminiert werden. Mittelwert und Standardabweichung werden aus dem verbliebenen Datensatz neu berechnet. Weitere ausreißerverdächtige Einzeldaten sind ebenfalls nach dem beschriebenen Verfahren zu prüfen.

Tritt ein solcher Wertepaar-Ausreißer auf, ist es zulässig, dieses Wertepaar aus der Orthogonalregression zu entfernen (maximal ein Wertepaar). In der Dokumentation ist dieses Wertepaar jedoch aufzuführen und als Wertepaar-Ausreißer zu klassifizieren. Dabei müssen Randbedingungen (z. B. Matrixtyp, eventuelle Ursachen für die Abweichungen etc.) dokumentiert und kommentiert werden.

b) Berechnung der Geradengleichung

Im Gegensatz zur einfachen linearen Regression, bei der nur die y-Werte als mit Fehlern behaftet angesehen werden, gelten bei der Orthogonalregression x- und

y-Werte als fehlerbehaftet. Dementsprechend werden Steigung und Achsenabschnitt nach anderen Formeln berechnet. Im Idealfall ergibt sich bei der Orthogonalregression eine Gerade mit der Steigung $b = 1$ und dem Achsenabschnitt $a = 0$.

Bei der Gleichwertigkeitsprüfung werden die Ergebnisse des Referenzverfahrens auf der Abszisse, die des Vergleichsverfahrens auf der Ordinate dargestellt.
Die Geradengleichung: $y = a + b \cdot x$ wird somit zu $x_V = a + b \cdot x_R$

$$\text{Steigung:} \quad b = \frac{s_V}{s_R} \tag{95}$$

$$\text{mit} \quad s_V = \sqrt{\frac{1}{N-1} \sum (x_{Vi} - \bar{x}_V)^2} \tag{96}$$

$$\text{und} \quad s_R = \sqrt{\frac{1}{N-1} \sum (x_{Ri} - \bar{x}_R)^2} \tag{97}$$

$$\text{Achsenabschnitt:} \quad a = \bar{x}_V - b \cdot \bar{x}_R \tag{98}$$

c) Prüfung auf proportional-systematische Abweichungen: χ^2-Test

$$\text{Prüfgröße:} \quad X^2 = N \cdot \ln\left(\frac{s^4 - s_{RV}^4}{s_R^2 s_V^2 - s_{RV}^4}\right) \tag{99}$$

$$\text{mit} \quad s = \sqrt{\frac{1}{2} \cdot \left(s_R^2 + s_V^2\right)} \tag{100}$$

$$\text{und} \quad s_{RV} = \sqrt{\frac{1}{N-1} \sum (x_{Ri} - \bar{x}_R)(x_{Vi} - \bar{x}_V)} \tag{101}$$

Ist $X^2 \leq 3{,}8$ liegt mit einer Irrtumswahrscheinlichkeit von 5% keine proportional-systematische Abweichung vor.

d) Prüfung auf konstant-systematische Abweichungen

Liegt eine konstant-systematische Abweichung vor, ist die Regressionsgerade gegenüber der Winkelhalbierenden parallel verschoben. Die Verschiebung entspricht der Differenz der Mittelwerte (Bias):

$$\text{Verschiebung:} \quad \bar{D} = \bar{x}_V - \bar{x}_R \tag{102}$$

Das Vorliegen einer konstant-systematischen Abweichung wird mittels des verbundenen t-Tests geprüft.

$$\text{Verbundener } t\text{-Test:} \quad PG = \frac{|\bar{x} - \bar{y}|}{s_D} \sqrt{N} \tag{103}$$

$$\text{mit} \quad s_D = \sqrt{\frac{1}{N-1} \sum \left(D_i - \bar{D}\right)^2} \tag{104}$$

Ist $PG \leq t(f = N-1; P = 99\%)$ liegt keine konstant-systematische Abweichung vor.

3.2.6.2.3 Vorgehensweise bei der Differenzenmethode

Für die Prüfung müssen folgende Bedingungen erfüllt sein:

- Mindestens $N = 30$ Wertepaare.
- Es können jeweils Einfach- oder Mehrfachbestimmungen durchgeführt werden, aber die Zahl der Wiederholbestimmungen muss bei beiden Verfahren gleich sein. Bei Mehrfachbestimmungen werden die beiden Mittelwerte als Wertepaar verwandt. Für jedes Wertepaar wird die Differenz berechnet:

Einzeldifferenz $$D_i = x_{\mathrm{R}i} - x_{\mathrm{V}i} \qquad (105)$$

- Das niedrigste und das höchste Endergebnis des Referenzverfahrens dürfen höchstens um den Faktor 5 differieren.
- Es erfolgt keine Einteilung in Konzentrationsklassen.
- Maximal darf ein Ausreißerpaar beseitigt werden.

a) Ermittlung von Wertepaar-Ausreißern

Wertepaar-Ausreißer werden durch Grubbs-Test der Differenzen D_{i} der einzelnen Wertepaare aus den jeweiligen Analysenwerten ermittelt (D^* ist eine ausreißerverdächtige Differenz):

Mittlere Differenz $$\bar{D} = \frac{\sum D_i}{N} \qquad (106)$$

Grubbs-Test: $$PG = \frac{|D^* - \bar{D}|}{s_{\mathrm{D}}} \qquad (107)$$

mit $$s_{\mathrm{D}} = \sqrt{\frac{\sum (D_i - \bar{D})^2}{N-1}} \qquad (108)$$

Die Prüfgröße wird mit dem Tabellenwert $rM(f = N;\ P = 95\%)$ verglichen. Ist PG größer als der Tabellenwert, muss die geprüfte Differenz als Ausreißer eliminiert werden. Mittelwert und Standardabweichung werden aus dem verbliebenen Datensatz neu berechnet. Weitere ausreißerverdächtige Einzeldaten sind ebenfalls nach dem beschriebenen Verfahren zu prüfen. Höchstens ein Wertepaar darf aus der Auswertung nach der Differenzenmethode entfernt werden. In der Dokumentation ist dieses Wertepaar jedoch aufzuführen und als Wertepaar-Ausreißer zu klassifizieren. Dabei müssen Randbedingungen (z. B. Matrixtyp, eventuelle Ursachen für die Abweichungen etc.) dokumentiert und kommentiert werden.

b) Nachweis der Gleichwertigkeit mit dem verbundenen *t*-Test

Für den Test auf Gleichwertigkeit wird die Prüfgröße nach folgender Gleichung berechnet:

$$PG = \frac{|\bar{D}|}{s_{\mathrm{D}}} \cdot \sqrt{N} \qquad (109)$$

Ist $PG \leq t(f = N - 1;\ P = 99\%)$, liegt kein signifikanter Unterschied vor. Die Ergebnisse sind gleichwertig!

Merke: Eine *generelle* Aussage über Gleichwertigkeit zweier Verfahren ist *nicht* möglich. Deshalb ist „Gleichwertigkeit" definiert als *„Erfüllung der Norm"*, d.h. es handelt sich um eine konventionelle Betrachtung!

3.2.7
Unsicherheit von Messungen

Mit dem Begriff „Messunsicherheit" (uncertainty in measurement) prägte die internationale Normung in den vergangenen Jahren einen neuen (Un-)Genauigkeitsbegriff. Analysenergebnisse sind einschließlich ihrer Messunsicherheit anzugeben. ISO/IEC 17025 fordert, dass Prüflaboratorien über Verfahren für die Schätzung der Messunsicherheit verfügen und diese anwenden müssen. Eine bestimmte Schätzmethode wird nicht vorgegeben, es soll aber eine „vernünftige" Schätzung der Messunsicherheit vorgenommen werden, die auf der Kenntnis der Durchführung des Verfahrens und auf der Art der Messung basiert und z. B. von vorhergehender Erfahrung und von Validierungsdaten Gebrauch macht.

Basisdokument für die Schätzung der Messunsicherheit ist der *ISO Guide to the Expression of Uncertainty in Measurement, GUM*, der als DIN V ENV 13005 [75] auch in deutscher Sprache vorliegt. Anstelle dieses sehr formal und mathematisch gehaltenen Leitfadens findet im europäischen Raum jedoch der EURACHEM/CITAC Leitfaden, *Quantifying Uncertainty in Analytical Measurement*, Anwendung in der analytischen Chemie, der ebenfalls als deutsche Übersetzung vorliegt [90].

Darüber hinaus werden in einer Reihe von Publikationen [7, 93, 111, 135] unterschiedliche Modelle zur Schätzung der Messunsicherheit beschrieben, es gibt aber (noch, 2004) kein abgestimmtes Konzept.

Allen Konzepten gemeinsam ist das Prinzip der Berücksichtigung aller wichtigen Fehlerquellen, die ein Analysenergebnis verfälschen (= unsicher machen) können. Zu berechnen ist die Gesamtunsicherheit, kurz „Messunsicherheit" genannt. Das Analysenergebnis wird schließlich ± Messunsicherheit angegeben, das Intervall entspricht einem Vertrauensbereich, in dem das wahre Analysenergebnis mit einer bestimmten Sicherheit (Signifikanzniveau) liegt. Das Signifikanzniveau ist mit der Ergebnisunsicherheit anzugeben.

3.2.7.1 Neue Begriffe nach EURACHEM Guide [90]

Vorbemerkung

- mit „*X*" werden Einflussgrößen bezeichnet, die die Messunsicherheit verursachen. Hierzu gehören beispielsweise
  - die Volumenmessung,
  - die Temperaturabhängigkeit von Volumina, Reaktionen etc.,
  - die Wägung,
  - aber auch der Ort (unterschiedliche Laboratorien) und
  - die Zeit.

Die beiden Letzteren sind Teil der sog. Wiederhol- oder Vergleichsbedingungen und in Ringversuchskenndaten dokumentiert.

- mit „x" ihre Schätzwerte,
- „Y" ist die zu ermittelnde Messgröße,
- „y" deren Schätzwert,
- „u" ist eine (Standard-)Abweichung, Unsicherheit der Messwerte bzw. Analysenergebnisse,
- „U" die Messunsicherheit als halbe Vertrauensintervallbreite.

Fehler (bzw. Messabweichung)
Differenz zwischen einem individuellen Ergebnis und dem wahren Wert der Messgröße. Der Fehler kann nicht exakt bestimmt werden, da der wahre Wert unbekannt ist.

Zufällige Messabweichung
Anteil der Messabweichung, der durch unvorhersagbare Schwankungen der Einflussgrößen bedingt ist und durch eine steigende Anzahl von Bestimmungen reduziert werden kann.

Systematische Messabweichung
Abweichungskomponente, die bei mehrfachen Bestimmungen der Messgröße konstant bleibt (konstant-systematische Abweichung) oder sich in vorhersagbarer Weise ändert (proportional-systematische Abweichung). Das Messergebnis soll für alle erkannten systematischen Effekte korrigiert werden, trotzdem bleibt ein Unsicherheitsanteil der systematischen Abweichungen zu berücksichtigen.

Messunsicherheit
Ein dem Messergebnis zugeordneter Parameter, der die Streuung der Werte kennzeichnet, die vernünftigerweise der Messgröße zugeordnet werden können. Dieser Parameter kann z. B. eine Standardabweichung oder ein anderer Teil eines Bereichs sein, der ein bestimmtes Vertrauensniveau angibt.

Standardunsicherheit $u(x_i)$
Unsicherheitskomponente ausgedrückt als Standardabweichung, wobei x_i der Schätzwert für die Eingangsgröße X_i ist.

Kombinierte Unsicherheit $u_c(y)$
Gesamtunsicherheit, die nach dem Fehlerfortpflanzungsgesetz aus allen Varianzkomponenten erhalten wird; dabei ist y das Messergebnis für die Messgröße Y.

$$u_c(y) = \sqrt{\sum (u(x_i))^2} \tag{110}$$

Erweiterte Unsicherheit $U(y)$
Sie kennzeichnet den Wertebereich, der den wahren Wert der Messgröße mit hoher Wahrscheinlichkeit P enthält

$$U(y) = k \cdot u_c(y) \tag{111}$$

hierbei ist k der Erweiterungsfaktor (engl. coverage factor)

$k = 2$ entspricht näherungsweise dem Signifikanzniveau $P = 95\%$

Anmerkung: Der Faktor $k = 2$ gilt genau genommen nur für $f \geq 30$ Freiheitsgrade. Basiert die Schätzung der Messunsicherheit auf einer geringeren Anzahl von Analysendaten, sollte für k der entsprechende Wert $t(f, P = 95\%)$ aus der t-Tabelle eingesetzt werden [94].

Der Wertebereich für den wahren Wert der Messgröße Y ergibt sich zu:

$$y \pm U(y)$$

3.2.7.2 Übersicht über gängige Verfahren zur Ermittlung der Messunsicherheit

Zum besseren Verständnis sollen die unterschiedlichen Konzepte auf ein fiktives Analysenbeispiel angewandt werden (Daten dazu s. Tabelle 3-3).

Tabelle 3-3. Fiktive Daten zur Ermittlung der Messunsicherheit mit unterschiedlichen Verfahren.

Lfd. Nr. i	*Bezeichnung*	*Aktueller Wert*	*Standard-unsicherheit*	*Relative Standard-unsicherheit u_i*
1	Zu analysierende Substanz ABC **= Messgröße Y** **aktuelles Analysenergebnis y**	 467,2 mg/l	*soll ermittelt werden*	*soll ermittelt werden*
2	**Analysenverfahren**	XYZ		
3	**Arbeitsbereich**	100 bis 900 mg/l		im Mittel
	Unsicherheit der Standardlösungen		1,5 mg/l	0,27%
4	**Anzahl der bei der Kalibrierung eingesetzten Standards N_c**	10		
	Anzahl der Analysen je Probe N_a	1		
5	**Kalibrierung:**			
5.1	**Verfahrensstandardabweichung und Verfahrensvariationskoeffizient V_{xo}**		3,5 mg/l	0,63%
	Formel für die aus der Kalibrierfunktion zu berechnende Standardunsicherheit des Analysenergebnisses y:			
	$u(y) = s_{xo} \cdot \sqrt{\frac{1}{10} + 1 + \frac{(y-550)^2}{825000}}$		3,67 mg/l	
	$u(y)_{rel} = \frac{u(y)}{y} \cdot 100\%$			0,79%
	für $y = 467{,}2$ mg/l (aus 1)			

Tabelle 3-3. (Fortsetzung)

Lfd. Nr. i	*Bezeichnung*	*Aktueller Wert*	*Standard-unsicherheit*	*Relative Standard-unsicherheit u_i*
6	**Die Analyse erfolgt in fünf Schritten:**			
6.1	Analysenprobe abmessen	5 ml	0,01 ml	0,2%
6.2	Probe verdünnen			0,2%
6.3	ABC extrahieren			2,9%
6.4	Reagenz zufügen			0,2%
6.5	Probe messen:			
6.5.1	Messunsicherheit des Messgerätes			0,1%
6.5.2	Tägliche Kalibrierung des Messgerätes mit einer Kontrolllösung Unsicherheit des Sollwertes			0,4%
7	Teilnahme am **Ringversuch** zur Laborzulassung. Daten aus dem Ringversuch:			
7.1	Gesamt-Mittelwert von $n = 12$ teilnehmenden Laboratorien	531,2 mg/l		
7.2	Wiederholstandardabweichung s_r gleicher Wert wie bei der Methoden-Validierung		5,9 mg/l	1,1%
7.3	Labormittelwert	542,1 mg/l		
	Labor-Bias = (542,1 – 531,2) mg/l		10,9 mg/l	2,1%
7.4	Vergleichsstandardabweichung s_R		18,1 mg/l	3,4%
7.5	Standardabweichung zwischen Labors s_L			
	$s_L = \sqrt{s_R^2 - s_r^2}$		9,2 mg/l	3,2%
8	Laborinterne Qualitätssicherung: **Daten aus den Qualitätsregelkarten**			
8.1	Mittlere Wiederfindungsrate	101,3%		
	laborinterne proportional-systematische Abweichung			1,3%
8.2	Mittelwert-Regelkarte: Mittelwert und Standardabweichung	475,0 mg/l	3,8 mg/l	0,8%
8.3	Gesamtmittelwert aller in der Kontrollperiode der Spannweiten-Regelkarte gewonnen Analysen-ergebnisse	427,3 mg/l		
	Spannweiten-Regelkarte: berechnete Standardabweichung daraus		4,1 mg/l	1,0%
8.4	Analyse von zertifiziertem Referenzmaterial (c_{CRM} = 513 mg/l)		2,5 mg/l	0,5%
	Gesamtmittelwert aller in der Kontrollperiode gewonnenen Analysenergebnisse $\bar{c}$ ($n = 30$)	508 mg/l		
	Standardabweichung s		7,5 mg/l	1,5%
	Mittlere Wiederfindungsrate $\bar{R}_m$	0,99		

3.2.7.2.1 Grundkonzept der kombinierten Messunsicherheit

Ein Analysenergebnis ist das Resultat mehrerer, unverzichtbarer Aktionen. Hierzu gehören neben allen Schritten des Analysenverfahrens auch die Verfahren der Qualitätssicherung wie z. B. die Verwendung von zertifizierten Referenzmaterialien für die Justierung von Messgeräten, die Analyse von Kontrollproben im Rahmen der Führung von Qualitätsregelkarten, die Teilnahme an Ringversuchen etc. Im Sinne der Fehlerfortpflanzung trägt jede Aktion mit der ihr eigenen Unsicherheit zur Gesamtmessunsicherheit der Analysenergebnisse bei. Zur Vereinfachung erfolgt die Rechnung immer mit den relativen (= prozentualen) Unsicherheiten.

3.2.7.2.2 Konzept des EURACHEM-Guide

Die Ermittlung der Messunsicherheit erfolgt nach einem 4-stufigen Konzept [90]:

- Stufe 1: Spezifikation der Messgröße y
  im Beispiel: ABC

- Stufe 2: Identifizierung der Unsicherheitsquellen x_i

  $i = 3$: *Standardlösungen für die Kalibrierung*
  $i = 5.1$: *Kalibrierung*
  $i = 6.1$ *Abmessung der Analysenprobe*
  $i = 6.2$: *Probenverdünnung*
  $i = 6.3$: *Extraktion*
  $i = 6.4$: *Reagenzvolumen*
  $i = 6.5.1$: *Messgerät*
  $i = 6.5.2$: *Kalibrierung des Messgeräts*
  $i = 7.2$: *Wiederholbarkeit aus Validierungs-Ringversuch*

- Stufe 3: Quantifizierung der Unsicherheitskomponenten $u(x_i)$,

  $i = 3$: *Standardlösungen für die Kalibrierung:* $u_3 = u(KL)_{rel} = 0{,}27\%$
  $i = 5.1$: *Kalibrierung:* $u_{5.1} = u(K)_{rel} = 0{,}79\%$
  $i = 6.1$: *Abmessung der Analysenprobe:* $u_{6.1} = u(V)_{rel} = 0{,}2\%$
  $i = 6.2$: *Probenverdünnung:* $u_{6.2} = u(V)_{rel} = 0{,}2\%$
  $i = 6.3$: *Extraktion:* $u_{6.3} = u(E)_{rel} = 2{,}9\%$
  $i = 6.4$: *Reagenzvolumen:* $u_{6.4} = u(V)_{rel} = 0{,}2\%$
  $i = 6.5.1$ *Messgerät:* $u_{6.5.1} = u(MG)_{rel} = 0{,}1\%$
  $i = 6.5.2$ *Kalibrierung des Messgeräts:* $u_{6.5.2} = u(K_{MG})_{rel} = 0{,}4\%$
  $i = 7.2$: *Wiederholbarkeit aus Ringversuch:* $u_{7.2} = u(s_r)_{rel} = 1{,}1\%$

  Vereinfachung durch Zusammenfassen der Quellen, die von bereits existierenden Daten abgedeckt werden

  für $i = 6.1$: *bei Abmessung der Analysenprobe wurden bereits die Unsicherheit der Pipette und der Einfluss der Temperatur zusammengefasst*
  für $i = 6.2$: *bei Probenverdünnung wurden bereits die Unsicherheit der Pipette und der Einfluss der Temperatur zusammengefasst*

für i = 6.3: *bei Extraktion wurden bereits alle Unsicherheitskomponenten wie z. B. Menge, Reinheit des Extraktionsmittels, Temperatureinfluss etc. zusammengefasst*

für i = 6.4: *bei Reagenzvolumen wurden bereits die Unsicherheit der Pipette und der Einfluss der Temperatur zusammengefasst*

für i = 6.5.1: *bei Messgerät hat bereits der Messgerät-Hersteller alle Unsicherheitskomponenten erfasst, zusammengefasst und in der Gerätespezifikation dokumentiert. Voraussetzung für die Anwendung dieser Spezifikationsdaten ist eine funktionierende Prüfmittelüberwachung*

für i = 6.5: *für das Messgerät kann zusätzlich zusammengefasst werden:*

$$u_{6.5} = \sqrt{u_{6.5.1}^2 + u_{6.5.2}^2} = \sqrt{(0{,}1\%)^2 + (0{,}4\%)^2} = 0{,}41\%$$

- Stufe 4: Berechnung der kombinierten Unsicherheit $u_c(y)$

$$u_c(y) = \sqrt{u_3^2 + u_{5.1}^2 + u_{6.1}^2 + u_{6.2}^2 + u_{6.3}^2 + u_{6.4}^2 + u_{6.5}^2 + u_{7.2}^2} =$$
$$= \sqrt{0{,}27^2 + 0{,}79^2 + 0{,}2^2 + 0{,}2^2 + 2{,}9^2 + 0{,}2^2 + 0{,}41^2 + 1{,}1^2\%} =$$
$$= 3{,}3\%$$

Berechnung der erweiterten Unsicherheit $U(y)$
$U_c = k \cdot u_c = 2 \cdot 3{,}3\% = 6{,}6\%$

Somit lautet das Analysenergebnis 467,2 mg/l ± 6,6%.

Ausführliche Beispiele finden sich im Anhang zu [90].

Für die Schätzung der Messunsicherheit mit geringerem Aufwand wurden so genannte top-down-Modelle entwickelt, bei denen die Berechnung der Messunsicherheit auf der Basis bereits existierender Präzisions- und Validierungsdaten erfolgt. Sie alle basieren auf der Zusammenfassung von Unsicherheitskomponenten, bei der einzelne Komponenten allein nicht sichtbar sondern Teil einer *experimentell* ermittelten kombinierten Unsicherheit sind.

Ein derartiges Modell ist beispielsweise ein komplettes Analysenverfahren, für das im Rahmen von Ringversuchen Schätzwerte von Wiederholbarkeit, Vergleichbarkeit und Richtigkeit ermittelt wurden. Die Messunsicherheit setzt sich zusammen aus der Labor-Standardabweichung und der systematischen Abweichung des Labors („Labor-Bias").

Ein anderes Modell basiert ebenfalls auf dem in Ringversuchen ermittelten Labor-Bias sowie auf Präzisionsdaten aus der internen Qualitätssicherung.

Top-down-Modelle werden in ISO/TS 21748 [135], im NORDTEST Report TR 537 [111], im VAM-Report [7] und im Eurolab TR [93] beschrieben.

3.2.7.2.3 **Verfahren nach ISO/TS 21748** [135]

Die Schätzung der Messunsicherheit erfolgt nach folgendem Schema:

a) Schätzwerte von Wiederholbarkeit, Vergleichbarkeit und Richtigkeit des Verfahrens aus publizierten Daten, insbesondere auch aus denjenigen Ringversuchen, an denen das eigene Labor teilgenommen hat, zusammentragen.

b) Feststellen, ob das Labor-Bias (konstant-systematische Abweichung) innerhalb des nach a) erwarteten Bereichs liegt.

c) Feststellen, ob die im Labor erzielte Präzision innerhalb des nach a) erwarteten Bereichs liegt.

d) Prüfen, ob weitere Einflussfaktoren existieren, die noch nicht in den publizierten Studien berücksichtigt wurden; Varianzen, die sich daraus ergeben können, abschätzen.

e) Wenn Bias und Präzision unter Kontrolle sind, den Schätzwert für die kombinierte Unsicherheit aus den vorhandenen Daten berechnen.

Das Basismodell zur Ergebnisangabe mit Schätzung der Messunsicherheit nach ISO/TS 21748 hat die Form

$$\begin{aligned} y &= m \pm u(y) \\ &= m \pm (B + e) \end{aligned}$$

dabei ist m Erwartungswert
B Laborkomponente des Bias
e zufällige Fehler unter Wiederholbedingungen

Wenn Labor-Bias und Labor-Präzision sich nicht signifikant von den im Ringversuch erzielten Werten unterscheiden und keine weiteren Unsicherheitskomponenten zu berücksichtigen sind, kann zur Schätzung der Messunsicherheit die Vergleichsstandardabweichung aus dem Validierungsringversuch herangezogen werden.

Begründung: In diesem Fall gilt:

$u(B) = s_L$ (s_L ist die Standardabweichung zwischen den Labors nach ISO 5725-2)
$u(e) = s_r$ (s_r ist die Wiederholstandardabweichung nach ISO 5725-2)

$$u_c = \sqrt{u(B)^2 + u(e)^2} = \sqrt{s_L^2 + s_r^2} \qquad (112)$$

Der Wurzelausdruck $\sqrt{s_L^2 + s_r^2}$ entspricht der Formel für die Berechnung der Vergleichsstandardabweichung s_R nach DIN ISO 5725-2.

Für das fiktive Beispiel bedeutet das:

7 Ringversuchskenndaten:
7.1 Gesamt-Mittelwert: *531,2 mg/l*
(besser wäre der konventionell richtige Wert, wenn er bekannt ist)

7.2 Wiederholstandardabweichung s_r *:* *5,9 mg/l entspr.* $s_{r\,rel} = 1,1\%$
7.3 Labormittelwert: *542,1 mg/l*
7.4 Vergleichsvariationskoeffizient CV_R*:* *3,4%*
7.5 Standardabweichung zwischen Labors s_L *3,2%*

8 Daten aus der laborinternen Qualitätssicherung:
Unsicherheit aus der Spannweiten-Regelkarte s_{rel}*:* *1,0%*

Berechnetes Labor-Bias $u(B) = \dfrac{542{,}1\ \text{mg/l} - 531{,}2\ \text{mg/l}}{531{,}2\ \text{mg/l}} \cdot 100\% = 2{,}05\%$

Urteil:
(a) $u(B)$ *ist kleiner als* s_L*, liegt aber in der gleichen Größenordnung.*
(b) s_{rel} *liegt in der gleichen Größenordnung wie* $s_{r\,rel}$*.*

Fazit: Als Messunsicherheit darf direkt die Vergleichsstandardabweichung aus dem Ringversuch verwendet werden: $u(y) = s_{R\,rel} = 3{,}4\%$

Berechnung der erweiterten Unsicherheit: $U(y) = 2 \cdot 3{,}4\% = 6{,}8\%$

Angabe des Analysenergebnisses: *467,2 mg/l ± 6,8%*

3.2.7.2.4 **Vorgehensweise nach NORDTEST Report TR 537** [111]

Im NORDTEST Report werden Verfahren beschrieben, bei denen zur Schätzung der Messunsicherheit Präzisionsdaten und systematische Komponenten kombiniert werden. Kennwert für die *Präzision* ist die so genannte Unsicherheit aus der Reproduzierbarkeit innerhalb des Labors $u(R_W)$, die z. B. aus Kontrollkarten abgeleitet wird.

Das Basismodell zur Ergebnisangabe mit Schätzung der Messunsicherheit hat die Form

$$\begin{aligned} y &= m \pm u(y) \\ &= m \pm ((\delta + B) + e) \end{aligned}$$

dabei ist m Erwartungswert
δ Methoden-Bias
B Laborkomponente des Bias
e zufällige Fehler unter Wiederholbedingungen

Für die Schätzung der *systematischen Komponenten* werden drei Alternativen genannt:

- das Methoden-Bias $u(C_{ref})$, z. B. aus Untersuchung von Referenzmaterial
- das Labor-Bias $u(B)$, z. B. aus Zulassungsringversuchen
- systematische Abweichungen aus Ergebnissen von Wiederfindungsexperimenten

Das NORDTEST-Modell soll anhand des bekannten *fiktiven Beispiels* erläutert werden:

1. Spezifikation der Messgröße: ABC

2. Quantifizierung der Reproduzierbarkeit innerhalb des Labors:
A: Mittelwert-Kontrollkarte (c = 475 mg/l), $\Rightarrow u_{8.2} = u(R_w) = s_{Rw\,rel} = 0{,}8\%$
B: weitere Unsicherheitskomponenten, die nicht abgedeckt sind? nein

3. *Quantifizierung systematischer Komponenten:*
   Teilnahme am Zulassungsringversuch: Labor-Bias $u\,(B) = u_{7.3} = 2{,}1\%$
   (falls das Labor bereits an mehreren Ringversuchen teilgenommen hat, berechnet sich das Labor-Bias als Wurzel aus dem Mittelwert der Quadrate der einzelnen Biaswerte)
   Unsicherheit des Sollwertes: $u\,(C_{ref}) = s_R/\sqrt{n} = u_{7.4}/\sqrt{n} = 3{,}4\%/\sqrt{12} = 0{,}98\%$
   (bei Teilnahme an mehr als einem Ringversuch werden s_R *und n als arithmetische Mittelwerte dieser Größen aus den Zulassungsringversuchen berechnet)*

4. *Umwandeln der Unsicherheitskomponenten in die Standardunsicherheiten u (x):*
   $u\,(R_W) = 0{,}8\%$

$$u\,(bias) = \sqrt{u\,(B)^2 + u\,(C_{ref})^2} = \sqrt{2{,}1^2 + 0{,}98^2\%} = 2{,}32\% \qquad (113)$$

5. *Berechnung der kombinierten Unsicherheit*

$$u_c = \sqrt{u\,(R_w)^2 + (u\,(bias))^2} = \sqrt{0{,}8^2 + 2{,}32^2} = 2{,}45\% \qquad (114)$$

6. *Berechnung der erweiterten Unsicherheit*
   $U = 2 \cdot u_c = 2 \cdot 2{,}45 = 4{,}9\%$

Somit wird die Messunsicherheit für ABC im betreffenden Konzentrationsbereich mit ± 4,9% angegeben.

NORDTEST empfiehlt die Verwendung der Ringversuchsdaten aus den jeweils vergangenen drei Jahren und damit die Mittelwerte für das Laborbias, die Vergleichsstandardabweichung s_R und die Teilnehmerzahl *n*.

3.2.7.2.5 **Verfahren nach VAM**

Die Abschätzung der Messunsicherheit aus Wiederholmessungen eines repräsentativen zertifizierten Referenzmaterials wird in [7] beschrieben. Es wird vorausgesetzt, dass das Referenzmaterial über eine längere Zeit in der Routine analysiert wird und dabei die gesamte Analysenmethode durchläuft, so dass alle wichtigen Unsicherheitskomponenten abgedeckt werden.

Die kombinierte Unsicherheit setzt sich auch hier aus Beiträgen zur Präzision und Richtigkeit zusammen:

$$u_c\,(y) = \sqrt{s_{rel}^2 + u\left(\bar{R}_m\right)^2} \qquad (115)$$

Für die Beispieldaten (8.4) ergibt sich folgende Messunsicherheit des Ergebnisses 467,2 mg/l ABC:

- *Relative Standardabweichung der Ergebnisse des Referenzmaterials:*

  $s_{rel} = 0{,}0148\ (= 1{,}5\%)$

- *Relative Unsicherheit der mittleren Wiederfindungsrate des Referenzmaterials $u(\bar{R}_m)$:*

$$u(\bar{R}_m) = \bar{R}_m \cdot \sqrt{\left(\frac{s^2}{n \cdot \bar{c}^2}\right) + \left(\frac{u(c_{CRM})}{c_{CRM}}\right)^2} \tag{116}$$

$$u(\bar{R}_m) = 0{,}99 \cdot \sqrt{\left(\frac{7{,}5^2}{30 \cdot 508^2}\right) + \left(\frac{2{,}5}{513}\right)^2} = 0{,}0056$$

- *Kombinierte Unsicherheit:*

  $u_c(ABC) = \sqrt{0{,}0148^2 + 0{,}0056^2} = 0{,}0158$

- *Erweiterte Unsicherheit:*

  $U(ABC) = k \cdot u_c(ABC) = 2 \cdot 0{,}0158 = 0{,}0316 \approx 0{,}032 = 3{,}2\%$

3.2.7.2.6 Vereinfachte Vorgehensweise nach EUROLAB

Die European Federation of National Associations of Measurement, Testing and Analytical Laboratories propagiert eine praxisorientierte Vorgehensweise [93]. Als Grundregel für die Schätzung der Messunsicherheit gilt, dass der Aufwand für die Bestimmung der Messunsicherheit sich vom Prinzip „fit-for-purpose" leiten lassen soll, d. h. die Messunsicherheitsangabe sollte die Anforderungen erfüllen, aber nicht übertreiben. Ein Labor mit einem guten Qualitätsmanagementsystem sollte demnach in der Lage sein, mit wenig Aufwand die Messunsicherheit anzugeben, falls dies gefordert ist. Möglichst alle relevanten Unsicherheitsquellen (z. B. Probenahme, Probentransport, Probenvorbereitung, Umgebungsbedingungen, Personal und Geräte) sollen berücksichtigt werden. Für die Berechnung der Unsicherheit werden vorhandene Qualitätssicherungsdaten (üblicherweise Standardabweichungen) verwendet. Diese Daten müssen repräsentativ für die jeweilige Messaufgabe sein.

Von den im EUROLAB Technical Report vorgestellten Schätzmethoden erscheinen diejenigen, die die Gesamtstandardabweichung entweder aus einem Laborzulassungsringversuch oder aus in der Verfahrensnorm publizierten Kenndaten verwenden, als besonders praxisgerecht. Voraussetzung ist, dass die Ringversuchsproben in Gehalt und Matrix für den aktuellen Arbeitsbereich repräsentativ sind.

Beispiel:

Messunsicherheit des Ergebnisses 467,2 mg/l ABC

- *Vergleichstandardabweichung aus Ringversuch $s = 3{,}4\%$ für alle Laboratorien*
- *Quantifizierung der Standardunsicherheiten:*
  $s = u\,(\text{alle}) = u_{7.4} = 3{,}4\% \Rightarrow 18{,}1$ *mg/l für 531,2 mg/l*
- *Berechnung der erweiterten Unsicherheit:*
  $U = k \cdot u_c = 2 \cdot 18{,}1$ *mg/l* $= 36{,}2$ *mg/l*

Das Laboratorium muss jedoch nachweisen können, dass es entweder

- an diesem Ringversuch teilgenommen hat und

- dabei erfolgreich war:
  - laborinterne Standardabweichung nicht signifikant größer als s_r
  - keine signifikante systematische Abweichung (Bias) seines Labormittelwertes gegenüber dem Gesamtmittelwert
- und mit Hilfe der Mittelwert- bzw. Range- und der *WFR*-Regelkarte nachweisen, dass es diese Qualität zuverlässig hält

oder bei Anwendung der Kenndaten aus der Verfahrensnorm

- mit Hilfe der Mittelwert- bzw. Range- und der *WFR*-Regelkarte nachweisen, dass es diese Qualität zuverlässig hält und
- an einer geeigneten externen Qualitätssicherung teilnimmt.

Anzumerken ist, dass hier anstelle der relativen Messunsicherheiten die absoluten genommen werden. Innerhalb des validierten Arbeitsbereiches erscheint dies sinnvoll. Zu beachten ist aber, dass bei der Ergebnisangabe die relative Messunsicherheit mit kleineren Messergebnissen hyperbolisch zunimmt:

$$U_{\text{rel}} = \frac{U_{\text{absolut}}}{\text{Messergebnis}} \cdot 100\%$$

Die Bestimmungsgrenze lässt sich mit U_{absolut} sehr leicht aus der maximal zulässigen Messunsicherheit $U_{\text{rel max}}$ berechnen:

$$x_{\text{BG}} = \frac{U_{\text{absolut}}}{U_{\text{rel\_max}}} \cdot 100\%$$

Beispiel: Für eine maximal zulässige relative Messunsicherheit von 30% und eine Messunsicherheit von 40 mg/l beträgt die Bestimmungsgrenze

$$x_{\text{BG}} = \frac{40\text{ mg/l}}{30\%} \cdot 100\% = 133\text{ mg/l}$$

In ISO/TS 21748 [135], im NORDTEST-Handbuch [111] und im VAM-Protokoll [7] sind eine Reihe von Vorgehensweisen beschrieben, die anzuwenden sind, wenn das jeweilige Basismodell nicht zutreffend ist. Hierauf soll nicht näher eingegangen werden.

3.2.7.2.7 **Sonderfall operationelle Verfahren**

Im Entwurf der ISO 13530 [136] wird ein Sonderfall für die Schätzung der Messunsicherheit beschrieben, nämlich für operationelle (empirische) Verfahren, z. B. Summenparameter. Bei diesen Verfahren gibt es per Definition keine systematischen Abweichungen. Daher beruht die Schätzung der Messunsicherheit ausschließlich auf Präzisionsdaten. Die Gesamtstandardabweichung ergibt sich zu

$$s_t = \sqrt{\sum s_{x_i}^2} \qquad (117)$$

mit: s_{x_i} Einzelstandardabweichung

Da sehr kleine Einzelstandardabweichungen, die beispielsweise weniger als 1/3 der maximalen Einzelstandardabweichung betragen, nur wenig zur Gesamtunsicherheit beitragen, können sie vernachlässigt, d. h. in der Rechnung weggelassen werden.

3.2.7.2.8 Einbezug der vor-Labor-Schritte der Analysenmethode in die Berechnung der Messunsicherheit

Bei allen bislang vorgestellten Modellen der Berechnung der Messunsicherheit wurde davon ausgegangen, dass die Probe ab Eintritt in das Analysenverfahren betrachtet wird. Ihre Vorgeschichte – Probenahme, Transport, Lagerung, ggf. Homogenisierung und Aufteilung – wurde genauso wie bei den Ringversuchsproben außer Acht gelassen. Sofern das Laboratorium jedoch nicht nur ein Analysenergebnis für eine eingereichte Probe liefern soll sondern eine Aussage über das Untersuchungsobjekt, an dem die Probe genommen wurde, machen soll, sind auch die relativen Unsicherheiten der vorangehenden Schritte zu quantifizieren, zu dokumentieren und mit Hilfe der Fehlerfortpflanzungsformel in die Gesamtunsicherheit einzurechnen:

$$u_{c\_gesamt} = \sqrt{\sum u_{ci}^2} =$$

$$\sqrt{u_c^2(\text{Probenahme}) + u_c^2(\text{Transport}) + u_c^2(\text{Konservierung}) + u_c^2(\text{Lagerung}) + \ldots + u_c^2(\text{Analyse})}$$

3.2.7.3 Angabe der Messunsicherheit in Prüfberichten

Nach ISO 17025 soll die Messunsicherheit nur dann angegeben werden, wenn sie

- für die Gültigkeit oder Anwendung der Prüfergebnisse von Bedeutung ist,
- vom Kunden verlangt wird,
- die Einhaltung von Grenzwerten in Frage stellt.

Es ist anzugeben, worauf die Schätzung beruht und es muss kenntlich gemacht werden, ob es sich um eine einfache Standardabweichung oder um die erweiterte Messunsicherheit handelt.

Beispiel:

SO_4^{2-} in Abwasser (IC-Methode, ISO 10304-2):
100 mg/l ± 12 mg/l*) bzw.
100 mg/l ± 12%*)

*) Die Messunsicherheit wurde aus den Ringversuchsdaten zur Methodenvalidierung abgeleitet. Sie stellt eine erweiterte Unsicherheit dar und wurde durch Multiplikation mit dem Erweiterungsfaktor $k = 2$ erhalten; dies entspricht einem Vertrauensniveau von 95%.

3.2.7.4 Interpretation der Messunsicherheit im Rahmen einer Grenzwertüberwachung

Das Urteil „oberer Grenzwert überschritten" (bzw. „unterer Grenzwert unterschritten") ist davon beeinflusst, ob bei der Grenzwertfestlegung die Messunsicherheit bereits berücksichtigt wurde. Dies ist z. B. bei den Grenzwerten nach Abwasserverordnung [204] der Fall, jedoch sind hier nur die anzuwendenden Analysenverfahren vorgeschrieben, es fehlt eine vorgegebene, geforderte Genauigkeit bei der Grenzwertüberwachung. Im Gegensatz dazu schreibt die EU-Trinkwasserrichtlinie [186] keine Analysenverfahren vor, sondern legt nur die von den Verfahren geforderte Präzision und Richtigkeit fest. Bei der Grenzwertüberwachung ist die Lage des Ergebnisintervalls $y \pm U(y)$ relativ zum Grenzwert zu interpretieren (s. Abb. 3-2).

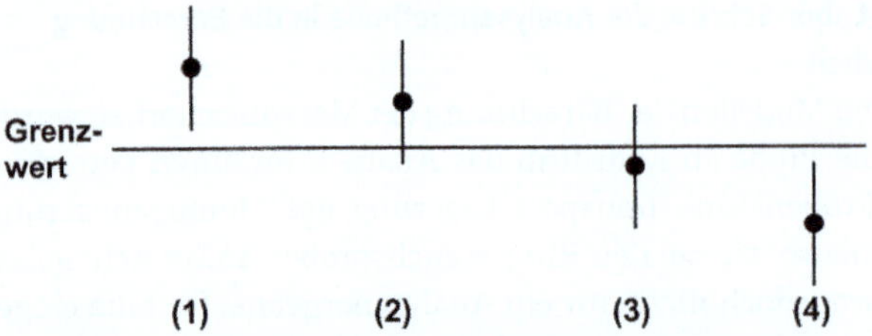

Abb. 3-2. Messunsicherheit bei der Grenzwertüberwachung.
(1) Ergebnis und Messunsicherheit oberhalb des Grenzwertes.
(2) Ergebnis oberhalb, aber Grenzwert innerhalb der Messunsicherheit.
(3) Ergebnis unterhalb, aber Grenzwert innerhalb der Messunsicherheit.
(4) Ergebnis und Messunsicherheit unterhalb des Grenzwertes.

Beispiel (s. Tabelle 3-4):

- Der Grenzwert beträgt 120 mg/l.
- Die Messunsicherheit beträgt $U(y) = 3{,}5$ mg/l bei $P = 95\,\%$ (entsprechend $\alpha = 5\,\%$).

Tabelle 3-4. Grenzwertüberwachung.

a) Grenzwert ist ein unterer Grenzwert (GW) und sollte daher nicht unterschritten werden		***b) Grenzwert ist ein oberer Grenzwert (GW) und sollte daher nicht überschritten werden***	
	bei der Grenzwertfestlegung ist die Messunsicherheit		
nicht berücksichtigt	***berücksichtigt***	***nicht berücksichtigt***	***berücksichtigt***
y liegt über (120 + 3,5) mg/l keine Unterschreitung	y liegt über (120 + 3,5) mg/l keine Unterschreitung	y liegt unter (120 – 3,5) mg/l keine Überschreitung	y liegt unter (120 – 3,5) mg/l keine Überschreitung
y liegt zwischen 120 und 123,5 mg/l keine Unterschreitung	y liegt zwischen 120 und 123,5 mg/l mit Irrtumswahrscheinlichkeit $\alpha \leq 5\,\%$ keine Unterschreitung	y liegt zwischen 116,5 und 120 mg/l keine Überschreitung	y liegt zwischen 116,5 und 120 mg/l mit Irrtumswahrscheinlichkeit $\alpha \leq 5\,\%$ keine Überschreitung
y liegt zwischen 116,5 und 120 mg/l mit Irrtumswahrscheinlichkeit $\alpha \leq 5\,\%$ keine Unterschreitung	y liegt zwischen 116,5 und 120 mg/l mit Irrtumswahrscheinlichkeit $\alpha \leq 5\,\%$ liegt Unterschreitung vor	y liegt zwischen 120 und 123,5 mg/l mit Irrtumswahrscheinlichkeit $\alpha \leq 5\,\%$ keine Überschreitung	y liegt zwischen 120 und 123,5 mg/l mit Irrtumswahrscheinlichkeit $\alpha \leq 5\,\%$ liegt Überschreitung vor
y liegt unter 116,5 mg/l Grenzwertunterschreitung	y liegt unter 116,5 mg/l Grenzwertunterschreitung	y liegt über 123,5 mg/l Grenzwertüberschreitung	y liegt über 123,5 mg/l Grenzwertüberschreitung
Fazit: *Grenzwertunterschreitung* mit Irrtumswahrscheinlichkeit $\alpha = 5\,\%$ bei $y \leq 116{,}5$ mg/l also: $y \leq \mathrm{GW} - U(y)$	*Grenzwertunterschreitung* mit Irrtumswahrscheinlichkeit $\alpha = 5\,\%$ bei $y \leq 120$ mg/l also: $y \leq \mathrm{GW}$	*Grenzwertüberschreitung* mit Irrtumswahrscheinlichkeit $\alpha = 5\,\%$ bei $y \geq 123{,}5$ mg/l also: $y \geq \mathrm{GW} + U(y)$	*Grenzwertüberschreitung* mit Irrtumswahrscheinlichkeit $\alpha = 5\,\%$ bei $y \geq 120$ mg/l also: $y \geq \mathrm{GW}$

3.2.7.5 Zusammenfassung

Für die Schätzung der Messunsicherheit in der Praxis gelten folgende Grundsätze:

- Auf vorhandene Präzisionsdaten zurückgreifen.
- Für eine schnelle, grobe Abschätzung genügt es, die Hauptunsicherheitskomponente(n) zu berücksichtigen.
- Die Messunsicherheit der Probenahme ist meist am größten; sie kann aber nur grob geschätzt werden.
- Die Abschätzung der Gesamtunsicherheit kann auch auf der Basis von Ringversuchskenndaten erfolgen.

Generell gilt: Die Messunsicherheit sollte nicht so genau wie möglich, sondern so genau wie nötig angegeben werden, d. h. sie hängt von den Anforderungen des Auftraggebers und der Methode ab.

In jedem Fall ist die Dokumentation der Verfahrenskenndaten (ursprünglich aus Phase I) mit Angaben über die Messunsicherheit zu ergänzen und zwar jeweils für alle bei der Ergebnisangabe zu berücksichtigenden Unsicherheitskomponenten:

– Art der Komponente,
– Betrag der Unsicherheit,
– Ursprung, Quelle dieser Information,
– Rechenvorschrift zur Angabe der Messunsicherheit.

3.2.8
Report von Analysenergebnissen

Die Freigabe eines Analysenergebnisses an den Analysenauftraggeber kann erst erfolgen, wenn seine Qualität anhand einer Plausibilitätskontrolle (s. Abschnitt 3.5.2.2) sowie durch die Ergebnisse der Qualitätskontrollen (s. Abschnitt 3.3) nachgewiesen ist. Der abschließende Bericht präsentiert genau, klar und unmissverständlich die Testergebnisse und alle wichtigen Informationen. Er soll enthalten [128]

- Eindeutige Identifizierung des Berichts und all seiner Seiten.
- Name und Adresse des Analysenlabors; falls verschiedene Labors beteiligt sind: deren Namen und Adressen und was wo getan wurde.
- Name und Adresse des Kunden.
- Identifikation der analysierten Probe(n).
- Datum des Probeneingangs und Datum der Analyse.
- Bezeichnung der verwendeten Analysenverfahren.
- Falls die Probenahme vom Labor durchgeführt wurde: Beschreibung des Probenahmeverfahrens.
- Alle Abweichungen, Ergänzungen oder Ausschlüsse vom Normverfahren und alle anderen für die benutzten Verfahren relevanten Informationen.
- Bezeichnung aller eingesetzten genormten und nicht-genormten Verfahren.
- Präsentation der Ergebnisse und ihrer Unsicherheiten, einschließlich Tabellen, Graphiken etc. und aller erkannten Versäumnisse.

- Identifikation, einschließlich Titel und Unterschrift (mit Datum), der für die Analyse verantwortlichen Person.
- Erklärung, dass die Testergebnisse sich nur auf die geprüften Gegenstände beziehen.
- Erklärung, dass der vollständige Bericht ohne die schriftliche Zustimmung des Prüflabors nicht reproduziert werden soll.

3.3 Routinequalitätskontrolle

In der Routineanalytik kommt das in Phase II vorbereitete Qualitätsregelkartensystem zur Sicherung der Präzision und der Richtigkeit zum permanenten Einsatz. Anzahl und Arten der jeweiligen Kontrollproben hängen dabei vom jeweiligen Analysenverfahren und den Qualitätszielen ab.

3.3.1 Richtigkeitskontrolle

3.3.1.1 Allgemeines

In der Analytik ist die Genauigkeit der Analysenergebnisse eine häufig vorgegebene Zielgröße. Da sie sich aus der Präzision *und* der Richtigkeit zusammensetzt, kann auch durch größte Anstrengungen zur Verbesserung der Präzision nicht die erforderliche Genauigkeit erreicht werden, wenn das Analysenergebnis eine zu hohe Unrichtigkeit aufweist. Die Richtigkeitskontrolle ist daher ein unumgängliches Teilgebiet der Analytischen Qualitätskontrolle. Eine Möglichkeit der Richtigkeitskontrolle stellt die Teilnahme an Ringversuchen dar (s. Abschnitt 4). Zur laborinternen Richtigkeitskontrolle können die Blindwert-, die Mittelwert- und die Wiederfindungsrate-Regelkarte eingesetzt werden.

3.3.1.2 Blindwert-Überwachung

Eine Vielzahl von Analysenmethoden erfordert die Ermittlung von Blindwerten, um die Messwerte der Analysenproben um einen unspezifischen Anteil korrigieren zu können. Hierbei wird zwischen zwei Arten von Blindproben unterschieden:

1. Reagenzienblindproben; dies sind Proben, die anstelle des Probenvolumens destilliertes Wasser oder ein entsprechendes anderes Lösungsmittel und ansonsten nur die im Analysenverfahren benutzten Reagenzien enthalten.
2. Probenblindproben; diese enthalten anstelle des Analysenprobenvolumens das gleiche Volumen einer matrixgleichen, aber bestimmungsparameterfreien Probe.

Für die Ermittlung des Gesamt-Blindwertes ist demnach die Anwendung von Probenblindproben sinnvoll, jedoch stehen in vielen Bereichen der Analytik solche Probenblindproben (meist) nicht zur Verfügung.

3.3.1.2.1 Ursachen von Blindwerten

Blindwerte können verschiedene Ursachen haben, z. B.

1. Die verwendeten Reagenzien sind vom zu analysierenden Parameter nicht völlig frei.
2. Es treten zwischen Matrixbestandteilen und den Reagenzien ähnliche Reaktionen wie die Analysenreaktionen auf (mangelhafte Selektivität des Verfahrens).
3. Die Reagenzien und/oder Probenmatrix besitzen eine Eigenfärbung (was z. B. bei der photometrischen Auswertung zu einem Eigenabsorptionsanteil führt).
4. Systematische Verunreinigungen von Reaktionsgefäßen und Messgeräten.
5. Küvettenunterschiede bei photometrischen Messanlagen.
6. Reagenzienzersetzung, z. B. durch Alterung, falsche Lagerung usw.

3.3.1.2.2 Praktische Verwendung von Blindproben und Blindwerten

Die Auswertung der Messwerte im Laboratorium ist nach verschiedenen Vorgehensweisen denkbar:

1. Der Messwert der Analysenprobe wird zunächst um den Messwert der Blindprobe korrigiert (Blindwertabzug). Danach erfolgt die Konzentrationsermittlung über eine korrigierte Kalibrierfunktion [161].
   Die Zuverlässigkeit einer solchen Auswertung muss in Frage gestellt werden, denn bei der Ermittlung der Kalibrierfunktion wird ein Achsenabschnitt, d. h. ein Blindwert a, errechnet. Wird dann die Kalibrierkurve um diesen Achsenabschnitt korrigiert, d. h. die Kalibrierkurve beginnt bei $a = 0$, verliert man wichtige Informationen über Geräteblindwerte, Reagenzien, etc.
2. Bei photometrischen Methoden wird die Analysenprobe oftmals direkt gegen die Blindprobe gemessen. Bei dieser noch häufig praktizierten Vorgehensweise gehen die Informationen über die aktuelle Größe und mögliche Schwankungen des Blindwertes ebenfalls verloren, und es kann zu einer erheblichen systematischen, dann aber nicht erkennbaren Verfälschung der Analysenresultate kommen [29].
3. Die zu *empfehlende Vorgehensweise* bei der Ermittlung von Analysenergebnissen ist die Auswertung über die unkorrigierte Kalibrierkurve (s. Abschnitt 1.2.3). Die aktuellen Blindwert-Messwerte gehen hierbei *nicht* in das Resultat ein, sondern dienen ausschließlich als Basis für Qualitätssicherungsmaßnahmen.

So werden beispielsweise bei photometrischen Analysen die Bestimmungen von Messwerten sowohl der Blindprobe als auch der Analysenprobe durch Messung gegen destilliertes Wasser oder das reine Lösungsmittel durchgeführt.

Die Blindproben-Messwerte gehen danach in eine Blindwert-Regelkarte ein.

3.3.1.2.3 Blindwert-Regelkarte

Mit der Blindwert-Regelkarte (s. Abschnitt 2.6.7.1.5.2) können

- Verunreinigungen der Reagenzien,
- Verunreinigungen von Reaktionsgefäßen und Messgeräten,
- Gerätefehler (z. B. Grundliniendrift)

erkannt werden.

Sinnvollerweise sollte daher zu Beginn und am Ende jeder Analysenserie eine Blindwertbestimmung erfolgen. Die ermittelten Blindwerte werden in die Blindwert-Regelkarte eingetragen.

Die Festlegung von Entscheidungskriterien für die Blindwertkontrolle ist insofern schwierig, als bei den Blindwerten nur bedingt von einer Gauß'schen Normalverteilung ausgegangen werden kann.

Eine Normalverteilung der Blindwerte würde bedeuten, dass auch negative Ergebnisse auftreten können; diese sind aber im Regelfall bei der Messung nicht zu erwarten. In der Literatur fehlen jedoch bislang nähere Angaben über Verteilungsform und Kontrolle der Blindwerte.

Es wird daher empfohlen, als vorläufige Blindwertkontrolle die Blindwert-Regelkarte mit denselben Entscheidungskriterien wie denen der Mittelwert-Regelkarte einzuführen. Nach einer ausreichenden Anzahl von Blindwertbestimmungen können dann die Verteilungsform der Blindwerte berechnet und evtl. neue Entscheidungskriterien festgelegt werden.

Die Verwendung der Mittelwert-Regelkarten-Entscheidungskriterien erscheint insofern vorläufig gerechtfertigt, da Inhorn [117] und Burr [14] angeben, dass Mittelwert-Kontrollkarten, die ja eine Gauß'sche Normalverteilung der Werte voraussetzen, auch in größerem Umfang für nicht normalverteilte Datenkollektive eingesetzt werden können. Burr gibt darüber hinaus eine Reihe von Faktoren an, mit deren Hilfe sich die Kontroll- und Warngrenzen bei nicht normalverteilten Werten bestimmen lassen; allerdings setzt diese Festlegung die Kenntnis der entsprechenden Verteilungsform voraus.

3.3.1.3 Mittelwert-Regelkarte

Für die Richtigkeitskontrolle mittels Mittelwert-Regelkarte (s. Abschnitt 2.6.7.1.5.1) können Standardlösungen, synthetische Proben oder zertifizierte reale Proben eingesetzt werden. Dabei dient allerdings die Qualitätssicherung mittels Standardlösungen lediglich zur Überprüfung der Kalibrierung und/oder des Messgerätes.

Werden dagegen Proben mit synthetischer oder realer Matrix zur Richtigkeitskontrolle eingesetzt, so kann außerdem die Selektivität des angewandten Analysenverfahrens überprüft werden.

In jeder Analysenserie sollte mindestens einmal die entsprechende Kontrollprobe mitanalysiert werden und das Analysenergebnis in eine Mittelwert-Regelkarte eingetragen werden.

Das Mitanalysieren zertifizierter realer Proben – zertifiziertes Referenzmaterial – ist für die Richtigkeitskontrolle bevorzugt zu empfehlen. Allerdings ist das Angebot an zertifizierten Proben in vielen Bereichen der Analytik noch sehr gering, und die

Vielfalt realer Matrices kann bei weitem nicht abgedeckt werden. Außerdem sind die Kosten für diese Proben meist sehr hoch. Daher werden sie nur sehr selten mitanalysiert. Stattdessen erfolgt oft eine eingeschränkte Richtigkeitskontrolle mittels Wiederfindungsrate-Regelkarten.

3.3.1.4 Wiederfindungsrate-Regelkarte

Die Wiederfindungsrate-Regelkarte (s. Abschnitt 2.6.7.1.5.3) dient zur Absicherung der Richtigkeit von Analysenergebnissen unter gleichzeitiger Einbeziehung von Matrixeinflüssen.

Da häufig sehr unterschiedliche Matrixtypen (in der Wasseranalytik z. B. Oberflächenwasser, kommunales und industrielles Abwasser) analysiert werden, ist es erforderlich, für jeden Matrixtyp eine eigene Regelkarte zu führen.

Mittels der Wiederfindungsrate-Regelkarte ist allerdings nur eine eingeschränkte Richtigkeitskontrolle möglich, da über die Ermittlung der Wiederfindungsrate lediglich matrixbedingte proportional-systematische, nicht jedoch konstant-systematische Abweichungen erkannt werden können.

Ein aussagekräftiges Ergebnis kann allerdings nur dann erzielt werden, wenn die Urprobe mit einer geeigneten Substanz aufgestockt wird. So ist z. B. in der Wasseranalytik das Führen einer Wiederfindungsrate-Regelkarte für den CSB wenig sinnvoll, wenn zu den Originalproben Kaliumhydrogenphthalat addiert wird, da sich diese Substanz sehr leicht oxidieren lässt und somit praktisch nur das richtige Zudosieren der Aufstocklösung überprüft wird [158].

3.3.2 Präzisionskontrolle

3.3.2.1 Allgemeines

Die Präzision von Analysenergebnissen lässt sich in der Routineanalytik auf vier verschiedene Arten kontrollieren:

1. aus der Range-Regelkarte (s. Abschnitt 2.6.7.2),
2. aus der Standardabweichungs-Regelkarte (s. Abschnitt 2.6.7.4),
3. über Mehrfachbestimmungen,
4. über Standardaddition (s. Abschnitt 3.4.1.1).

3.3.2.2 Kontrolle der Präzision über die Range-Regelkarte

Über die Range-Regelkarte (s. Abschnitt 2.6.7.2) lässt sich in der Routineanalytik mit sehr geringem zusätzlichem Analysenaufwand die Präzision von Analysenergebnissen ermitteln.

Dazu werden in jeder Analysenserie von einer beliebigen, jedoch typischen realen Probe Doppelbestimmungen durchgeführt. Bei Proben mit sehr unterschiedlichen Matrices und großen Konzentrationsunterschieden empfiehlt sich das Führen von mehreren Range-Regelkarten für die verschiedenen Matrixtypen und Konzentrationsbereiche. Aus der Range-Regelkarte kann dann für ein bestimmtes Analysenergebnis die Standardabweichung abgeschätzt werden, vorausgesetzt, die Matrix der betreffenden Probe ist die gleiche wie die der für die Range-Regelkarte ausgewählten Kontrollproben. Zur Absicherung sollte nach Möglichkeit die Range für die interessierende Probe bestimmt und in die Regelkarte eingetragen werden, um nachzuweisen, dass keine Außer-Kontroll-Situation vorliegt.

Die Standardabweichung wird aus der mittleren Range $\bar{R}$ der Range-Regelkarte wie folgt abgeschätzt:

$$s = \frac{\bar{R}}{d_2} \quad \text{mit } d_2 = \text{Faktor, s. Tabelle 3-5}$$

d_2 ist abhängig von der Anzahl n der Messungen innerhalb einer Stichprobe; in der Analytik wird meist mit $n = 2$ gearbeitet, d. h. mit Doppelbestimmungen.

Tabelle 3-5. Faktoren zur Berechnung der Standardabweichung aus der mittleren Range [4].

Untergruppengröße n	*Faktor d_2*
2	1,128
3	1,693
4	2,059
5	2,326
6	2,534
7	2,704
8	2,847
9	2,970
10	3,078

Mit der auf diese Weise ermittelten Streuung lässt sich dann z. B. beurteilen, ob ein ermitteltes Analysenergebnis möglicherweise einen vorgegebenen Grenzwert überschreitet.

3.3.3.2.3 **Sicherung der Präzision über die Standardabweichungs-Regelkarte**

Die Standardabweichungs-Regelkarte (s. Abschnitt 2.6.7.4) kann ebenso wie die *R-Karte* zur Präzisionskontrolle herangezogen werden.

3.3.3
Revision von Qualitätsregelkarten [196, 136]

Die Regelkarten werden in gewissen Zeitabständen auf Änderungen der Mittelwerte und der Warn- und Kontrollgrenzen geprüft. Es erfolgt eine Revision der letzten 60 Datenpunkte. Gibt es bei dieser Revision einen bis sechs Fälle, in denen die 2*s*-Warngrenzen überschritten wurden, dann liegt wahrscheinlich keine Änderung der Präzision vor. Eine Neufestlegung der Grenzen ist nicht erforderlich.

Liegen jedoch entweder keine oder mehr als sechs Kontrollwerte außerhalb der Warngrenzen, so hat sich mit 90%iger Sicherheit die Präzision geändert (verbessert bzw. verschlechtert), d. h. eine Überarbeitung der Warn- und Kontrollgrenzen ist erforderlich. In diesem Fall muss entschieden werden, ob die Zentrallinie und die Warn- und Kontrollgrenzen der Regelkarte auf der Basis der letzten 60 Datenpunkte neu zu berechnen sind. Werden neue, breitere Kontrollgrenzen berechnet, ist auf die Einhaltung der für die betreffende Substanz vorgegebenen Genauigkeitsanforderungen zu achten.

3.3.4
Qualitätssicherung für zeitaufwändige oder selten angewandte Analysenverfahren

Zeitaufwändige Analysenverfahren ergeben häufig nur sehr kleine Analysenserien, die manchmal nur aus einer einzelnen Analyse bestehen. Um Qualitätsprobleme, die einen zusätzlichen Aufwand für die Wiederholung der Analysen bedeuten, zu vermeiden, sind Qualitätssicherungsmaßnahmen in der Vorbereitungsphase und während der Routineanalytik von besonderer Bedeutung. Die Kalibrierkenndaten müssen gültig sein, Wiederfindungsraten und Präzision müssen geprüft werden. Wirtschaftliche Überlegungen rechtfertigen keine Nachlässigkeit in der Qualitätssicherung der Analytik!

Analysen, die nicht regelmäßig durchgeführt werden, z. B. nur ein- oder zweimal je Woche oder Monat oder sogar nur wenige Male im Jahr, müssen begleitet werden durch

- Prüfung der aktuellen Kalibrierfunktion.
  - Prüfung der Präzision durch Wiederholung der Analyse und Führen einer Range-Regelkarte.
- Prüfung der Wiederfindungsrate durch das Standardadditionsverfahren und Führen einer *WFR*-Regelkarte.
- Analyse einer Blindprobe und Führen einer Blindwert-Regelkarte.
- Analyse von Referenzmaterial zur Prüfung der Wiederfindungsrate und Führen einer *WFR*-Regelkarte.

Im Vergleich zu großen täglichen Analysenserien unterliegen extrem kleine und/ oder seltene Serien einigen Qualitätsproblemen, die durch entsprechende Maßnahmen überwunden werden müssen:

- Das Personal hat wenig Erfahrung; im Falle von selten angewandten Analysenverfahren muss sogar Fluktuation und „keine Erfahrung" in Erwägung gezogen werden.
- Ungültigkeit der früheren Kalibrierung.
- Verderben von Reagenzien.
- Verderben von Kontrollproben.
- Unbemerkte Dejustierung von Geräten.

Da auf Qualitätssicherungsmaßnahmen mehr als 50% der gesamten Analysenkosten entfallen können, sollte die Untervergabe von Aufträgen bei selten angewandten Analysenverfahren und seltenen Analysen an spezialisierte Laboratorien in Erwägung gezogen werden.

3.4 Spezielle Qualitätsprobleme in der Routineanalytik

3.4.1 Matrixeffekte

In der Umweltanalytik ist mit großen Unterschieden in der Zusammensetzung (Matrix) von Proben zu rechnen, z. B. gibt es keine „Standard"-Matrix für kommunales Abwasser. Daher ist es sicher problematisch, eine Prognose auf die Unpräzision (s) eines zukünftigen Messwertes aus der geschätzten Standardabweichung einer zu einem früheren Zeitpunkt untersuchten Analysenserie mit willkürlich gewählter Matrix zu stellen.

Noch problematischer ist es, das Prognoseintervall über eine früher ermittelte Kalibrierfunktion zu berechnen, insbesondere dann, wenn nicht über das gesamte Analysenverfahren (z. B. einschließlich Aufschluss, Extraktion usw.) kalibriert wurde und als Kalibrierstandards reine Lösungen des zu bestimmenden Parameters eingesetzt wurden, da die Messwerte von Kalibrierproben und realen Proben keine statistisch gleiche Struktur aufweisen.

Daher sollte die Unpräzison eines Analysenergebnisses, insbesondere wenn es um die Überwachung eines Grenzwertes geht, über das Verfahren der Standardaddition ermittelt bzw. geschätzt werden. (Daneben muss selbstverständlich auch die Richtigkeit des analytischen Arbeitens überwacht werden, s. Abschnitt 3.3.1).

3.4.1.1 Ermittlung der Präzision über das Standardadditionsverfahren

Bei der Abschätzung der Standardabweichung über die Range-Karte bzw. über Mehrfachanalysen wird zwar eine matrixbedingte Unpräzision, nicht jedoch eine mögliche Unrichtigkeit, d. h. eine matrixbedingte systematische Abweichung, erfasst.

Wird dagegen das Verfahren der Standardaddition [33] angewandt, kann sowohl die Präzision ermittelt als auch die Richtigkeit des Analysenergebnisses verbessert werden.

3.4.1.1.1 Durchführung der Standardaddition

Die Standardadditionsmethode sollte möglichst nur bei standardisierten Analysenverfahren angewandt werden. In diesem Fall ist der Linearitätsbereich bekannt, die Varianzenhomogenität über den Arbeitsbereich ist nachgewiesen, und es liegt eine Kalibrierfunktion vor [99, 112, 199]. Für die Aufstockung wird die Originalprobe in mindestens N volumengleiche Teilproben aufgeteilt. $N-1$ dieser Teilproben werden jeweils aufgestockt.

Hinweis: Es ist empfehlenswert, bei der Aufstockung nach jedem Additionsschritt mit dem Lösungsmittel (z. B. dest. Wasser) auf ein konstantes Probenvolumen aufzufüllen. Die unaufgestockte Originalprobe wird ebenfalls auf dieses Volumen aufgefüllt.

a) Ermittlung der Aufstockkonzentrationen

Die Aufstockung der Probe soll nach Möglichkeit so erfolgen, dass dabei die Probenkonzentration verdoppelt wird.

Dafür wird zunächst der Messwert y_0 der Urprobe bestimmt und der Probengehalt x_0 mittels der bekannten Kalibrierfunktion geschätzt. Die Urprobe wird danach in vier äquidistanten Konzentrationsschritten aufgestockt, sodass die maximal zugesetzte Aufstockkonzentration x_{A4} z. B. gleich x_0 ist [178]. Hierbei ist darauf zu achten, dass die Konzentration der am höchsten aufgestockten Probe ($x_0 + x_{A4}$) innerhalb des Arbeitsbereiches der linearen Kalibrierfunktion liegt.

Anmerkung: Der Vorschlag, bei der Standardaddition in der Routine vier Aufstockkonzentrationen zu verwenden, stellt einen Kompromiss zwischen der gewünschten Genauigkeit des Analysenergebnisses und dem noch in der Routine vertretbaren Aufwand dar.

b) Herstellung der Standardlösungen

Die Standardlösung sollte so beschaffen sein, dass die Aufstockung in volumengleichen Schritten vorgenommen werden kann, d. h. das erste Aufstockvolumen V_s erhöht die Konzentration um x_{A1}, das zweite Aufstockvolumen $2 \cdot V_s$ die Konzentration um $x_{A2} = 2 \cdot x_{A1}$ usw.

Die Standardlösungen mit der zu bestimmenden Substanz werden so angefertigt, dass die Aufstockvolumina möglichst gering im Verhältnis zum Probenvolumen bleiben, um Matrixveränderungen zu vermeiden.

c) Bestimmung der Messwerte und Auswertung

Alle Proben (Urprobe und aufgestockte Proben) werden entsprechend der Analysenvorschrift aufbereitet (z. B. einschließlich Aufschluss). Für diese Proben werden die Messwerte y_0, y_{A1} bis y_{A4} bestimmt. Ebenso wird eine Blindwertmessung durchgeführt.

Aus den Wertepaaren ohne Einbezug der Blindwertmessung wird durch einfache lineare Regression eine Aufstockkalibrierfunktion mit dem dazugehörigen Vertrauensbereich berechnet. Die Aufstockkalibrierfunktion wird auf die Abszisse extrapoliert. Für die Berechnung der gesuchten Konzentration $\hat{x}$ wird zusätzlich der Blindwert y_B benötigt (s. Abb. 3-3).

Aufstockkalibrierfunktion:
$$y = \hat{y}_0 + b_A x \tag{118}$$
$\hat{y}_0 =$ Achsabschnitt der Aufstockkalibrierfunktion

Proben-Konzentration:
$$\hat{x} = \frac{\hat{y}_0 - y_B}{b_A} \tag{119}$$

Falls bei der Probenvorbereitung ein „Auffüllen" des Volumens erfolgte, muss hier die entsprechende Korrekturrechnung (s. Abschnitt 2.5.2.4) erfolgen:

$$\hat{x} = \frac{\hat{y}_0 - y_B}{b_A} \cdot \frac{V_{\text{Probe}} + V_{\text{addiert}}}{V_{\text{Probe}}}$$

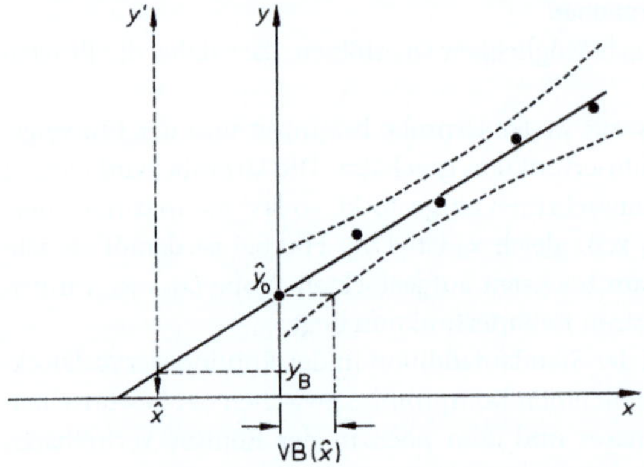

Abb. 3-3. Abschätzung des Probengehaltes ($\hat{x}$) mit dem zugehörigen Vertrauensbereich für ein Aufstockexperiment.

Der Vertrauensbereich wird an der Stelle $\hat{y}_0$ berechnet (s. Abb. 3-1):

$$VB(\hat{x}) = \frac{s_y}{b_A} \cdot t_{f,P} \cdot \sqrt{\frac{1}{N} + 1 + \frac{(\hat{y}_0 - \bar{y})^2}{b_A^2 \sum (x_i - \bar{x})^2}} \quad \text{mit} \quad f = N-2,\ P = 95\% \tag{120}$$

Soll das Vertrauensband der Aufstockkalibrierfunktion eingeengt werden, so können beispielsweise Mehrfachbestimmungen auf jeder Additionsstufe durchgeführt werden. Auch hier gilt die Forderung, dass jede einzelne aufgestockte Probe dem vollständigen Analysenverfahren unterzogen werden sollte. Eine weitere Möglichkeit besteht in der Erhöhung der Anzahl von Standardadditionen.

3.4.1.1.2 **Statistische Absicherung des Analysenergebnisses**

Da der Matrixeinfluss einer realen Probe sich nicht nur in einer systematischen Abweichung zeigen kann, sondern auch die Präzision der Analysenergebnisse wesentlich verschlechtern kann, ist in jedem Falle zu prüfen, ob sich das gefundene Analysenergebnis von der Konzentration $\hat{x} = 0$ unterscheidet.

Dies erfolgt über die Berechnung des Prüfwertes x_p (s. Abschnitt 1.2.4.2.3) [196].

$$x_p = 2 \cdot \frac{s_y}{b_A} \cdot t_{f,P} \sqrt{\frac{1}{N} + 1 + \frac{(y_p - \bar{y})^2}{b_A^2 \sum (x_i - \bar{x})^2}} \tag{121}$$

mit

$$y_p = \hat{y}_0 + s_y \cdot t_{f,P} \cdot \sqrt{\frac{1}{N} + 1 + \frac{\bar{x}^2}{\sum (x_i - \bar{x})^2}} \tag{122}$$

Entscheidung: Für $x_p < \hat{x}$ (s. Abb. 3–4) unterscheidet sich die berechnete Konzentration $\hat{x}$ signifikant von der Konzentration $x = 0$.

Bei $x_p > \hat{x}$ kann die berechnete Konzentration infolge zu großer Unpräzision nicht signifikant von der Konzentration $x = 0$ unterschieden werden.

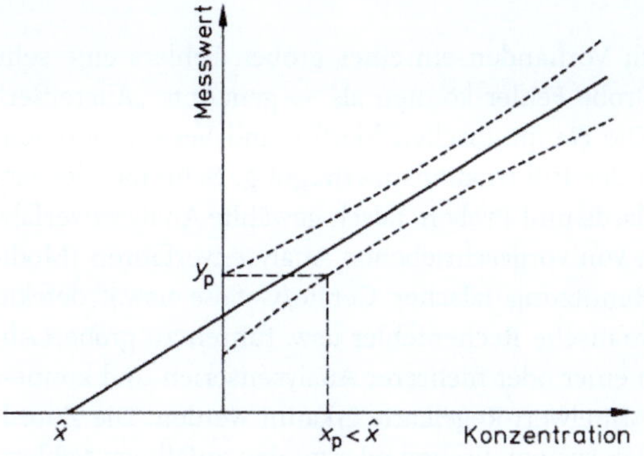

Abb. 3-4. Ermittlung des Prüfwertes x_p.

3.5 Korrigierende Maßnahmen

3.5.1 Fehlerquellen im analytischen Laboratorium

In jedem Analysenergebnis sind Fehler unvermeidlich enthalten. Die Kenntnis und Beachtung möglicher Fehlerursachen jedoch helfen, das Auftreten von Fehlern weitgehend zu reduzieren sowie bei der Fehlersuche (trouble-shooting) schneller die Ursachen für aufgetretene Fehler zu finden.

Fehlervorsorge wird in erster Linie durch eine Optimierung des Betriebsablaufes getroffen. Je besser ein Laboratorium organisiert ist, desto weniger Fehler sind zu erwarten. Optimale Labororganisation und Qualitätssicherung unterstützen sich folglich gegenseitig [109].

Wird ein Analysenverfahren in der Routine angewendet, so lassen sich auftretende Fehler einem der folgenden Gebiete zuordnen:

1. Probenfehler
2. Reagenzienfehler
3. Fehler durch Referenzmaterialien
4. methodische Fehler
5. Kalibrierfehler
6. Gerätefehler
7. Fehler bei der Messwertregistrierung und -übertragung
8. Fehler bei der Ergebnisberechnung
9. Fehler bei der Ergebnisübermittlung
10. Fehler bei der Befundung der Ergebnisse

Dabei ist zwischen drei Fehlertypen zu unterscheiden [109, 191].

Grobe Fehler

Das Analysenergebnis weist durch Vorhandensein eines groben Fehlers eine sehr große (grobe) Abweichung auf. Grobe Fehler können als so genannte „Ausreißer" einmalig in Erscheinung treten. Die Hauptursachen hierfür sind Verwechslungen, zufällige Rechenfehler, Fehler bei der Informationsübertragung, Schreibfehler etc. Fehlerhafte Herstellung von Standards und Proben, falsch gewählte Analysenverfahren, systematische Abweichungen von vorgeschriebenen Analysenverfahren (Modifikation von Analysenschritten, Benutzung falscher Geräte/Gefäße usw.), defekte oder falsch justierte Geräte, systematische Rechenfehler usw. führen zu groben Abweichungen bei allen Ergebnissen einer oder mehrerer Analysenserien und können durch Kontrollanalysen über die Mittelwert-Regelkarte erkannt werden. Die Zuordnung grober Fehler entweder zu den systematischen oder zu den zufälligen Fehlern ist schwierig.

Systematische Fehler

Die Analysenergebnisse zeigen systematisch erhöhte oder erniedrigte Werte. Die Richtigkeit der Ergebnisse wird verschlechtert.

Zufällige Fehler

Die Präzision der Ergebnisse wird verschlechtert.

Ein fehlerhaftes Ergebnis kann nicht immer streng einem Fehlertyp zugeordnet werden. So unterscheidet sich ein grober Fehler von einem systematischen Fehler häufig nur durch das Ausmaß der Ergebnisbeeinflussung oder er besteht aus einer Kombination von erheblichen systematischen und zufälligen Fehlern.

In Tabelle 3-6 wird neben den Fehlerursachen auch auf die Art der Fehler hingewiesen.

3.5.2
Systematische Fehlersuche (trouble-shooting)

Die Erkennung und Behebung insbesondere grober und systematischer Fehler stellt die Hauptaufgabe innerhalb der Routinequalitätssicherung dar. Die Fehlererkennung umfasst hierbei drei Stufen:

1. Die grundsätzliche Plausibilitätskontrolle von Analysenergebnissen (s. Abschnitt 3.5.2.2).
2. Die Qualitätsüberwachung mit Hilfe von Qualitätsregelkarten (s. Abschnitt 2.6.7).
3. Die Durchführung von Arbeitsplatz- und Geräteinspektionen (und -wartungen) zur Aufdeckung von Fehlern, bevor sie in den Analysenergebnissen manifest werden.

Erfolgreiche Fehlersuche hängt in erheblichem Maß von Systemkenntnis und Erfahrung ab. Daher sollten Fehlerursache und deren Behebung dokumentiert und diskutiert werden!

Tabelle 3-6. Häufige Fehlerursachen in einem analytischen Labor; Hilfsmittel zur Fehlersuche [12, 13, 16, 108, 191].

	Fehlerursache	***Fehlerart*** systematisch	zufällig
1	**Probenfehler**		
1.1	*Fehler bei der Probenahme*		
	• Verunreinigung der Probe (z. B. verunreinigtes Probengefäß, Cu und Zn aus Messingrohrleitung)	x	
	• Verluste	x	
	• falsches Probenahmegefäß (z. B. O_2-Ausgasung bei Saugleitungen)	x	
	• nicht repräsentative Probe, z. B. ungünstiger Probenahmepunkt, unzureichende Durchmischung (z. B. Faulbehälter), falsche Zeitwahl bei Herstellung der Mischprobe	x	
	• falscher Probenahmeort (falsches Gewässer, Fehler bei der Probenahmestelle)	x	
1.2	*Fehler bei Transport und Aufbewahrung der Probe*		
	• Verdunstung (Probengefäß nicht richtig verschlossen)	x	
	• Kontamination von außen (z. B. bei EOX, Schwermetalle in Laborstaub)	x	
	• Aufbewahrung bei falscher Temperatur (z. B. Abbau organischer Substanz)	x	
	• Nichtbeachtung der Lichtempfindlichkeit mancher Substanzen (z. B. PAH)	x	
	• Nichtbeachtung der Stabilität (physikalisch, chemisch, biochemisch) der Bestandteile	x	
	• unterlassene oder fehlerhafte Probenkonservierung	x	
	• unzulässige Überalterung der Probe (Analyse erst nach langem Wochenende oder gar nach der Urlaubszeit)	x	
	• falsches Aufbewahrungsgefäß (ungenügend gereinigtes Gefäß, Aufnahme von Substanzen aus der Gefäßwandung (z. B. Weichmacher bei Plastikgefäßen, bröckelnde Gummistopfen usw.)	x	
1.3	*Fehler bei der Probenidentifizierung*		
	• Verwechslungen		x
	• falsche Zeit- oder Mengenangaben (z. B. bei Sammelperiode)	x	x
1.4	*Fehler bei der Probenvorbereitung*		
	• Blindwerte (z. B. aus dem Material des Mahlgeschirrs bei Klärschlammproben)	x	
	• Verdünnungsfehler	x	x
	• Mess- oder Wägefehler	x	
	• Inhomogenitäten, Verteilungsfehler (z. B. falscher Zeitpunkt der Abtrennung von Feststoffen, unzureichende Homogenisierung vor oder während des Abmessens oder Dosierens)	x	
	• Verluste (z. B. Verdampfen leicht flüchtiger Substanzen)	x	
	• unreproduzierbare Probenaufschlussbedingungen (z. B. ungenaue Zeit- oder Temperatureinhaltung beim Aufschluss)		x
	• Probenverunreinigung (s. a. Fehler bei der Probenahme (1.1) und Fehler bei Transport und Aufbewahrung (1.2))	x	

Tabelle 3-6. (Fortsetzung)

	Fehlerursache	*Fehlerart* *systematisch*	*zufällig*
2	**Reagenzienfehler**		
	• mangelnde Reinheit der Reagenzien	x	
	• mangelnde Reinheit des Lösungsmittels	x	
	• unsachgemäße Aufbewahrung der Reagenzien	x	
	• Verwendung alternder oder gealterter Reagenzien (z. B. Verfallsdatum nicht beachtet)	x	
	• mit falschem Lösungsvolumen gelöst	x	
	• Reagenz unvollständig gelöst	x	
	• verdunstete Reagenzien	x	
3	**Fehler durch Referenzmaterialien**		
	(Kontrollproben, Standards)		
	• mangelnde Reinheit der Referenzmaterialien	x	
	• Fehler durch Störsubstanzen in den Referenzmaterialien	x	
	• physikalische Unterschiede zwischen Probe und Referenzmaterial (z. B. Viskosität)	x	x
	• falsche Referenzwerte verwendet	x	
	• Referenzwerte sind ungenau (z. B. ungenaue Mittelwerte, Standardabweichungen durch zu kurze Vorperiode)		x
	• Veränderungen der Referenzmaterialien während der unsachgemäßen Lagerung (Konzentration sinkt: z. B. durch Adsorption, Zersetzung; Konzentration steigt: z. B. durch Verdunstung)	x	
	• Verwendung verfallener Referenzmaterialien	x	
	• Fehler bei der Vorbereitung der Referenzmaterialien (z. B. Pipettierfehler)	x	x
	• nicht ausreichendes Mischen bei aufgetauten Referenzmaterialien	x	x
4	**Methodische Fehler allgemein**		
	• Abweichung von der Analysenvorschrift	x	
	• Reaktionszeiten nicht genau eingehalten	x	x
	• Rechenfehler beim Ansetzen von Mischungen, Verdünnungen, Aufstockungen	x	
	• Benutzung eines falschen Analysenverfahrens (ungeeignetes Analysenverfahren, für das Analysenziel aufgrund seiner Ungenauigkeit nicht zugelassenes Analysenverfahren: z. B. Verwendung eines Orientierungstests anstelle des vorgeschriebenen Referenzverfahrens)	x	
	• Über- oder Unterschreitung des geprüften Arbeitsbereiches	x	
	• Nichtbeachtung des linearen Arbeitsbereiches	x	
	• Nichtbeachtung der Nachweis- oder Bestimmungsgrenze	x	x
	• Nichtbeachtung eines erforderlichen Proben- oder Reagenzienleerwertes (Blindwert)	x	
5	**Kalibrierfehler**		
5.1	*Ungenaue Zusammensetzung der Kalibrierstandards*	x	
5.2	*Volumenmessfehler (s. a. Punkt 6.: Gerätefehler)*	x	x

Tabelle 3-6. (Fortsetzung)

	Fehlerursache	Fehlerart systematisch	Fehlerart zufällig
5.3	*Wägefehler*		
	• Erschütterungen der Waage		x
	• ungenaue Nullpunkteinstellung	x	
	• Verschmutzung des Wägegefäßes	x	
5.4	*Ungenauer Geräteabgleich*	x	
6	**Gerätefehler**		
6.1	*Allgemeiner Fehler*		
	• mangelnde Sauberkeit der verwendeten Geräte (einschließlich Glasgeräte und Einmalartikel):		
	– Verunreinigung	x	x
	– Geräte nicht ausreichend getrocknet	x	x
	• ungeeichte Geräte verwandt; Nacheichung vergessen; Justierung vergessen	x	
	• Wartung unterlassen	x	
	• physikalische Geräteeinflüsse:		
	– äußere Temperatur	x	x
	– elektrische und magnetische äußere Fehler	x	x
6.2	*Fehler bei der Verwendung von Glaspipetten*		
	• Verwechslung von Pipetten (falsches Volumen)	x	
	• Verwendung ungeeigneter Pipetten (z. B. zu große Pipetten für zu kleine Volumina)	x	x
	• Benutzung feuchter Pipetten	x	
	• beschädigte Pipettenspitzen	x	
	• Einsatz ungeeichter, bzw. nicht eichfähiger Pipetten	x	x
	• falsches Pipettieren: (z. B. Nichtbeachtung der geforderten Ablaufzeiten, ungenaue Einstellungen des Meniskus, Markierung „In“, „Ex“ nicht beachtet, Pipette nicht senkrecht gehalten, Luftblasen mit aufgezogen)	x	x
	• mangelnde Benetzung infolge ungenügender Reinigung	x	x
	• zu schnelles Arbeiten		x
6.3	*Fehler bei der Verwendung von Kolbenhubpipetten*		
	• Verwechslung von Pipetten (falsches Volumen)	x	
	• Volumenfehler (Kontrolle durch Wägung!)	x	x
	• Pipettenspitze falsch aufgesetzt	x	x
	• Verschmutzung des Kolbenschafts: (z. B. Pipettenhub ruckartig bewegt, Übertritt von Flüssigkeit in den Kolbenschaft; Pipette mit nasser Spitze liegend aufbewahrt)	x	
	• Verwendung undichter Pipetten oder Spitzen	x	x
	• falsches und zu schnelles Arbeiten: (z. B. Pipettenhub ruckartig bewegt; Spitze nicht luftdicht aufgesetzt; Verschleppungsfehler, neue Spitze für jede Lösung(!); außen anhaftende Flüssigkeit; zu schnelles Ausstoßen der Flüssigkeit; Luftblasen mit aufgezogen)	x	x

Tabelle 3-6. (Fortsetzung)

	Fehlerursache	***Fehlerart*** ***systematisch***	***zufällig***
6.4	*Dosieren mit Dilutoren und Dispensern*		
	• Probennadel nicht durchgängig		x
	• Verwendung falsch kalibrierter Geräte	x	
	• Ventile, Schläuche undicht	x	x
	• Ventile, Schläuche nicht durchgängig	x	x
	• Dosiervolumen ungenau eingestellt	x	
	• zu schnelles Arbeiten		x
	• unzureichendes Mischen, Homogenisieren		x
6.5	*ungenaue Temperaturregelung*		
	• falsches Temperaturprogramm	x	
	• falsche Soll-Temperatur	x	
	• notwendige Wartezeit nicht eingehalten	x	
	• zu viel oder zu wenig Flüssigkeit im Thermostat	x	x
	• keine homogene Temperatur, z. B. durch Defekt in Rührer, Umwälzpumpe	x	x
	• bei Durchfluss-Thermostat: Pumpe defekt oder nicht eingeschaltet, Ventil zu	x	x
6.6	*Küvettenfehler*		
	• Küvettenfehler (unterschiedliche Lichtdurchlässigkeit) nicht berücksichtigt, verschiedene Küvetten abwechselnd benutzt, ohne Null-Abgleich zwischendurch	x	x
	• falsche Küvetten verwendet (z. B. falsche Schichtdicke, ungeeignetes Küvettenglas)	x	
	• Küvetten falsch eingesetzt	x	
	• Mindestfüllvolumen nicht beachtet	x	x
	• außen feuchte Küvetten verwendet	x	x
	• verschmutzte, zerkratzte Küvetten verwendet	x	x
	• Luftblasen oder Schlieren in der Messlösung		x
	• Verschleppungseffekt	x	
	• Reinigungsfehler (z. B. bei fettlöslichen Lösungen)	x	
6.7	*Photometerfehler*		
	• Fehler bei der Einstellung der Wellenlänge	x	
	• mangelnde Strahlungsintensität (z. B. auch durch überalterte Lampe)	x	
	• verschmutztes optisches System (verstaubte oder durch Dämpfe beschlagene Spiegel und Linsen)	x	
	• Benutzung eines falschen Photometers (Filterphotometer anstelle von Spektral- oder Spektrallinienphotometer) dadurch	x	
	• mangelnde Monochromasie	x	
	• Photometer nicht richtig kalibriert	x	
	• Drifteffekt nicht beachtet	x	
	• Nullpunkt nicht richtig eingestellt	x	
	• Lichteinfall in den Probenraum	x	x
	• falsches Programm oder falscher Faktor bei Digitalphotometern	x	
	• falsche Blende (Streulicht)	x	
	• falscher Filter oder falsche Wellenlänge	x	
	• Lampe nicht lange genug eingebrannt	x	
	• falsche Lichtquelle benutzt	x	

Tabelle 3-6. (Fortsetzung)

	Fehlerursache	***Fehlerart*** ***systematisch***	***zufällig***
	• Photomultiplier beschädigt oder dejustiert	x	
	• Fehler durch gealterte oder ausgefallene Lichtquelle	x	
	• ungünstiger Ablesebereich		x
	• unruhige Anzeige		x
	• instabile Anzeige wegen falscher elektrischer Installation		x
	• Störung durch Elektrosmog		x
6.8	*Transport- bzw. Absaugsysteme* (z. B. bei Flowsystem, AAS-Gerät, Flammenphotometern, Autoanalyzer)		
	• falsches Programm gewählt	x	
	• verstopfte Leitungen	x	x
	• undichte Leitungen, Verbinder	x	x
	• verunreinigte Leitungen	x	x
	• Fehler bei den Medien (z. B. falsches Gas, falsche Medienqualität, Verunreinigungen, z. B. durch Hilfsmittel bei der Instandhaltung)	x	
6.9	*Fehler bei Zerstäubern* (z. B. bei AAS-Gerät, Flammenphotometer)		
	• verstopft	x	x
	• mechanisch defekt	x	x
	• dejustiert	x	x
6.10	*Fehler bei der Spektroskopie*		
	• Nichtbeachtung von Linienüberlappungen bei Emissionsspektrometrie	x	
	• unkalibriertes Spektrometer	x	
	• falsches Auswertungsprogramm	x	
7	**Fehler bei der Messwertregistrierung und -übertragung**		
	• Wahl des falschen Messbereiches	x	x
	• Wahl der falschen Messgröße	x	
	• Ablesefehler		x
	• Verwechslung von Daten		x
	• Schreibfehler		x
8	**Fehler bei der Ergebnisberechnung**		
	• Rechenfehler, Kommafehler, falsche Maßeinheit		x
	• Rundungsfehler		x
	• Nichtbeachtung eines Reagenzien- oder Probenleerwerts	x	
	• Verwendung eines ungenauen, ungeprüften Extinktionskoeffizienten	x	
	• Nichtbeachtung oder Verwendung eines falschen Verdünnungsfaktors	x	
	• Nichtberücksichtigung einer Messbereichsumschaltung		x
9	**Fehler bei der Ergebnisübermittlung**		
	• Zuordnungsfehler, Verwechslungen		x
	• Schreibfehler		x
	• Übertragungsfehler (Übermittlung entstellter oder unvollständiger Ergebnisse)		x

Tabelle 3-6. (Fortsetzung)

	Fehlerursache	*Fehlerart* *systematisch*	*zufällig*
10	**Fehler bei der Befundung der Ergebnisse**		
	• Übersehen eines Probenfehlers		x
	• Zuordnung eines Ergebnisses zu einem falschen Normalbereich		x
	• Fehlinterpretation von Einheiten und Zehnerpotenzen		x
	• Verzicht auf Qualitätssicherungsmaßnahmen	x	x
	• Ignorierung von „Außer-Kontroll-Situationen"	x	x

3.5.2.1 Fehler, die mit den Methoden der statistischen Qualitätskontrolle erkannt werden können (Fehler innerhalb der Analytik)

Tritt bei einer Kontrollkarte eine Außer-Kontroll-Situation auf, so muss darauf geschlossen werden, dass bei der Analyse der realen Proben möglicherweise derselbe Fehler vorliegt. Eine schnelle Erkennung und Eliminierung des vorliegenden Fehlers ist dann zur Absicherung der Analysenergebnisse unbedingt erforderlich.

Für eine schnelle und erfolgreiche Fehlersuche innerhalb der Analytik wird daher das in den nachstehenden Abschnitten beschriebene Vorgehen vorgeschlagen [191].

3.5.2.1.1 Eliminierung grober Fehler

Die Analyse der Kontrollprobe wird unter Vermeidung möglicher grober Fehler (s. Tabelle 3-6) und strenger Beachtung der Analysenvorschrift wiederholt. Zeigt das Analysenergebnis der Kontrollprobe an, dass das Verfahren wieder in Kontrolle ist, so wurde vermutlich bei der vorangegangenen Analysenserie die Analysenvorschrift nicht exakt eingehalten oder es lag ein grober Fehler vor. Die gesamte Analysenserie muss nun nach Elimination dieses Fehlers wiederholt werden.

Ist das fehlerhafte Analysenergebnis der Kontrollprobe dagegen zwar fehlerbehaftet aber reproduzierbar, so liegt vermutlich ein systematischer Fehler vor.

3.5.2.1.2 Eliminierung systematischer Fehler

Zur Prüfung auf systematische Fehler werden nach Möglichkeit mehrere verschiedene Richtigkeitskontrollproben analysiert. Um reagenzien- und methodenabhängige Fehler erkennen zu können, sollten Kontrollproben verwendet werden, deren Konzentrationen über den gesamten Messbereich verteilt sind. Als Minimum sollte eine Richtigkeitskontrollprobe im unteren und eine im oberen Teil des Arbeitsbereiches verwendet werden. Diese zusätzlichen Kontrollprobenanalysen erübrigen sich, wenn die eingesetzten Kontrollkarten bereits systematische Fehler (Trends) anzeigen. Liegt ein systematischer Fehler vor, d. h. liegen die Analysenergebnisse der Kontrollproben überwiegend höher oder tiefer als die Sollwerte, so wird anhand der Fehlerursachen-Tabelle (s. Tabelle 3-6) Schritt für Schritt nach der möglichen Ursache gesucht. Dabei ist zu empfehlen, soweit möglich Austauschversuche vorzunehmen. Beispielsweise können durch Austausch einzelner Reagenzien, Geräte oder auch von Personal viele Fehler schnell erkannt werden.

3.5.2.1.3 **Verbesserung der Präzision**

Zur Verbesserung der Präzision wird ebenfalls Tabelle 3-6 schrittweise durchgegangen, um die möglichen Ursachen für eine höhere Unpräzision zu ermitteln.

Häufig sind die verwendeten Dosiergeräte sowie die Arbeitsweise des Ausführenden Ursache einer schlechten Präzision. Die (Un)Präzisionen der einzelnen Schritte eines Analysenverfahrens addieren sich im ungünstigsten Fall nach dem Fehlerfortpflanzungsgesetz zu der Gesamt(un)präzision [109]. Soll die Gesamtpräzision einer Methode verbessert werden, so gilt es, diejenigen Analysenschritte herauszufinden, die den größten Einfluss auf den Gesamtfehler eines Analysenverfahrens haben.

In Abb. 3-5 ist beispielhaft ein Fehlersuch-Schema dargestellt. Fehlersuch-Schemata sollten jedoch nach Möglichkeit von den Herstellern von Analysengeräten und Erstellern von Analysenverfahren erstellt und den Anwendern zur Verfügung gestellt werden, da es unmöglich ist, *ein* allgemein gültiges Fehlersuch-Schema für *alle* Analysenverfahren zu erstellen. Eine gute Hilfe bietet z. B. die Vorgehensweise der schrittweisen Prüfung eines Analysenverfahrens wie in Phase I beschrieben.

Es können auch Fehler auftreten, die mit den Methoden der statistischen Qualitätskontrolle nicht erkannt werden. Meist sind dies Fehler, die lediglich auf eine Analyse einwirken und die nächste Probe nicht beeinflussen (z. B. grobe, matrix- oder probenbedingte Fehler, Fehler bei der Übermittlung und Befundung der Ergebnisse). Diese Fehler können nur durch Plausibilitätskontrollen entdeckt werden.

3.5.2.2 **Plausibilitätskontrolle**

„Plausibilität ist das Maß der Annäherung des an einer Probe gewonnenen Messwertes an den Erwartungswert“ [158]. Eine wirkungsvolle Plausibilitätskontrolle kann daher nur erfolgen, wenn für ihre Durchführung geeignete Vorgaben/Informationen zur Verfügung stehen. Das Verfahren der Plausibilitätskontrolle gliedert sich daher in zwei Teile:

1. Information/Abstimmung.
2. Kontrolle, siehe Ablaufschema (Abb. 3.6).

3.5.2.2.1 **Information/Abstimmung**

Die vom Auftraggeber zu liefernden Hintergrundinformationen sind im Einzelnen:

- Informationen über den Anlass der Untersuchung, z. B. Routinebeprobung gemäß Programm XY, Störfall, besondere Fragestellung, etc.
- Informationen zur Herkunft der Proben, z. B.

  a) Bei Abwasserproben:
  Art des zu überprüfenden Betriebs, Herstellungsprozesse, Namen des Betriebs und ggf. von fachkompetenten Ansprechpartnern (ggf. Kennung aus Datenschutzgründen), Art und Mengen der untersuchungsrelevanten Rohstoffe, Produkte, Lagersubstanzen etc.

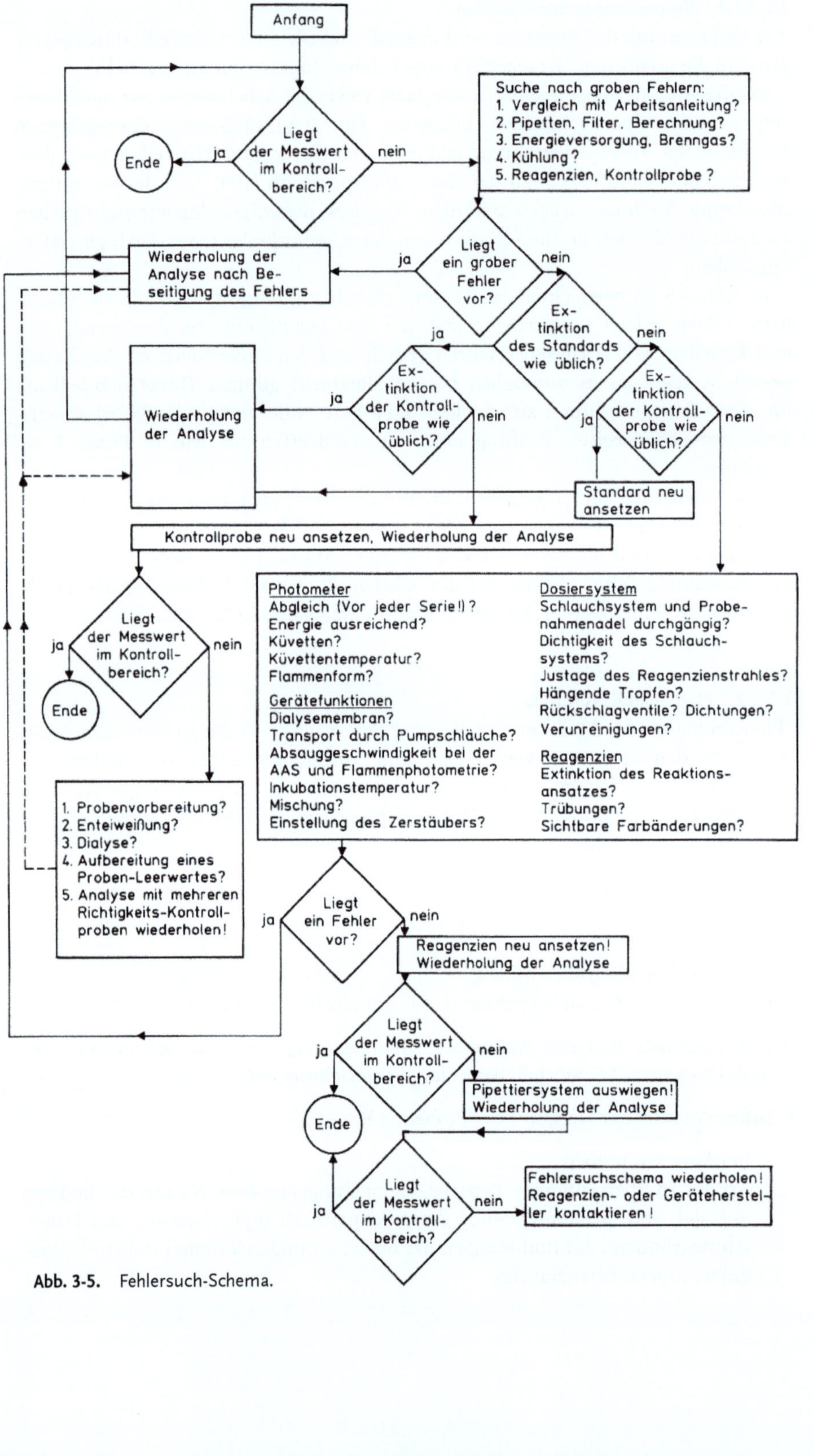

Abb. 3-5. Fehlersuch-Schema.

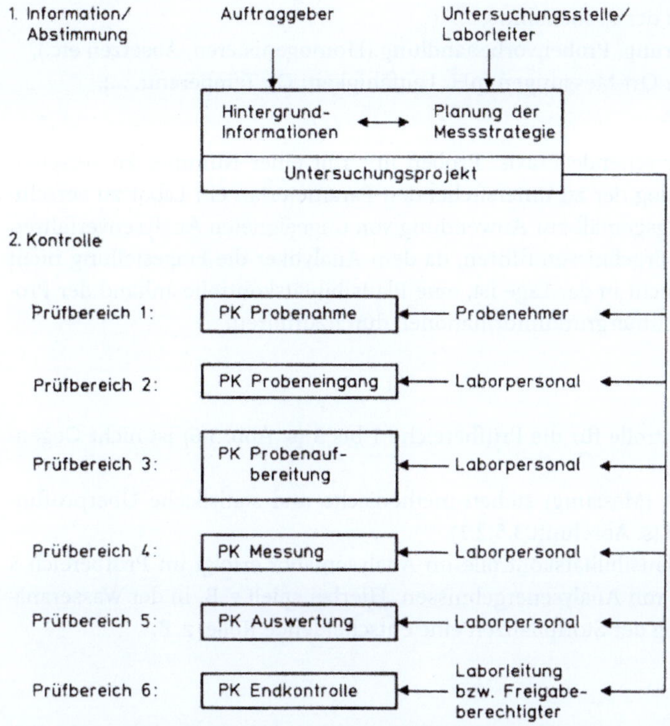

Abb. 3-6. Ablaufschema der Plausibilitätskontrolle (PK) [158]. Untersuchungsprojekt ist das gesamte Analysenverfahren unter Einschluss von Messplanung und Ergebnisbewertung.

b) Bei Oberflächenwasserproben:
Beschreibung des Gewässers und Ort der Probenahme, Hinweise auf mögliche Beeinflussung durch Direkteinleiter oder z. B. auf Sickerwassereinleitungen von Altablagerungen bzw. Deponien.

c) Sonstige Proben:
Sinngemäß wie a) und b).

Ferner müssen der Untersuchungsstelle eventuell bekannte Grenzwertvorgaben oder analytische Qualitätsziele mitgeteilt werden, damit Methode und Untersuchungsaufwand dem jeweiligen Problem angepasst werden können.

Wird die Probenahme in Ausnahmefällen von Seiten des Auftraggebers durchgeführt, so ist es unbedingt erforderlich, folgende Probenkenndaten an das Labor weiterzugeben:

– Lage der Messstellen, Probenahmestelle,
– bei Abwässern: Art der Einleitung (direkt/indirekt),
– Art der Probenahme (Stichprobe, Mischprobe, abflussmengenproportionale Probe, ...),

- Auffälligkeiten bei der Probenahme,
- vor-Ort-Konservierung, Probenvorbehandlung (Homogenisieren, Absetzen etc.),
- Ergebnisse der vor-Ort-Messungen (pH, Leitfähigkeit; O_2, Temperatur, ...),
- Feldtestergebnisse.

Die häufig vorherrschende Praxis, Proben nur mit einer Nummer zu versehen und mit einem Katalog der zu untersuchenden Parameter an ein Labor zu verschicken, kann erfahrungsgemäß zur Anwendung von ungeeigneten Analysenverfahren und zu unsinnigen Ergebnissen führen, da dem Analytiker die Fragestellung nicht bekannt ist und er nicht in der Lage ist, eine Plausibilitätskontrolle anhand der Probenkenndaten und Hintergrundinformationen durchzuführen.

3.5.2.2.2 **Kontrolle**

Die Plausibilitätskontrolle für die Prüfbereiche 1 bis 3 (s. Abb. 3-6) ist nicht Gegenstand dieses Buches.

Für Prüfbereich 4 (Messung) stehen methodische und statistische Überprüfungen im Vordergrund (s. Abschnitt 3.5.2.1).

Die eigentliche Plausibilitätskontrolle im Analysenlabor erfolgt im Prüfbereich 5 bei der Auswertung von Analysenergebnissen. Hierbei spielt z. B. in der Wasseranalytik die Überprüfung der Stoffbilanzen eine entscheidende Rolle, z. B.

- Stickstoffbilanz,
- Phosphorbilanz,
- Kohlenstoffbilanz,
- Gesamtionenbilanz.

Außerdem ist das Verhältnis verschiedener Parameter zueinander zu betrachten, z. B.:

- CSB/BSB_5-Verhältnis,
- Cr, gesamt/Cr(VI),
- Fe, gesamt/Fe(II),
- Leitfähigkeit/Summe der Ionen,
- gelöster organischer Kohlenstoff (DOC)/chemischer Sauerstoffbedarf (CSB),
- adsorbierbare organische Halogene (AOX)/Summe der Halogenkohlenwasserstoffe.

Für diese Plausibilitätsuntersuchungen bietet sich der Einsatz von Computern an.

Im Prüfbereich 6 (Endkontrolle) werden schließlich die Analysenergebnisse anhand der gelieferten Hintergrundinformation sowie der Probenkenndaten überprüft.

Diese Art der Plausibilitätskontrolle macht den Zugriff auf umfangreiche Daten erforderlich. Es wird deshalb empfohlen „Kundenkarteien“ (zweckmäßigerweise EDV-gestützt, Datenbanken) zu führen.

Folgende Punkte sind z. B. zu prüfen:

- Sind Schadstoffmuster und Schadstofffracht typisch für den überwachten Betrieb (z. B. Gewässer, Deponie)?

- „Passen" die Analysendaten zu früheren Befunden?
- In der klinischen Chemie: Stimmt das Laborwerteprofil eines Patienten mit der (Patho)Physiologie, Biochemie etc. überein?
- Wo liegen die Erwartungswerte?

Im Falle eines unplausiblen Messergebnisses ist die Ursache (ggf. anhand des Ablaufschemas) zu ermitteln und der Verantwortliche für AQS einzuschalten.

Ferner sind die statistischen Daten zu überprüfen (Verfahrensstandardabweichung, Kontrollkarte, ...).

3.5.2.2.3 Maßnahmen und Konsequenzen aus der Plausibilitätskontrolle

Lässt sich der Fehler nicht ermitteln und korrigieren, ist eine Wiederholung der Analyse notwendig. Wenn möglich, sollte eine zweite unabhängige Analysenmethode angewandt werden. Werden die Ergebnisse bestätigt, so muss eine Mitteilung an den Auftraggeber erfolgen. Zusammen mit dem Auftraggeber sollte die Ursache abgeklärt werden (z. B. Betriebsstörung).

3.6 Dokumentation und Archivierung

Die Dokumentation ist kein Selbstzweck, sondern ermöglicht im Rahmen des Qualitätsmanagements [66] den Nachweis von Absichten und die Konsistenz von Maßnahmen in einem eventuellen späteren Streitfall. Dokumentation und Archivierungszeiträume können auch gesetzlich vorgeschrieben sein [9, 10]. Entsprechend dem Qualitätsmanagementhandbuch sind die folgenden Informationen aufzuzeichnen und wiederfindbar zu archivieren:

- Bau-, Installations-, Umweltschutz-, Brand- und Katastrophenschutz- und Ausstattungspläne des Laboratoriums,
- alle Betriebsanweisungen,
- alle Standardarbeitsanweisungen und Verfahrensbeschreibungen,
- Aufzeichnungen über die Entsorgung, insb. auch von Sonderabfällen,
- Aufzeichnungen über alle Personalschulungen und -einweisungen,
- Aufzeichnungen über alle Qualitätskontroll- und -sicherungsmaßnahmen und ihre Ergebnisse,
- Spezifikationen der eingesetzten Materialien, Qualitätssicherungsnachweise der Lieferanten,
- Probenahmepläne und -berichte,
- Buchführung der gelagerten Materialien, Proben,
- Rohdaten, gemessene Werte und Analysenergebnisse; Analysenberichte,
- Laborberichte,
- Projekt-Endberichte,
- Ergebnisberichte der Ringversuche, an denen das Laboratorium teilgenommen hat,
- Berichte externer Gutachter (Auditberichte),

- interne Qualitätssicherungsberichte: Inspektionen und Prüfungen, ihre Ergebnisse und daraus resultierende Aktionen bzw. Maßnahmen,
- Geräteprotokolle („Log-Dateien", „Log-Bücher") mit Berichten über alle Inspektionen, Kalibrierungen, Wartungs- und Instandsetzungsmaßnahmen,
- Spezifikationen und Gebrauchsanweisungen von Geräten und Programmen.

Bei jeder Dokumentation einer Aktion oder Maßnahme sind die Rahmenbedingungen mit zu erfassen:

- in welchem Zusammenhang und wozu wurde die Maßnahme durchgeführt bzw. wer gab den Auftrag,
- wann wurde die Maßnahme durchgeführt,
- wer hat wann die Maßnahme durchgeführt,
- womit wurde die Maßnahme durchgeführt; hierzu gehören auch Informationen, die im Rahmen der Prüfmittelüberwachung die Rückführung der Messmittel auf die nationalen Normale erlauben,
- außergewöhnliche Umstände, die die Maßnahme oder ihr Ergebnis beeinflussen könnten.

Sofern sie stabil sind, sind auch Reste der Analysenproben, Kalibrier-, Qualitätskontroll- und Referenzmaterialien aufzubewahren.

4
Phase IV: Externe analytische Qualitätssicherung

4.1
Einführung

Werden von Analysenlabors die in Kapitel 3 aufgeführten Maßnahmen der Routinequalitätssicherung durchgeführt, so sollte erwartet werden, dass diese Labors die jeweiligen Analysenverfahren *zuverlässig* anwenden, und Analysenergebnisse von diesen Labors sollten *vergleichbar* sein.

Verschiedene externe Maßnahmen zur Überprüfung der Analysenqualität und des Qualitätssystems eines Labors verfolgen unterschiedliche Zielsetzungen:

- Audits [64, 66]: systematische und unabhängige Evaluation durch einen externen Auditor, bei der geprüft wird, ob qualitätsbezogene Aktivitäten und deren Ergebnisse mit den beschriebenen Verfahren übereinstimmen und ob diese Verfahren effizient zum Qualitätsziel führen. Die Qualitätsziele selbst werden nicht evaluiert.
- Analytische Bewertung in Form von Ringversuchen mit zwei Zielsetzungen: die Bewertung von Analysenverfahren während des Normungsprozesses und die Bewertung der Leistungsfähigkeit von Laboratorien in der Routineanalytik und/oder als Teil eines Akkreditierungsverfahrens [127].

4.2
Begutachtung, Audit [66, 122]

Audits können intern oder von externen Gutachtern durchgeführt werden. Interne Audits sind Teil des Qualitätssicherungssystems. Sie werden regelmäßig durch ein kompetentes Mitglied des Laborpersonals durchgeführt. Die Person muss in dieser Tätigkeit unabhängig sein, d.h. in dem zu begutachtenden Bereich nicht selbst tätig. Verfügt das Laboratorium selbst über keine geeignete Person, so kann das interne Audit auch durch einen externen Berater durchgeführt werden. Ziele des internen Audits sind die Beurteilung des aktuellen Qualitätssicherungssystems und die Gewinnung von Vorschlägen für notwendige korrigierende Maßnahmen und Veränderungen. Neben planmäßigen internen Audits sollten interne Teil- oder Gesamt-Qua-

Qualitätssicherung in der Analytischen Chemie, 2. Auflage. W. Funk, V. Dammann, G. Donnevert

ISBN: 3-527-31112-2

litätsaudits durchgeführt werden, wenn schwerwiegende Qualitätsprobleme erkannt wurden oder wenn eine wichtige externe Begutachtung bevorsteht.

Externe Begutachtungen können unterschiedliche Ziele haben:

- Zertifizierungsaudits werden von einer offiziellen Zertifizierungsstelle (z. B. nach DIN EN 45003 [61]) durchgeführt, um die Übereinstimmung eines Produktes, einer Dienstleistung oder einer Verfahrensweise mit vorgegebenen Standards zu beweisen. Beispielsweise kann ein Qualitätssicherungssystem nach einer ISO- oder EN-Norm zertifiziert werden. Im Bereich der chemischen Analytik ist jedoch die Akkreditierung wichtiger als die Zertifizierung.
- Akkreditierungsaudits nach EN 45002 [60] werden durchgeführt, damit das Laboratorium die Akkreditierung für die gesamte Arbeit oder für ausgewählte Analysenverfahren erhält:
  - um – im gesetzlich geregelten Bereich – die Genehmigung für die Durchführung bestimmter Analysen oder Messungen zu erhalten oder
  - um bei einer freiwilligen Akkreditierung als Nachweis qualifizierter analytischer Arbeit gegenüber den Analysen-Auftraggebern zu dienen.

  Eine Akkreditierung nach EN 45002 ist in jedem EU-Mitgliedsstaat gültig.
- Eine Leistungsbeurteilung durch einen Gutachter des Auftraggebers kann vertraglich Teil eines größeren Auftrages sein.
- Die offizielle Begutachtung der Laboratorien eines Chemikalien- oder Pharmazeutikherstellers durch eine lokale oder nationale Behörde kann Voraussetzung für die Genehmigung der Produktion oder den Vertrieb der Produkte sein. Diese Art der Begutachtung findet beispielsweise statt nach den OECD-Regeln der Guten Laborpraxis GLP [165, 168, 169] oder den WHO-Regeln der Good Manufacturing Practice (GMP) für pharmazeutische Produkte [213] oder den GMP-Regeln der EU für Medizinprodukte [189] oder nach nationalen Regeln (z. B. FDA und EPA in den USA).

Das Verfahren eines internen oder externen Audits in einem Analytiklaboratorium kann auf verschiedenen Strategien basieren:

- Das prozessorientierte Audit folgt der Chronologie der Arbeitsabläufe an einer Probe, entweder vorwärts von der Probenahme bis zum Analysenbericht oder rückwärts.
- Das beschwerdenorientierte Audit setzt an den jüngsten Kundenreklamationen an und prüft den Umgang mit den Beschwerden sowie die Art und Weise wie die Informationen aus den Reklamationen zur Qualitätsverbesserung geführt haben.
- Die dokumentationsorientierte Begutachtung prüft alle Schriftstücke und sonstigen Dokumente sowie Verfahrensabläufe anhand des Qualitätssicherungshandbuches.
- Das systemorientierte Audit prüft das Qualitätsmanagementsystem anhand von Organigrammen, wechselseitigen Beziehungen, Zuständigkeiten, Verantwortlichkeiten und Fließbilder von Materialien und Informationen.

4.3 Ringversuche

Bei einem Ringversuch versendet ein Referenzlaboratorium Teilproben einer nachgewiesenermaßen homogenen Urprobe an die am Versuch teilnehmenden Laboratorien, die ihrerseits Analysen nach dem mitgelieferten Merkblatt ausführen und die Ergebnisse an den Ringversuchsveranstalter zurücksenden. Ringversuche können zu unterschiedlichen Zwecken durchgeführt werden; Organisation, Auswertung und Bewertung der Ergebnisse sind von der jeweiligen Zielsetzung abhängig.

4.3.1 Ringversuche zur Verfahrensstandardisierung

Die im Rahmen der Normung von Analysenverfahren durchgeführten Ringversuche dokumentieren als *Momentaufnahme* den analytischen Stand der teilnehmenden Laboratorien nach einer Verfahrensstandardisierung. Sie dienen zur Ermittlung von Qualitätsdaten analytischer Verfahren, d. h. der Verfahrenskenndaten Wiederfindungsrate, Vergleichsvariationskoeffizient und Wiederholvariationskoeffizient. Es soll somit die Zuverlässigkeit einer Untersuchungsmethode geprüft und dokumentiert werden.

Die Durchführung und Auswertung dieser Ringversuche erfolgt nach DIN ISO 5725-2 [71] bzw. nach DlN 38402 Teil 41 und DlN 38402 Teil 42 [44, 45]. Hierbei werden verschiedene Ausreißertests angewandt, wobei drei Ausreißertypen unterschieden werden:

- laborinterne Ausreißerwerte (Typ 1) – Grubbs-Test,
- Ausreißer bei den Labormittelwerten (Typ 2) – Grubbs-Test,
- Ausreißer bei der Laborpräzision (Typ 3) – Cochran-Test.

Die Elimination von Ausreißern ist hierbei legitim, da in den Normen der mittlere Leistungsstand der Labors dargestellt werden soll. Die in den Verfahrensnormen veröffentlichten Verfahrenskenndaten können somit als Vorgaben für die interne AQS verwendet werden.

Da an den Ringversuchen zur Ermittlung dieser Verfahrenskenndaten fast ausschließlich erfahrene, renommierte Forschungs-, Industrie- und Behördenlaboratorien teilnehmen, kann dies im Einzelfall zu wenig realistischen Kenndaten führen. Aus diesem Grund werden von bestimmten Interessengruppen eigene Ringversuche durchgeführt, um die Verfahrenskenndaten einzelner Parameter für alle an gemeinsamen Messprogrammen beteiligten Laboratorien festzulegen.

4.3.2 Ringversuche zum Nachweis der Leistungsfähigkeit der Laboratorien (Laborzulassung)

Ringversuche zur Laborzulassung werden durchgeführt, um die Leistungsfähigkeit der Labors und die Vergleichbarkeit von Analysenergebnissen zu überprüfen und in Zukunft zu gewährleisten. Die Vergleichbarkeit von Analysenergebnissen ist z. B.

dann notwendig, wenn Laboratorien Daten liefern, die in eine Zustandsbeschreibung eines Gewässers aufgenommen werden, denn ohne vergleichbare Analysenergebnisse aller beteiligter Labors, gesichert über den gesamten untersuchten Zeitraum, kann keine sinnvolle Zustandsbeschreibung erarbeitet werden.

Noch wichtiger ist die Vergleichbarkeit von Analysenergebnissen, wenn die Qualität eines Analysenergebnisses in einem Streitfall (z. B. bei der Berechnung der Abwasserabgabe) angezweifelt wird. In diesem Fall muss das entsprechende Laboratorium dokumentieren können, dass es an dem Tag, an dem das Analysenergebnis produziert wurde, die geforderte Präzision und Richtigkeit eingehalten hat. Das heißt, das Labor muss in ein internes und externes Qualitätssicherungssystem eingebunden sein. Die externe AQS eines Laboratoriums besteht in der Teilnahme an Ringversuchen.

Diese Ringversuche werden in der Wasseranalytik beispielsweise bislang auf Länderebene für die in der staatlichen Wasserwirtschaft tätigen Laboratorien organisiert [157, 206]. Die Überprüfung der zugelassenen Labors erfolgt danach mindestens einmal jährlich.

In Nordrhein-Westfalen gibt es z. B. im Rahmen der Wasserwirtschaft drei Gebiete der staatlichen Zulassung von Laboratorien:

1. Zulassung nach § 50 Landeswassergesetz Nordrhein-Westfalen (LWG-NRW) [206] zur Selbstüberwachung der Beschaffenheit des zur Trinkwasserversorgung gewonnenen Wassers (Rohwasser),
2. Zulassung nach § 60 LWG-NRW [206] zur Selbstüberwachung von Abwasser, das in ein Gewässer eingeleitet wird,
3. Zulassung zur Untersuchung im Rahmen der Klärschlammverordnung [145].

Die Durchführung und Auswertung der Ringversuche zur Laborzulassung erfolgte früher meist nach DIN ISO 5725-2 bzw. DIN 38402 Teil 41 und DIN 38402 Teil 42. Lediglich die Vorgehensweise bei der Ausreißereliminierung unterschied sich von den Norm-Vorschriften:

Es wurden keine Ausreißer vom Typ 1, 2 oder 3 eliminiert. Stattdessen wurden für die Auswertung dieser Ringversuche vorher vereinbarte Mindestanforderungen vorgegeben, z. B. eine Richtigkeit von $\pm 10\%$ oder eine Genauigkeit von $\pm$ 30% [83]. Diese mussten von allen teilnehmenden Labors erreicht werden. Wurden die Mindestanforderungen wiederholt nicht eingehalten, konnte ein Labor z. B. seine Zulassung für die Durchführung bestimmter Analysen verlieren. Folgende Referenzwerte wurden zur Bewertung herangezogen:

- Für die Richtigkeit: entweder der wahre Wert der Probe, falls bekannt, oder der Gesamtmittelwert.
- Für die Präzision: entweder ein vereinbarter Prozentwert oder die Wiederholpräzision aus dem Ringversuch, die die mittlere laborinterne Präzision darstellt.

Der Aufwand zur Organisation und Durchführung von Ringversuchen mit Mehrfachanalysen der Proben ist bei der großen Anzahl zu überwachender Labors und der Vielzahl von Parametern sehr groß. Die erforderliche Durchführung von Mehrfachanalysen einer Kontrollprobe gibt zudem Gelegenheit zur Manipulation der Präzision (z. B. ordnungsgemäße Ermittlung des Mittelwertes, jedoch Report von durch Manipulation hoch präzisen Einzeldaten für den jeweiligen Mittelwert). Daher wurde die Durchführung von Ringversuchen nach dem Verfahren nach Youden (s. Abschnitt 4.3.5.2) als einfachere Alternative vorgeschlagen.

Die Auswertung von Ringversuchen nach ISO 5725-2 bzw. DIN 38402 Teil 42 setzt eine Normalverteilung der Daten voraus. Da diese Bedingung bei Zulassungsringversuchen meist nicht gegeben ist, wurden robuste Auswerteverfahren [46, 157] entwickelt. Diese sind auch noch bei einem Ausreißeranteil von 33% verwendbar. In den letzten Jahren hat sich im Rahmen der länderübergreifenden Ringversuche zur Laborzulassung die robuste Auswertung der Daten (s. Abschnitt 4.3.5.3) durchgesetzt.

4.3.3 Sonstige Ringversuche

Ringversuche werden nicht nur im Rahmen der Entwicklung von Analysenverfahren oder zur Beurteilung der analytischen Leistung von Laboratorien durchgeführt, sondern auch

- zur Prüfung von Analysenverfahren auf ihre Praxistauglichkeit, insbesondere wenn sie in einem neuen Analytikbereich oder bei andersartigen Matrices angewandt werden sollen, und
- zur Ermittlung der Kenndaten von Referenzmaterial.

4.3.4 Planung und Durchführung von Ringversuchen

Das Prinzip von Ringversuchen besteht darin, dass identische Proben von mehreren Laboratorien unabhängig voneinander jeweils unter *Wiederholbedingungen* analysiert werden. Bei der Auswertung werden somit Kenndaten unter *Vergleichsbedingungen* gewonnen.

Auf die Ringversuche zur Ermittlung der Referenzwerte soll hier nicht näher eingegangen werden, sie werden nach ISO-Guide 35 [126] durchgeführt und ausgewertet.

4.3.4.1 Qualitätsmanagementsystem des Veranstalters eines Ringversuchs [46, 198]

Die sachgerechte Durchführung von Ringversuchen setzt voraus, dass der Veranstalter selbst ein Qualitätsmanagementsystem führt und im Qualitätsmanagementhandbuch gemäß DIN EN ISO IEC 17025 [76] dokumentiert:

a) Name und Adresse des Ringversuchsveranstalters sowie gegebenenfalls beteiligter Organisationen einschließlich Organigramm;
b) Kompetenz für die Art der Ringversuche hinsichtlich der Matrices und der Analysenparameter in unterschiedlichen Prüfgebieten;
c) Name des Gesamtverantwortlichen und dessen Stellvertreters sowie des QM-Beauftragten;

d) Aussagen zur Qualitätspolitik und zu Qualitätszielen sowie zu Standardarbeitsanweisungen für Einzelschritte der Ringversuchsdurchführung und zu Qualitätssicherungsmaßnahmen;
e) Aussagen zur Sicherstellung der Unparteilichkeit des Veranstalters und zur Gleichbehandlung aller Ringversuchsteilnehmer sowie zur Vertraulichkeit gegenüber Dritten;
f) Art und Zielsetzung der Ringversuche;
g) Zuständigkeiten und Verantwortlichkeiten des beteiligten Personals sowie Beschreibung der Qualifikation und Weiterbildung;
h) Beschreibung der einzelnen Phasen der Planung, Durchführung und Auswertung eines Ringversuchs (in Standardarbeitsanweisungen);
i) Beschreibung der allgemeinen Abläufe der Qualitätssicherung, die für alle Ringversuche gültig sind (in Standardarbeitsanweisungen);
j) Beschreibung der speziellen Abläufe der Qualitätssicherung, die für einzelne Ringversuche Gültigkeit haben (in Standardarbeitsanweisungen);
k) Verfahren zur Ermittlung des konventionell richtigen Werts (Sollwerts);
l) Verfahren zur Stabilitäts- und Homogenitätsprüfung;
m) Organisation des Transportes von Einzelproben (Versand);
n) Beschreibung der Datenerfassung und der statistischen Aus- und Bewertung der Ringversuchsdaten;
o) Verfahren zur Validierung der Auswertesoftware;
p) Festlegung der Erfolgskriterien;
q) Berichterstattung an die Teilnehmer und Festlegungen zum regelmäßigen Erfahrungsaustausch;
r) System zur Dokumentation, Dokumentlenkung und Archivierung der Daten;
s) Korrekturmaßnahmen beim Auftreten von Einzelprobenverwechslungen, Probeninstabilitäten und objektiv falschen Zielgrößen;
t) Verfahren zur Behandlung von Beschwerden, insbesondere zu Fragen der nachträglichen Korrektur von Messdaten und Überschreitungen von Terminvereinbarungen;
u) Entscheidungen zur Annahme oder Verweigerung von Laborergebnissen bei Überschreitung der Abgabezeit oder Änderungswünschen zu bereits übermittelten Laborergebnissen;
v) Verfahren zur Durchführung von internen Audits, Reviews;
w) Teilnahme des Veranstalters an Ringversuchen anderer Anbieter zur objektiven Bewertung der eigenen Laborqualität;
x) Verfahren bei Unterauftragsvergabe;
y) Zusammensetzung einer technisch-wissenschaftlichen Organisations- und Bewertungsgruppe.

4.3.4.2 **Planung des Versuchs** [46, 70, 71]

Bei der Vorbereitung eines jeden Ringversuchs wird ein Plan erstellt und dokumentiert, der Angaben zu folgenden Punkten enthält:

a) Bezeichnung und Ziel des Ringversuchs;
b) Benennung des Ringversuchsleiters und eines Stellvertreters;
c) Probenmatrix (Art und Herkunft, Vorgehensweise zur Gewinnung, Transport);
d) zu analysierende Parameter, gegebenenfalls Angaben zu verbindlichen Analysenverfahren sowie im Ringversuch abzudeckende Konzentrationsbereiche;
e) Verfahren zur Festlegung bzw. Ermittlung des konventionell richtigen Wertes (Sollwert);
f) Anzahl unterschiedlicher Proben je Teilnehmer;
g) erwartete Zahl von Teilnehmern;
h) bei aufgestockten und synthetischen Proben:
   - Nachweis der Rückführbarkeit der Reinheit der eingesetzten Substanzen,
   - zur Herstellung der Proben verwendete Stoffe mit Angabe des Herstellers/Lieferanten, der Artikelnummer, der Reinheit sowie evtl. notwendiger Vorbehandlungen,
   - Verfahren zur Herstellung der Stammlösungen,
   - detaillierte Beschreibung des Aufstockverfahrens;
i) Art der Proben- bzw. Einzelprobenbehälter und notwendige Vorreinigung/Konditionierung;
j) notwendige Voruntersuchungen zur Klärung von Unverträglichkeiten und Störungen;
k) Konservierung der Proben;
l) Menge der je Teilnehmer und Probenart zuzusendenden Probe (bei größerer als für die geplanten Analysen notwendiger Menge: Soll Gelegenheit zum „Üben" geboten werden?);
m) Homogenisierungsverfahren und Homogenitätskontrolle;
n) Zeitplan für alle Phasen des Ringversuchs und Sicherstellung der Einhaltung der Fristen;
o) Informationen, die potenzielle Teilnehmer vor der Anmeldung erhalten;
p) Informationen, die mit den Einzelproben versandt werden;
q) System zur Wahrung der Vertraulichkeit:
   - Geheimhaltung der Sollwerte vor den Teilnehmern,
   - Geheimhaltung von Zwischenergebnissen,
   - Schutz der Teilnehmerdaten,
   - Maßnahmen zur Vermeidung von Absprachen unter den Teilnehmern;
r) Vorgehensweise bei der Auswertung und Bewertung, bei einem Ringversuch zur Laborüberwachung: Festlegung der Genauigkeitsschranken;
s) Organisation der Kontaktpflege mit den Teilnehmern:
   - Wer darf welche Auskünfte geben? (s. a. Punkt q),
   - Dokumentation der Kontakte;
t) Informationen, die Teilnehmer nach der Auswertung erhalten;
u) abschließende Publizierung der Ringversuchsergebnisse.

4.3.4.3 Ringversuchsproben

Bei der Auswahl des Probenmaterials sind die Ziele des Ringversuchs, die angestrebten Konzentrationsniveaus, die notwendige Homogenität und Stabilität der Proben sowie die Möglichkeiten von Transport und Lagerung zu beachten.

Als Proben für einen Ringversuch kommen verschiedene Probenformen in Frage:

1. Natürliche Probe ohne Konservierung.
2. Natürliche Probe mit Konservierung.
3. Natürliche Probe mit Aufstockung bei ursprünglich niedriger Konzentration des zu prüfenden Parameters.
4. Synthetische Probe mit problemorientierter Matrix.
5. Synthetische Probe ohne problemorientierte Matrix.

Hierbei ist lediglich bei den Proben 4 und 5 der „wahre Wert" (Sollwert) bekannt, während bei den übrigen Probenarten meist der Mittelwert der ausreißerfreien Analysenergebnisse bzw. der robuste Mittelwert als Sollwert (konventionell richtiger Wert) verwendet wird [157]. Von den Ringversuchsproben werden jeweils identische Teilproben an die teilnehmenden Labors verteilt.

4.3.5
Verfahren zur Durchführung und Auswertung von Ringversuchen

Die Durchführung und Auswertung von Ringversuchen kann nach folgenden Verfahren erfolgen:

- nach DIN ISO 5725-2 [71] bzw. DIN 38402 Teil 41 und Teil 42 [44, 45],
- nach Youden [217],
- nach DIN 38402 Teil 45 [46].

4.3.5.1 Ringversuche in Anlehnung an ISO 5725-2

4.3.5.1.1 Allgemeine Vorgehensweise

An einem Ringversuch sollten mindestens $l = 8$ Labors teilnehmen, vorzuziehen ist eine Anzahl $l > 15$. Von diesen Labors werden je Probe gewöhnlich $K = 4$ Parallelbestimmungen mit demselben, vereinbarten Analysenverfahren durchgeführt; in besonderen Fällen auch mehr oder weniger Parallelbestimmungen, niemals aber weniger als 2.

Aufgrund der Durchführung von Wiederholbestimmungen kann eine Aussage hinsichtlich der mittleren erreichbaren Präzision der einzelnen Labors getroffen werden (*Wiederholstandardabweichung* s_r). Ferner ist durch Vergleich der Labormittelwerte mit dem „konventionell richtigen Wert" x_{soll} (Sollwert oder Gesamtmittelwert) eine Beurteilung der Richtigkeit (trueness) für die einzelnen Labors möglich.

Für die Beurteilung des Analysenverfahrens werden die Kenndaten *Vergleichsstandardabweichung* (s_R) zur Präzisions-Angabe und die *Wiederfindungsrate* (η) zur Richtigkeits-Angabe berechnet.

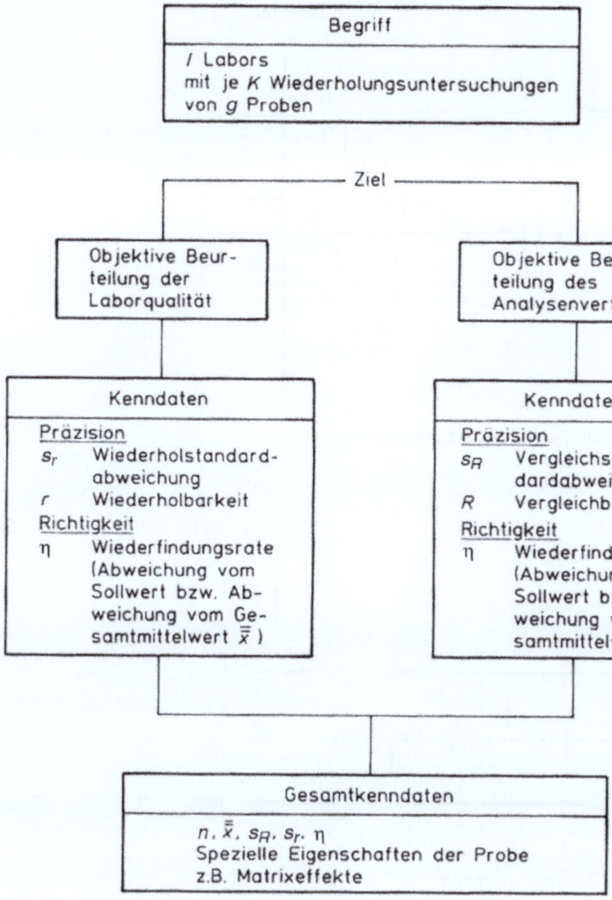

Abb. 4-1. Ringversuchsauswertung nach DIN 38402 A-42; Kenndaten.

Abbildung 4-1 gibt einen Überblick über die in einem Ringversuch nach DIN ISO 5725-2 bzw. DIN 38402 Teil 41 und Teil 42 ermittelten Kenndaten.

Die Ergebnisse der Ringversuchsauswertung können graphisch dargestellt werden.

Hierbei stellt die mittlere Linie den ausreißerfreien Mittelwert der Analysenergebnisse aller Labors dar. Für jedes einzelne Labor werden die Labormittelwerte ($\bar{x}_i$) sowie die zugehörigen Standardabweichungen (s_i), in einigen Fällen auch die $2 \cdot s_i$-Bereiche (bzw. $VB(\bar{x}), VB(x_i)$), in die Graphik eingetragen.

Bei den Ringversuchen zur Verfahrensstandardisierung werden Ausreißer vom Typ 2 und Typ 3 durch besondere Symbole hervorgehoben (s. Abb. 4-2).

Für Ringversuche zur Laborüberwachung werden dagegen die Genauigkeitsschranken (z. B. $\pm 30\%$) in die Graphik eingezeichnet und diese als weiteres Auswertungskriterium benutzt (s. Abb. 4-3). Somit besteht die Möglichkeit, dass auch Ausreißer vom Typ 2 oder 3 die Qualitätsansprüche erfüllen und die betreffenden Labors nicht ihre Zulassung für die Durchführung bestimmter Analysen verlieren.

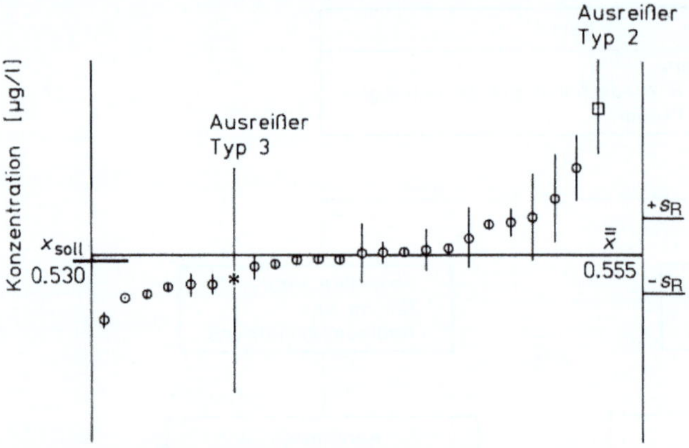

Abb. 4-2. Graphische Darstellung von Ringversuchsergebnissen (Verfahrensstandardisierung).

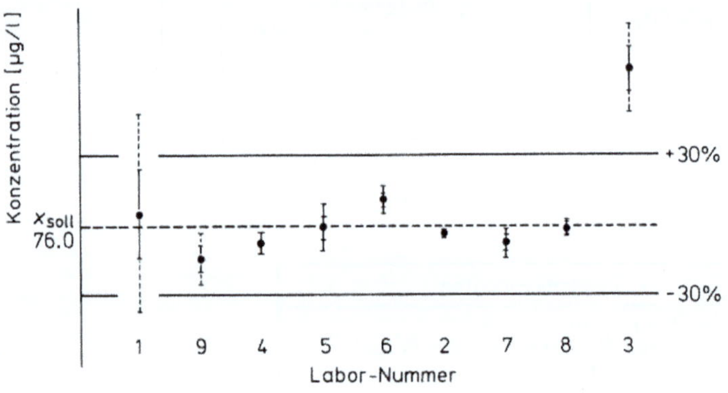

Abb. 4-3. Graphische Darstellung der Ringversuchsergebnisse (Laborüberwachung), Beispiel.

4.3.5.1.2 **Interpretation und Anwendung der Ergebnisse**

Wurde ein Ringversuch im Rahmen der Verfahrensstandardisierung durchgeführt, so sind die gewonnenen Daten möglicherweise Grundlage für weitere Maßnahmen. Zu diesen zählen unter anderem:

- Verbesserung der Analysenvorschrift,
- Überprüfung und Verbesserung der Verfahrensdurchführung in einzelnen Laboratorien.

Sind solche Maßnahmen erforderlich, so muss der Ringversuch möglicherweise wiederholt werden. Erst danach kann die Leistungsfähigkeit des betreffenden Analysenverfahrens (z. B. in einer Norm) dokumentiert werden.

Die Kenndaten von so genannten *Validierungsringversuchen*, die in Normen dokumentiert werden, sind von besonderer Bedeutung:

1. Nach DIN EN ISO IEC 17025 gelten genormte Analysenverfahren als validiert; sie weisen Ringversuchskenndaten auf, welche bei der Einführung des Analysenverfahrens in die Routine (Phase II) z. B. als Orientierungswerte für die erreichbare Präzision dienen.

2. Die im Ringversuch ermittelte Vergleichspräzision kann zur Schätzung der Messunsicherheit herangezogen werden (s. Abschnitt 3.2.7).

Sorgfältige Planung und Durchführung dieser Ringversuche sind unerlässlich, damit aussagekräftige Ringversuchskenndaten erzielt werden. Aus diesem Grund wurde für den Bereich Wasseranalytik eine Anleitung zur Durchführung von Validierungsringversuchen [27] erstellt.

4.3.5.2 **Ringversuche nach Youden** [217, 218]

4.3.5.2.1 **Allgemeines**

Die Durchführung von Ringversuchen nach DIN 38402 Teil 41 und Teil 42 zur Laborüberwachung ist mit erheblichem Aufwand verbunden, insbesondere deshalb, weil für $K = 4$ Wiederholanalysen vom Organisator ein sehr großes Probenvolumen bereitgestellt werden muss.

Zudem ist auch der zusätzliche Analysenaufwand in den überwachten Laboratorien ein wichtiges Argument gegen diese Form der Ringversuchsdurchführung, da nicht nur ein Parameter, sondern u. U. eine Vielzahl von Parametern auf verschiedenen Konzentrationsniveaus mindestens einmal, nach Möglichkeit sogar mehrmals pro Jahr, in solchen Ringversuchen untersucht wird.

Daher bietet sich die Ringversuchsdurchführung und -auswertung nach Youden für die Laborüberwachung an, denn es handelt sich hierbei um ein einfaches statistisches Verfahren, um ohne großen Aufwand eine Aussage über Präzision und systematische Fehler von Analysenergebnissen treffen zu können. Die zusätzliche Belastung der Labors ist geringer, da lediglich zwei zusätzliche Proben je einmal analysiert werden müssen. Die Auswertung der Ringversuche erfolgt graphisch durch Darstellung der Analysenergebnisse im Youden-Diagramm [218]. Die Anwendungsmöglichkeiten des Youden-Diagramms beschränken sich jedoch nicht nur auf die Laborüberwachung durch Ringversuche.

4.3.5.2.2 **Anwendungsmöglichkeiten für das Youden-Diagramm**

4.3.5.2.2.1 **Anwendung in der externen Analytischen Qualitätssicherung**

In der externen Analytischen Qualitätssicherung kann das Youden-Diagramm

1. zum Vergleich von Analysenergebnissen, d. h. zur Überwachung von Richtigkeit (Prüfung auf Vorliegen systematischer Abweichungen) und Präzision einzelner Labors [11, 16] und

2. zum Vergleich von Analysenverfahren, d. h. zur Ermittlung der Verfahrensgüte eingesetzt werden [218].

Beim Vergleich von Analysenverfahren können z. B. systematische Unterbefunde bei der Anwendung eines bestimmten Analysenverfahrens festgestellt werden, wenn die Gruppe der Anwender dieses Verfahrens zu ähnlichen Analysenergebnissen gelangt. Voraussetzung hierfür ist allerdings eine hohe Präzision und das Nichtvorhandensein anderer systematischer Fehler.

4.3.5.2.2.2 Anwendung in der internen Analytischen Qualitätssicherung

Für die laborinterne Analytische Qualitätssicherung bietet sich das Youden-Diagramm an:

1. zur Präzisions- und Richtigkeitskontrolle anstelle der Führung von Kontrollkarten [218],
2. zum Mitarbeitervergleich und
3. zum Vergleich verschiedener Analysenverfahren bzw. verschiedener Verfahrensvarianten und somit zur Verfahrensoptimierung [218].

4.3.5.2.3 Auswertung nach Youden

4.3.5.2.3.1 Direkte Auswertung bei annähernd gleichen Standardabweichungen

Nach Youden wird jeweils ein Probenpaar ähnlicher aber nicht identischer Konzentration (Probe A und Probe B) analysiert. Daraufhin werden die Analysenergebnisse der Probe A auf der Abszisse, die zugehörigen Analysenergebnisse der Probe B auf der Ordinate aufgetragen. Für die Ergebnisse der jeweiligen Proben werden die Mittelwerte berechnet und als Parallelen zu Abszisse und Ordinate eingezeichnet, sodass vier Quadranten entstehen (s. Abb. 4-4).

Erhält man eine homogene Verteilung der Punkte in einem Kreis um den Schnittpunkt der Mittelwertgeraden, so liegen vorwiegend zufällige Fehler vor.

Eine heterogene Verteilung, d.h. eine Anhäufung von Punkten im oberen rechten und unteren linken Quadranten deutet dagegen auf systematische Abweichungen hin.

Um diese systematischen Abweichungen besser beurteilen zu können, stellte Youden folgende Forderungen auf. Es sollten Proben

- vom gleichem Matrixtyp,
- mit ungefähr gleichem Konzentrationsbereich und
- etwa gleicher Unpräzision der Messwerte

mit demselben Analysenverfahren analysiert werden.

In diesem Fall kann die Einteilung der Achsen identisch gewählt werden. Bei gleicher Achseneinteilung kann zusätzlich die 45°-Linie durch den Schnittpunkt der Mittelwertlinien eingezeichnet werden. Systematische Abweichungen lassen sich dann daran erkennen, dass die Punkte auf oder in der Nähe der 45°-Linie liegen. Dabei ist die Entfernung des jeweiligen Punktes vom Schnittpunkt der Mittelwertlinien ein Maß für die Größe der systematischen Abweichung (s. Abb. 4-4).

4.3.5.2.3.2 Direkte Auswertung bei unterschiedlichen Standardabweichungen

Bei der Anwendung unterschiedlicher Methoden oder unterschiedlicher Konzentrationsbereiche erhält man meist unterschiedliche Standardabweichungen der Analy-

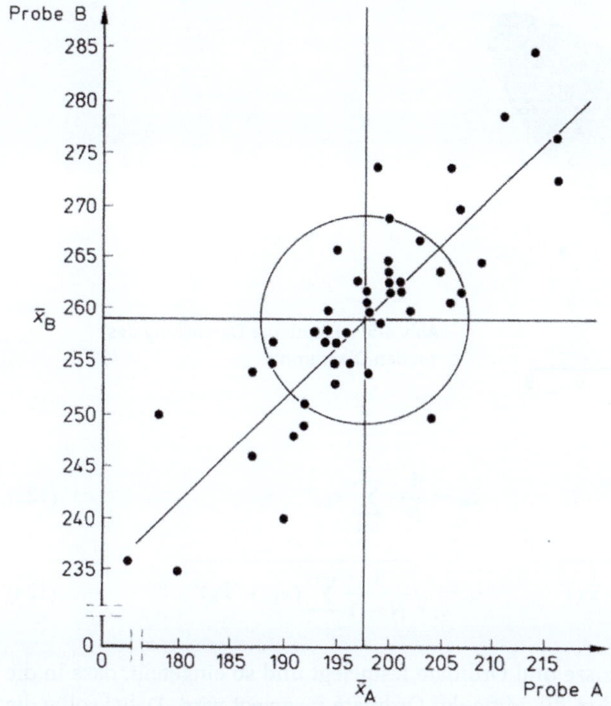

Abb. 4-4. Youden-Diagramm-Beispiel, direkte Auswertung bei annähernd gleicher Standardabweichung.

senergebnisse. Daher liegen die eingetragenen Punkte nicht in einem Kreis, sondern in einer Ellipse, wenn lediglich zufällige Fehler vorliegen.

Die große Halbachse hat bei der elliptischen Darstellungsweise (s. Abb. 4-5) dieselbe Bedeutung wie die 45°-Linie bei der in Abschnitt 4.3.5.2.3.1 vorgestellten Darstellungsform.

Diese Variante des Youden-Diagramms ergibt jedoch keinen zusätzlichen Informationsgehalt. Zur Vereinfachung der Auswertung sollten daher nach Möglichkeit nur zwei Proben vom gleichen Typ und mit ähnlicher Konzentration und etwa derselben Standardabweichung analysiert werden. Zum Ausgleich der geringfügigen Standardabweichungsunterschiede kann dann die Form der normierten Auswertung gewählt werden.

4.3.5.2.3.3 **Normierte Auswertung**

Für einen objektiveren Vergleich von Analysenergebnissen bietet sich die normierte Darstellungsform des Youden-Diagramms an [218]. Dabei werden für die Analysenergebnisse der beiden jeweiligen Proben die Mittelwerte ($\bar{x}_A$ und $\bar{x}_B$) und Standardabweichungen (s_A und s_B) berechnet:

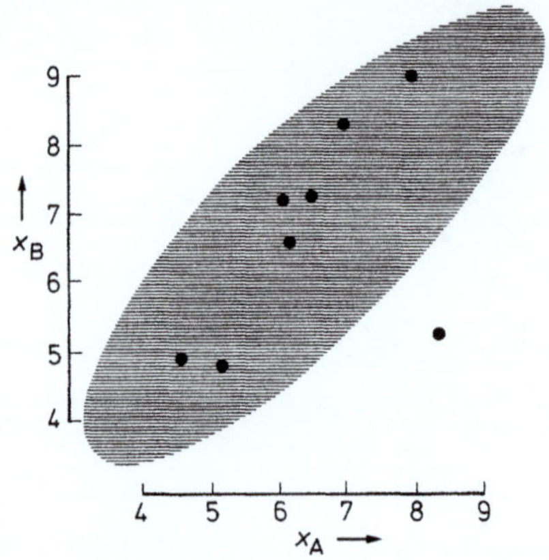

Abb. 4-5. Elliptische Darstellung des Youden-Diagramms.

$$\bar{x}_A = \frac{1}{N} \cdot \sum_{i=1}^{N} x_{Ai} \qquad \bar{x}_B = \frac{1}{N} \cdot \sum_{i=1}^{N} x_{Bi} \tag{123}$$

$$s_A = \sqrt{\frac{1}{N-1} \sum (x_{Ai} - \bar{x}_A)^2} \qquad s_B = \sqrt{\frac{1}{N-1} \sum (x_{Bi} - \bar{x}_B)^2} \tag{124}$$

Daraufhin werden Abszisse und Ordinate festgelegt und so eingeteilt, dass in die Mitte der Abszisse $\bar{x}_A$ und in die Mitte der Ordinate $\bar{x}_B$ gelegt wird. Dabei sollte die Entfernung zwischen Ursprung und Mitte der Abszisse bzw. Mitte der Ordinate gleich der 6fachen Standardabweichung s_A bzw. s_B sein. Die Skalierung der Achsen erfolgt in Einheiten der Standardabweichung, wobei die Einheiten-Länge für beide Achsen gleich ist. Parallel zu Abszisse und Ordinate werden auf Höhe der Mittelwerte die Mittelwertgeraden eingezeichnet. Um den Schnittpunkt der Mittelwertgeraden wird ein Kreis mit dem Radius $3s$ gezogen. Dies entspricht dem $3s$-Vertrauensbereich, d.h. dass 99,7% der Analysenergebnis-Paare innerhalb dieses Kreises zu erwarten sind. Weiterhin werden durch den Schnittpunkt der Mittelwertgeraden eine 45°-Linie gezeichnet und parallel zu dieser Geraden zwei zusätzliche Geraden als Tangenten an den $3s$-Kreis.

Zuletzt werden die Analysenergebnis-Paare als Punkte in das so vorbereitete Youden-Diagramm eingezeichnet (s. Abb. 4-6). Die Koordinaten der Punkte werden dabei wie folgt berechnet:

$$\frac{x_{Ai} - \bar{x}_A}{s_A} \quad \text{und} \quad \frac{x_{Bi} - \bar{x}_B}{s_B} \tag{125}$$

Auswertung:

a) Punkte innerhalb des $3s$-Kreises:
   Diese Analysenergebnisse liegen im zugelassenen Vertrauensbereich und sind nur mit geringen (zufälligen) Fehlern behaftet (mit *a* gekennzeichnete Punkte in Abb. 4-6).

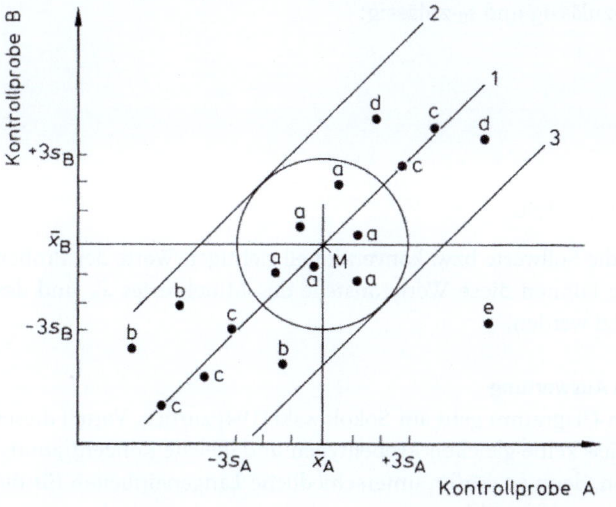

Abb. 4-6. Normiertes Youden-Diagramm.

b) Punkte innerhalb der Tangenten und außerhalb des Kreises:
Bei diesen Analysenergebnissen liegen systematische Abweichungen vor (mit *b*, *c* und *d* gekennzeichnete Punkte in Abb. 4-6).

c) Punkte auf oder in unmittelbarer Nähe zur 45°-Linie und innerhalb des Kreises:
Bei diesen Analysenergebnissen wurde sehr präzise gearbeitet.

d) Punkte auf oder in unmittelbarer Nähe zur 45°-Linie aber außerhalb des Kreises:
Diese Analysenergebnisse sind zwar präzise, aber mit einer konstant-systematischen Abweichung behaftet (mit *c* gekennzeichnete Punkte in Abb. 4-6).

e) Punkte außerhalb der Tangenten:
Bei diesen Analysenergebnissen wurden grobe Fehler gemacht (mit *e* gekennzeichneter Punkt in Abb. 4-6).

Würde dieses fiktive Beispiel eine Ringversuchsauswertung darstellen, so hätten lediglich die sechs mit *a* gekennzeichneten Labors gut gearbeitet. Die übrigen Labors wären dagegen Ausreißer.

Dient der Ringversuch zur externen Überwachung von Laboratorien und sind Qualitätsanforderungen für das untersuchte Analysenverfahren formuliert, so kann die Normierung der Einzeldaten (Gl. 125) anhand der Präzisionsanforderung erfolgen: Anstelle von s_A und s_B wird die Normierung über den geforderten Präzisionsgrenzwert s_{zul} durchgeführt.

Beispiel:

Geforderte Präzision: 20%

$$20\% = \frac{s \cdot t}{\bar{x}} \cdot 100\%$$

Hieraus ergeben sich s_A-zulässig und s_B-zulässig:

$$s_{A_{zul}} = 0{,}2 \cdot \frac{\bar{x}_A}{t}$$

$$s_{B_{zul}} = 0{,}2 \cdot \frac{\bar{x}_B}{t}$$

mit $t = t(P = 95\%, f = \infty) = 1{,}96$

Sind darüber hinaus die Sollwerte bzw. konventionell richtigen Werte der Proben hinreichend bekannt, so können diese Werte anstelle des Mittelwertes $\bar{x}_A$ und des Mittelwertes $\bar{x}_B$ eingesetzt werden.

4.3.5.2.3.4 **Vereinfachte Auswertung**

Das vereinfachte Youden-Diagramm geht auf Sokolowski [194] zurück. Vorteil dieser Auswertungsart ist es, dass keine gleichen Probentypen und gleiche Konzentrationsbereiche benötigt werden, denn es dürfen unterschiedliche Längeneinheiten für die beiden Standardabweichungen gewählt werden.

Auch bei dem vereinfachten Youden-Diagramm werden die Mittelwert-Linien sowie die 45°-Linie eingetragen, jedoch wird anstelle des 3*s*-Kreises ein Rechteck mit den Kantenlängen $2 \cdot s_A$ und $2 \cdot s_B$ eingezeichnet (s. Abb. 4-7).

Da bei dieser Darstellungsform die Tangenten an den 3s-Kreis entfallen, geht auch ein Teil der Information verloren, denn die Grenze zwischen groben Fehlern und systematischen Abweichungen wird hier fließend.

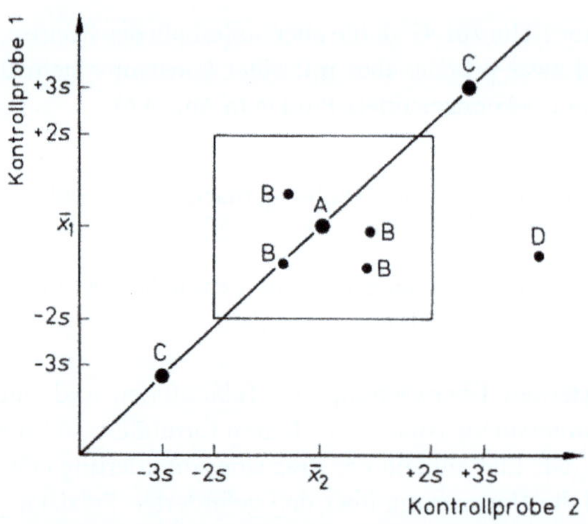

Abb. 4-7. Beispiel für ein vereinfachtes Youden-Diagramm.

Interpretation des vereinfachten Youden-Diagramms (Abb. 4-7):

a) Punkte im Schnittpunkt der Mittelwerte: die Analysenergebnisse sind richtig und präzise (Punkt A).

b) Punkte innerhalb des Rechtecks: Analysenergebnisse mit zufälligen Fehlern (Punkte B).

c) Punkte auf oder in unmittelbarer Nähe der 45°-Linie innerhalb des Rechtecks: Analysenergebnisse mit hoher Präzision.

d) Punkte auf oder in unmittelbarer Nähe der 45°-Linie außerhalb des Rechtecks: präzise aber mit systematischen Abweichungen behaftete Analysenergebnisse (Punkte C).

e) Punkte in großer Entfernung von der 45°-Linie: Analysenergebnisse mit groben Fehlern (Punkt D).

Das vereinfachte Youden-Diagramm sollte nur dann angewandt werden, wenn sehr unterschiedliche Probentypen und Konzentrationen vorliegen, da es in der Aussagefähigkeit dem normierten Diagramm unterlegen ist.

4.3.5.2.3.5 Drei- und vierdimensionales Youden-Diagramm

In der Schweiz werden Ringversuche nach Youden ausgewertet [16]. Da bei diesen Ringversuchen jedoch häufig drei oder vier Proben analysiert werden, wurde ein erweitertes drei- bzw. vierdimensionales Youden-Diagramm entwickelt, das jedoch nur mit Hilfe eines Computers erstellt werden sollte. Bei der dreidimensionalen Auswertung äußern sich zufällige Fehler als kugelförmige Punktwolke um den Raummittelpunkt. Systematische Abweichungen sind als Punktwolke längs der Raumdiagonalen erkennbar.

Prinzipiell lässt sich das Youden-Diagramm auf beliebig viele Dimensionen und Konzentrationen ausdehnen. Es wurde jedoch festgestellt [16], dass systematische Abweichungen nicht erkannt werden, wenn bei großen Konzentrationsunterschieden ein Labor zu niedrige Werte im hohen Konzentrationsbereich und zu hohe Konzentrationen im niedrigen Konzentrationsbereich misst. Dies wäre auch typisch z. B. für falsch gewählte Mess- oder Arbeitsbereiche. Daher wird empfohlen, möglichst Proben im gleichen Konzentrationsbereich für Ringversuche auszuwählen.

4.3.5.2.4 Weitergehende statistische Auswertung

Die in diesem Abschnitt aufgezeigten Möglichkeiten der statistischen Auswertung können lediglich dann angewandt werden, wenn die beiden Proben gleich sind bezüglich ihrer Zusammensetzung (Matrix) und der Konzentration der zu untersuchenden Komponente.

4.3.5.2.4.1 Schätzung der laborinternen Standardabweichung s_w

$$s_W = \sqrt{\frac{\sum\left(d_i - \bar{d}\right)^2}{2\,(N-1)}} \qquad (126)$$

$$\text{mit} \quad d_i = x_{Ai} - x_{Bi} \qquad (127)$$

$$\text{und} \quad \bar{d} = \frac{\sum d_i}{N} \qquad (128)$$

s_W ist ein Schätzwert für die Präzision bzw. die zufälligen Fehler.

4.3.5.2.4.2 Schätzung der Messgenauigkeit s_d

$$s_d = \sqrt{\frac{\sum (T_i - \bar{T})^2}{2(N-1)}} \tag{129}$$

$$\text{mit} \quad T_i = x_{Ai} + x_{Bi} \tag{130}$$

$$\text{und} \quad \bar{T} = \frac{\sum T_i}{N} \tag{131}$$

s_d stellt die Standardabweichung dar, die sowohl durch systematische als auch durch zufällige Fehler hervorgerufen wird.

4.3.5.2.4.3 F-Test zum Nachweis systematischer Fehler

Zum Nachweis systematischer Fehler wird der Prüfwert PW berechnet:

$$PW = \frac{s_d^2}{s_w^2} \tag{132}$$

Systematische Fehler liegen vor, wenn $PW > F(f_1 = f_2 = N-1,\ P = 99\%)$ ist.

4.3.5.2.4.4 Schätzung der Standardabweichung zwischen den Labors s_b

$$s_b = \sqrt{\frac{s_d^2 - s_w^2}{2}} \tag{133}$$

s_b ist somit ein Maß für die Richtigkeit. Die Berechnung dieser Standardabweichung ist vor allem bei signifikantem F-Test durchzuführen.

4.3.5.2.4.5 Schätzung der Gesamtstandardabweichung s_t

$$s_t = \sqrt{\frac{f_b\, s_b^2 + f_w\, s_w^2}{f_b + f_w}} \tag{134}$$

$$\text{mit} \quad f_b = N - 1 \tag{135}$$

$$\text{und} \quad f_w = N \tag{136}$$

4.3.5.2.4.6 Ausreißertests

Es wird empfohlen, vor der Berechnung der Mittelwerte und Standardabweichungen für die Konstruktion des Youden-Diagramms Ausreißer zu eliminieren. Dazu sollte ein geeigneter Ausreißertest (z. B. Dixon-Test) jeweils auf die Analysenergebnisse x_{Ai} bzw. x_{Bi} angewandt werden.

Das Dänische Water Quality Institute [164] empfiehlt, solche Labors als Ausreißer zu klassifizieren, deren Analysenergebnisse extreme zufällige Fehler aufweisen. Als Ausreißerkriterium wird festgelegt:

$$\left| d_s - \bar{d} \right| > 2\, s_w \tag{137}$$

wobei d_s die Differenz der Analysenergebnisse $x_{As} - x_{Bs}$ des ausreißerverdächtigen Labors darstellt.

Eine Ausreißereliminierung vor der Erstellung des Youden-Plots bietet den Vorteil, dass die berechneten Standardabweichungen kleiner werden und somit eine strengere Bewertung der Ringversuchsergebnisse erfolgt. Sie erübrigt sich jedoch, wenn Normierung und Bewertung anhand externer Präzisionsvorgaben erfolgen.

4.3.5.2.5 **Vor- und Nachteile der Ringversuchsauswertung nach Youden**

Im Vergleich zu Ringversuchen nach DIN 38402 Teil 41 und Teil 42 weisen Ringversuche nach Youden folgende *Vorteile* auf:

- geringerer Aufwand für Organisatoren und Ringversuchsteilnehmer,
- einfache Auswertung,
- Erkennen konstant-systematischer Abweichungen,
- einfaches Verfahren zur Ermittlung der Vergleichspräzision,
- geringere Manipulationsmöglichkeiten.

Die *Nachteile* der Ringversuche nach Youden sind:

- Überwachung jeweils nur eines Konzentrationsniveaus je Diagramm,
- keine Ermittlung laborinterner statistischer Kenndaten,
- sinnvolle Ergebnisse erst bei mindestens 30 teilnehmenden Labors,
- keine Ermittlung von Verfahrenskenndaten.

Aufgrund dieser Vor- und Nachteile können Ringversuche nach Youden vor allem zur Laborüberwachung empfohlen werden. Für die Verfahrensstandardisierung ist dagegen die Ringversuchsdurchführung und -auswertung nach DIN 38402 Teil 41 und Teil 42 besonders geeignet.

4.3.5.2.6 **Beispiel eines Ringversuchs nach Youden** (Daten entnommen aus [164])

An 30 Teilnehmerlabors wurden je zwei Proben versandt, die auf ihren Chloridgehalt untersucht werden sollten. Es durften verschiedene Analysenverfahren angewandt werden, z. B. photometrische Bestimmung, ionenchromatographische Bestimmung, Analysenautomat etc.

In Tabelle 4-1 sind die von den einzelnen Labors ermittelten Analysenergebnisse sowie die aus diesen Daten berechneten Mittelwerte und Standardabweichungen zusammengestellt. Mittels dieser Daten wurde das Youden-Diagramm (siehe Abb. 4-8) gezeichnet.

Bei diesem Beispiel wurde vor der Ringversuchsauswertung kein Ausreißer eliminiert. Daher wird lediglich Labor 11 im Youden-Diagramm als Ausreißer identifiziert. Wäre die Berechnung der Mittelwerte und Standardabweichungen dagegen nach Eliminierung des Labors 11 erfolgt, so hätten sich kleinere Standardabweichungen ergeben und somit könnte dann im Diagramm auch Labor 26 als Ausreißer erkannt werden.

Tab. 4-1. Analysenergebnisse der Ringversuchsteilnehmer.

Labor *i*	*Probe A* x_{Ai} *[mg/l]*	*Probe B* x_{Bi} *[mg/l]*	*Labor* *i*	*Probe A* x_{Ai} *[mg/l]*	*Probe B* x_{Bi} *[mg/l]*
1	6,60	6,00	17	7,20	6,80
2	7,00	6,20	18	8,33	7,97
3	5,90	5,60	19	6,00	6,00
4	8,10	6,90	20	7,24	6,54
5	6,10	5,60	21	6,70	6,10
6	6,81	6,17	22	8,90	8,10
7	7,50	6,90	23	6,60	6,00
8	7,29	6,83	24	7,60	6,60
9	6,50	5,50	25	6,90	6,20
10	6,90	6,10	26	10,00	10,00
11	14,85	11,88	27	7,00	5,60
12	8,50	7,70	28	7,30	6,80
13	5,30	4,60	29	7,10	6,49
14	6,30	5,70	30	7,90	7,40
15	5,70	5,00	Mittelwerte	7,37 mg/l	6,65 mg/l
16	7,00	6,36	Standard-abweichungen	1,72 mg/l	1,43 mg/l

Mittelwerte und Standardabweichungen nach Eliminierung der Daten des Labors 11:

$\bar{x}_A = 7{,}11$ mg/l $\quad \bar{x}_B = 6{,}47$ mg/l

$s_A = 0{,}9996$ mg/l $\quad s_B = 1{,}054$ mg/l

Auffällig bei diesem Ringversuch ist, dass alle Teilnehmerlabors sehr präzise analysiert haben, da alle Punkte im Youden-Diagramm in der Nähe der Winkelhalbierenden liegen. Auch bei den Labors 11 und 26 ist die Präzision hoch, jedoch liegen hier systematische Abweichungen vor.

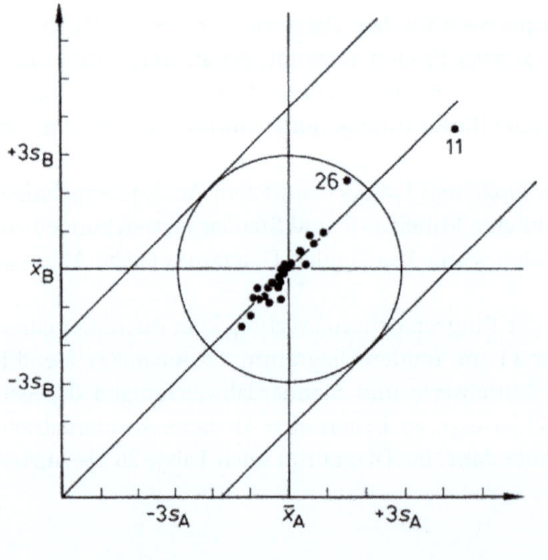

Abb. 4-8. Graphische Auswertung des Chlorid-Ringversuchs.

4.3.5.3 **Ringversuche in Anlehnung an ISO Guide 43** [46, 74]

Die Norm DIN 38402 Teil 45 wurde erstellt, um einheitliche Vorgehensweisen bei der Durchführung und Bewertung von so genannten *Zulassungsringversuchen* zu gewährleisten und um möglichst gleiche Qualitätskriterien bei der Bewertung von Laboratorien zugrunde legen zu können. Die Norm basiert auf ISO Guide 43-1 und -2, der nur das Rahmenwerk für Vergleichsprüfungen darstellt, und beschreibt die besonderen Einzelheiten für die Ausführung von Zulassungsringversuchen in der Wasseranalytik.

4.3.5.3.1 **Allgemeine Vorgehensweise**

Zulassungsringversuche für Untersuchungsparameter, die in einschlägigen Umweltgesetzen und Verordnungen aufgeführt sind, werden von verschiedenen Organisationen veranstaltet. Unter anderen bietet die Bundesanstalt für Materialprüfung (BAM) regelmäßig Ringversuche für die Bereiche Abwasser und Altlasten an. Für den Bereich Trinkwasser haben die in Deutschland auf diesem Gebiet tätigen Ringversuchsveranstalter, das Landesinstitut für den öffentlichen Gesundheitsdienst Nordrhein-Westfalen (LÖGD) in Zusammenarbeit mit dem IWW und die AQS-Leitstelle Baden-Württemberg mit der Behörde für Umwelt und Gesundheit (BUG) in Hamburg für die Jahre 2004 bis 2006 ein Konzept zur harmonisierten Durchführung der Trinkwasser-Ringversuche ausgearbeitet [97].

An Ringversuchen nach DIN 38402 Teil 45 sollen mindestens zwölf Laboratorien teilnehmen. Um ein zuverlässigeres Bild über die Leistungsfähigkeit eines Laboratoriums zu erhalten, sollen von den Teilnehmern nach Möglichkeit mehrere Einzelproben mit unterschiedlichen Konzentrationsniveaus der einzelnen Parameter analysiert werden. Häufig wird eine Reihe verschiedener Proben hergestellt, die jeweils alle zu bestimmenden Parameter in unterschiedlichen Konzentrationsniveaus enthalten. Jeder Teilnehmer erhält eine festgelegte Auswahl an Einzelproben aus den verschiedenen Proben. Dies geschieht aus der Überlegung, die Möglichkeit unzulässiger Absprachen wirkungsvoll zu unterbinden. Dabei wird darauf geachtet, dass im Sinne einer Gleichbehandlung eine zufällige Zuteilung der unterschiedlichen Niveaus auf die Teilnehmer sichergestellt ist.

Die Zulassungsringversuche sollen unter Bedingungen durchgeführt werden, die dem Routinebetrieb möglichst nahe kommen. Daher soll die Zahl der Mehrfachbestimmungen derjenigen von Routinemessungen entsprechen. Der Ringversuchsveranstalter kann je nach Zielsetzung bzw. Kontext des Ringversuchs die anzuwendenden Analysenverfahren einschränken oder vorschreiben. Ist dies nicht der Fall, darf das teilnehmende Laboratorium das Verfahren frei wählen.

4.3.5.3.2 **Statistische Auswertung**

Die Auswertung eines Ringversuchs erfolgt in der Regel in vier Schritten:

a) Festlegung des Streumaßes s_{soll}

Das Streumaß (Standardabweichung) s_{soll} dient als Maß zur Berechnung der Qualitätsgrenzen für die Analysenergebnisse. Es kann als Qualitätsziel vorgegeben werden, wird in der Regel jedoch mit Hilfe statistischer Verfahren aus den Analysenergebnissen der Ringversuchsteilnehmer ermittelt. Die Q-Methode, ein Verfahren der robusten Statistik, wird zur Berechnung der Vergleichsstandardabweichung beschrieben [201].

Besteht Grund zu der Annahme, dass das auf diese Weise berechnete Streumaß im Hinblick auf die Qualitätsziele der Analytik zu weit oder zu eng ist, so können Unter- und Obergrenzen für diese Standardabweichungen definiert werden. Über- oder unterschreitet die berechnete Standardabweichung eine dieser Grenzen, wird Letztere als s_{soll} festgelegt.

b) Festlegung des Sollwerts m_{soll}

Die Festlegung des Sollwertes ist von der Art der Probenherstellung abhängig (synthetische Probe oder reale Probe). Die zur Bewertung herangezogene konventionell richtige Konzentration eines Parameters (Sollwert) sollte möglichst auf Messungen beruhen oder durch solche bestätigt werden. Die Ergebnisunsicherheit des Sollwerts unter Berücksichtigung der Ergebnisse der Stabilitäts- und Homogenitätsprüfung muss deutlich kleiner sein als die Gesamtbewertungsgrenze des Ringversuchs bei dem jeweiligen Analysenparameter.

Für den Fall, dass der Sollwert aus den Ergebnissen der Teilnehmer ermittelt werden soll, wird der HAMPEL-Schätzer [162] als Verfahren der robusten Statistik angewandt.

c) Berechnung und ggf. Einbeziehung einer Varianzfunktion

Bei Ringversuchen zur Laborüberprüfung werden häufig Proben verschiedener Konzentration mit der selben Matrix versandt. Bei einer Einzelauswertung dieser verschiedenen Proben ergeben sich häufig Schwankungen zwischen den Varianzen der unterschiedlichen Konzentrationsniveaus, die zu Ungerechtigkeiten bei der Bewertung der Laboratorien führen können. Um diese Schwankungen auszugleichen, können die Varianzen der verschiedenen Proben mit Hilfe einer Varianzfunktion festgelegt werden, die durch Ausgleichsrechnung aus den Einzelvarianzen ermittelt wird.

d) Berechnung der normierten Abweichungen der Ergebnisse (Z- bzw. Z_u-Scores)

Für die Qualitätsbewertung der Ergebnisse der Laboratorien ist es sinnvoll, die Abweichungen der Ergebnisse vom Sollwert m_{soll} mit Hilfe der Standardabweichung s_{soll} zu normieren. Dafür sind Z-Scores anwendbar [198].

Ein Z-Score wird nach folgender Gleichung berechnet:

$$Z = \frac{\text{Analysenergebnis} - m_{\text{soll}}}{s_{\text{soll}}} \tag{138}$$

Z-Scores ergeben bei der Bewertung Toleranzgrenzen, die symmetrisch bezüglich des Sollwertes m_{soll} sind. Bei einer vergleichsweise großen Standardabweichung s_{soll} und Messungen nahe der Bestimmungsgrenze kann dies dazu führen, dass die untere Toleranzgrenze unterhalb der Bestimmungsgrenze liegt. In diesem Fall erfüllen alle jene Laboratorien das Qualitätskriterium automatisch, deren Analysenbefund unterhalb der Bestimmungsgrenze liegt.

Auch bei einer geringeren Standardabweichung ist eine deutliche Bevorzugung von zu kleinen Ergebnissen festzustellen. Um die genannten Nachteile zu beheben, werden häufig modifizierte Z_U-scores verwendet.

4.3.5.3.3 Interpretation und Anwendung der Ergebnisse

Die Interpretation der Z-Scores erfolgt unter der Annahme, dass die Analysenergebnisse normalverteilt sind. Dann liegt die Wahrscheinlichkeit, dass der Absolutbetrag von Z den Wert 2 nicht übersteigt, bei 0,9545, d.h. bei ca. 95%. Daher wird als „Qualitätsgrenze" der Wert $g = 2$ festgelegt. Das Qualitätskriterium gilt als erfüllt, wenn der Absolutbetrag von Z den Wert 2 nicht übersteigt. Andernfalls kann, mit der Irrtumswahrscheinlichkeit $\alpha = 0{,}0455$ bzw. ca. 5%, angenommen werden, dass das Labor bei der betreffenden Analyse fehlerhaft gearbeitet hat. In Einzelfällen dürfen anstelle der Qualitätsgrenze $g = 2$ auch die Grenzen 2,5 ($\alpha \approx 1\%$) oder 3 ($\alpha \approx 0{,}3\%$) verwendet werden. Dies entscheidet der Ringversuchsveranstalter unter Berücksichtigung der Erfordernisse.

Bei Parametern, die grundsätzlich keine negativen Werte annehmen können, werden Z_U-Scores anstelle der Z-Scores als Qualitätskriterium herangezogen.

Die Ergebnisse eines Ringversuchs zur Laborüberwachung werden insbesondere als Entscheidungsgrundlage für die Zulassung von Labors verwendet. Nach [157] hat z.B. ein Labor erfolgreich an einem Zulassungsringversuch teilgenommen, wenn mindestens 80% aller im Ringversuch bewerteten Parameter-Probenniveau-Kombinationen innerhalb der jeweils ermittelten Toleranzgrenzen liegen.

Daneben gibt es weitere Interpretationsmöglichkeiten:

- Die überwachten Labors können ihre interne Qualitätssicherung für bestimmte Parameter, bei denen sie schlechte Ergebnisse erzielt haben, überdenken.
- Betriebe, die z.B. zur Eigenkontrolle ihres Abwassers verpflichtet sind, können sich über die Analysenqualität des von ihnen beauftragten Labors informieren.

4.4 Beispiel für die Auswirkungen der internen Qualitätssicherung auf die Ergebnisse von Ringversuchen

Die Untergruppe Verfahrenskenngrößen (UGV) des Arbeitsausschusses „Messmethoden der Deutschen Kommission zur Reinhaltung des Rheins" stellte sich 1982 die Aufgabe, Verfahren und Verfahrenskenngrößen bezogen auf eine Messaufgabe abzustimmen und somit langfristig die Qualität von Analysenergebnissen zu sichern. Am Beispiel des Parameters Cadmium soll der Erfolg dieser länderübergreifenden Abstimmung dargestellt werden.

Zunächst wurde in einem *ersten Ringversuch* die Ausgangssituation der teilnehmenden Laboratorien festgestellt. Als Probe wurde eine Standardlösung der Konzentration 1,47 µg/l verschickt, die von jedem Labor viermal analysiert werden sollte. Das Ergebnis dieses Ringversuchs (s. Abb. 4-9) zeigt, dass neun von 24 Labors das in der EG-Richtlinie [83] geforderte Qualitätsziel von 30% Genauigkeit nicht einhalten.

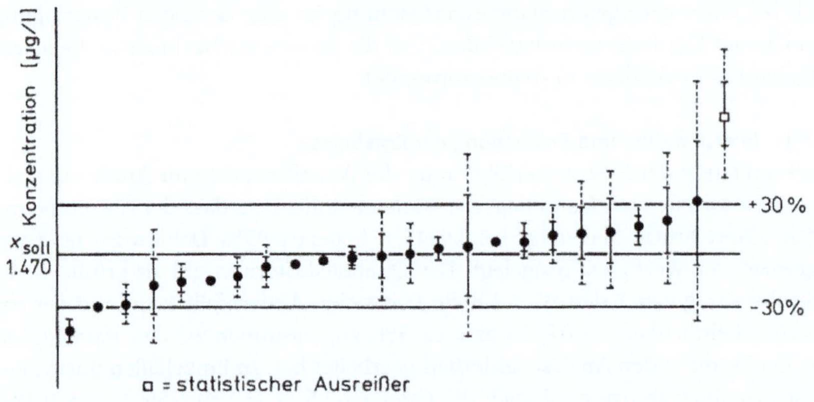

Abb. 4-9. Ergebnis des 1. Ringversuchs, Probe: Standardlösung 1,47 **µg/l.**

Trotz der problemlosen, matrixfreien Probe wurde nur eine geringe Vergleichbarkeit der Analysenergebnisse verschiedener Labors erreicht.

Als Kenngrößen dieses Ringversuchs wurden ermittelt (nach DIN 38402-41 und -42):

- *Mittlere Wiederfindungsrate*: $\overline{WFR} = 97\%$
- *Wiederholvariationskoeffizient*: $CV_r = 7{,}6\%$ (= Maß für die im Mittel erreichte laborinterne Präzision)
- *Vergleichsvariationskoeffizient*: $CV_R = 18{,}9\%$

Aufgrund dieses schlechten Ringversuchsergebnisses wurde eine Arbeitsgruppe eingerichtet, die ein Schwerpunktprogramm für laborinterne und laborexterne Qualitätssicherungsmaßnahmen aufstellte. Dieses Programm umfasste

1. einen Vergleich der möglichst detaillierten Beschreibungen der jeweiligen laborspezifischen analytischen Vorgehensweise,
2. die Überprüfung und Verbesserung der laborinternen Verfahrensstandardabweichung s_{xo},
3. das Führen von Qualitätsregelkarten (Mittelwert-Regelkarte, Blindwert-Regelkarte, *WFR*-Regelkarte),
4. die erneute Durchführung eines Ringversuchs.

zu 1:
Ergebnis dieses Vergleichs war, dass die instrumentelle Voraussetzung der einzelnen Labors weitgehend gleich war, Unterschiede jedoch hinsichtlich der Probenvorbereitung und der Auswertung der Messwerte (Kalibrierkurvenverfahren bzw. Standardadditionsverfahren) bestanden. Grobe oder grundsätzliche methodische Fehler konnten nicht festgestellt werden.

zu 2 und 3:
Die laborinterne Präzision konnte während einer „Übungsphase" und nach Durchführung notwendiger korrigierender Maßnahmen nachweislich verbessert werden.

zu 4:

Nach laborinterner Verbesserung der Analysenqualität wurde ein zweiter Ringversuch durchgeführt. Hierzu wurde eine membranfiltrierte Oberflächenwasserprobe mit einer Cadmiumkonzentration von 0,67 μg/l an die teilnehmenden Labors verschickt. Diese Proben wurden von jedem Labor jeweils vier mal auf zwei verschiedene Weisen analysiert:

a) durch direkte AAS-Bestimmung,
b) durch AAS-Bestimmung nach nasschemischem DIN-Aufschluss [65].

Ergebnisse des 2. Ringversuchs:

In Abb. 4-10 ist das Ergebnis der direkten AAS-Bestimmung dargestellt. Lediglich ein Labor (Nr. 5) hält die Genauigkeitsanforderungen von ±30% nicht ein. Weiterhin fällt auf, dass alle Labors, die über das Kalibrierkurvenverfahren auswerteten (mit E gekennzeichnet in Abb. 4-10), zu niedrige Analysenergebnisse finden, während die Labors, die nach dem Standardadditionsverfahren auswerteten (mit A gekennzeichnet in Abb. 4-10), richtigere Ergebnisse erhielten. Dies hatte zur Folge, dass die Auswertung über das Standardadditionsverfahren für die Cadmiumbestimmung in nachfolgenden Ringversuchen und für die Routineanalytik empfohlen wurde.

Das Ergebnis der AAS-Bestimmung nach nasschemischem Aufschluss (s. Abb. 4-11) ist ähnlich wie das der direkten AAS-Bestimmung. Auch hier liefert das Standardadditionsverfahren richtigere Analysenergebnisse als das Kalibrierkurvenverfahren. Die Genauigkeitsanforderungen werden hier von drei Labors (Nr. 1, Nr. 3 und Nr. 5) nicht eingehalten.

Als Kenngrößen wurden ermittelt:

	Direkt	*DIN-Aufschluss*
$\bar{\bar{x}}$	0,637 μg/l	0,635 μg/l
$\overline{WFR}$	95,1%	94,7%
CV_r	4,6%	7,2%
CV_R	11,4%	15,3%

Insgesamt zeigten diese Ergebnisse, dass abgestimmte laborinterne Qualitätssicherungsmaßnahmen zu einem homogeneren und verbesserten Leistungsstand bei den am Ringversuch teilnehmenden Laboratorien geführt haben. Die Leistungsverbesserung wird noch deutlicher, wenn beachtet wird, dass beim 1. Ringversuch lediglich Standardlösungen analysiert wurden, beim 2. Ringversuch dagegen Proben mit realer Matrix und zusätzlich noch in einem niedrigeren Konzentrationsbereich.

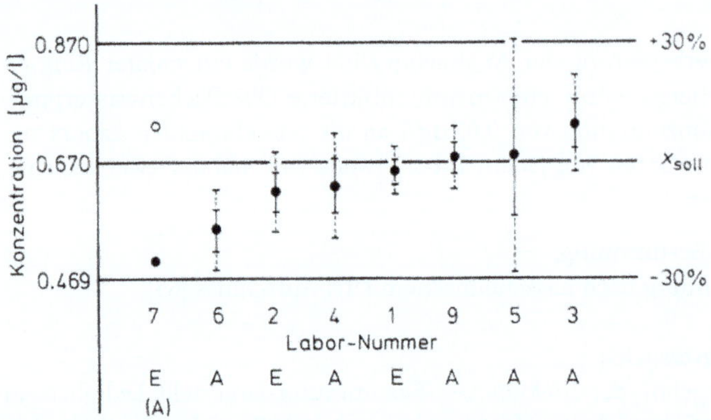

Abb. 4-10. Ergebnis des 2. Ringversuchs, direkte AAS-Bestimmung.

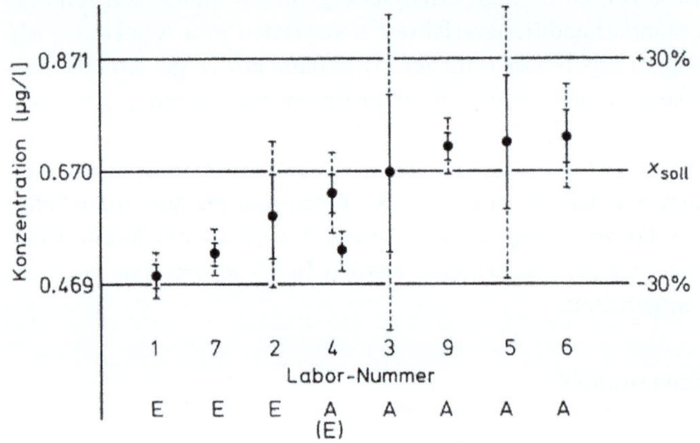

Abb. 4-11. Ergebnis des 2. Ringversuchs, AAS-Bestimmung nach nasschemischem Aufschluss.

4.5 Fazit

Interne und externe Qualitätssicherung ergänzen einander.

Darüber hinaus sollte die Kommunikation privater und behördlicher Analysenlabors untereinander nicht nur auf die Ergebnisbekanntgabe und -diskussion von Ringversuchen beschränkt sein. Regionale Qualitäts-Arbeitskreise bieten insbesondere in der Umweltanalytik die Gewähr für eine Vergleichbarkeit der Mess- und Analysenergebnisse, was als unabdingbare Voraussetzung für die Erstellung von Umweltkatastern und ökologischen Studien anzusehen ist.

Qualitätsprobleme sind weder Schicksal noch diskriminierend; sie sollten vielmehr als Herausforderung für eine Verbesserung der Analytik verstanden werden. Oder um mit Konfuzius zu sprechen:

Wer einen Feler begeht und ihn nicht korrigiert,
begeht einen weiteren (Fehler).

5
Definitionen

(englische Übersetzung in Klammern)

5.1
Qualität und Qualitätsmanagement

Qualität (quality) [66]

Grad, in dem ein Satz inhärenter (d. h. einer Einheit innewohnender) Merkmale vorgegebene Anforderungen erfüllt.

Qualitätsmerkmal (quality characteristic) [66]

Inhärentes ständiges Merkmal eines Produkts, Prozesses oder Systems, das sich auf eine Anforderung bezieht.

Beispiel: Für den Prozess „Analysenmethode" sind die wichtigsten Qualitätsmerkmale Präzision, Richtigkeit, analytische Spezifität, analytische Selektivität und analytische Empfindlichkeit.

Qualitätsmanagement (quality management) [66]

Aufeinander abgestimmte Tätigkeiten zum Leiten und Lenken einer Organisation bezüglich Qualität. Das Qualitätsmanagement (QM) umfasst üblicherweise:

- Qualitätsplanung: Teil des QM, der auf das Festlegen der Qualitätsziele und der notwendigen Ausführungsprozesse sowie der zugehörigen Ressourcen zur Erfüllung der Qualitätsziele gerichtet ist.
- Qualitätslenkung: Teil des QM, der auf die Erfüllung von Qualitätsanforderungen gerichtet ist.
- Qualitätssicherung: Teil des QM, der auf das Erzeugen von Vertrauen darauf gerichtet ist, dass Qualitätsanforderungen erfüllt werden.
- Qualitätsverbesserung: Teil des QM, der auf die Erhöhung der Fähigkeit zur Erfüllung der Qualitätsanforderungen gerichtet ist.

Qualitätssicherung in der Analytischen Chemie, 2. Auflage. W. Funk, V. Dammann, G. Donnevert

ISBN: 3-527-31112-2

Qualitätskontrolle

Dieser Begriff ist seit 1974 in den Normen und anderen Begriffszusammenstellungen (z. B. der Deutschen Gesellschaft für Qualität) nicht mehr definiert. Stattdessen findet sich die treffende Anmerkung,

> *„aus wörtlicher, aber nicht sinngemäßer Übersetzung von „Quality control“ ist die Bezeichnung „Qualitätskontrolle“ entstanden. Weil diese Bezeichnung meist fälschlich und damit missverständlich synonym zu „Qualitätsprüfung“ eingeschränkt benutzt wird, ist von ihrer Benutzung abzuraten. Sie wird nicht definiert.“*

Als deutsche Übersetzung von „quality control“ sollte der Begriff „Qualitätslenkung“ [54] benutzt werden.

Qualitätsmanagementsystem (quality management system)

Managementsystem zum Leiten und Lenken einer Organisation bezüglich der Qualität.

Interne Qualitätssicherung (internal quality control) [54]

Die interne Qualitätssicherung umfasst alle Sicherungsmaßnahmen eines Laboratoriums, die selbst geplant, angeordnet und durchgeführt werden.

Externe Qualitätssicherung (external quality assessment) [54]

Die externe Qualitätssicherung umfasst alle Sicherungsmaßnahmen, durch die ein Laboratorium von einer unabhängigen, d. h. unter anderer Leitung stehenden Stelle sich überprüfen lässt oder überprüft wird.

Akkreditierung (accreditation)

Durch Akkreditierung bescheinigt eine anerkannte, externe Prüfstelle, dass ein Laboratorium die Kompetenz besitzt, bestimmte Analysen durchzuführen.

Zertifizierung (certification)

Durch Zertifizierung bescheinigt eine anerkannte, externe Prüfstelle, dass ein Produkt oder ein Verfahren oder eine Dienstleistung bestimmte, üblicherweise in Normen oder gesetzlichen Vorschriften beschriebene Anforderungen erfüllt.

Statistische Qualitätslenkung (statistical quality control) [82]

Die statistische Qualitätslenkung ist derjenige Teil der Qualitätslenkung, bei dem statistische Verfahren zur Planung und Aus-/Bewertung eingesetzt werden.

Zuverlässigkeit (reliability) [66]

Zusammenfassender Ausdruck zur Beschreibung der Verfügbarkeit und ihrer Einflussfaktoren Funktionsfähigkeit, Instandhaltbarkeit und Instandhaltungsbereitschaft.

Validierung (validation)

Die Validierung eines Analysenverfahrens ermittelt, ob das Verfahren die Anforderungen eines bestimmten Verwendungszwecks und einschließlich aller Einzelschritte zuverlässig alle vorgegebenen Spezifikationen und Qualitätsmerkmale erfüllt.

Verifizierung (verification)

Eine Verifizierung erbringt den Nachweis, dass bestimmte Anforderungen erfüllt werden.

5.2 Begriffe aus der Analytik

Schema zu den Begriffen Analysenprinzip, Analysenverfahren und Analysenmethode

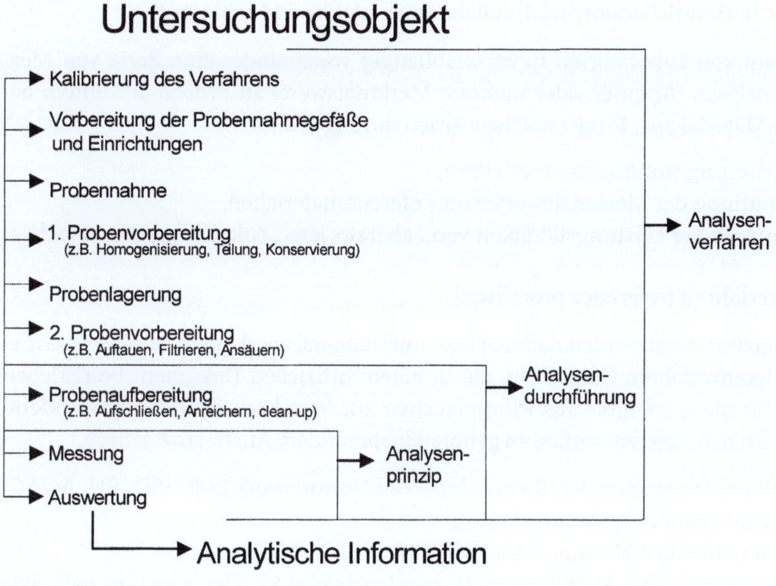

Messprinzip (principle of measurement) [30]

Charakteristische physikalische Erscheinung, die bei der Messung benutzt wird (z. B. Photometrie)

Messverfahren (measurement procedure) [30]

Praktische Anwendung des Messprinzips

- direkt: Gewinnung des Messwertes durch unmittelbaren Vergleich mit der Bezugsgröße (z. B. Volumenmessung).

- indirekt: Zurückführung eines Messwertes auf andersartige physikalische Größen (z. B. operationelle Parameter).

Analysenprinzip (analytical principle)

Bezieht sich nur auf die Messung und die Auswertung der Messwerte (siehe Schema).

Analysendurchführung/Analysenmethode (analytical procedure)

Bezieht sich nur auf die Bestimmung eines definierten Stoffs und die Auswertung der Messwerte (siehe Schema).

Analysenverfahren (analytical method)

Kombination der Analysenmethode mit speziellen (objektabhängigen) Vorbereitungstechniken (Probenahme – Probenvorbereitung) (siehe Schema).

Ringversuch (interlaboratory trial, collaborative trial, round robin test)

Eine Anzahl von Laboratorien führt unabhängig voneinander eine Serie von Messungen/Analysen für einen oder mehrere Merkmalswerte an Proben aus einem bestimmten Material aus. Ringversuche werden durchgeführt

- zur Validierung von Analysenverfahren,
- zur Ermittlung der Merkmalswerte von Referenzmaterialien,
- zur Kontrolle der Leistungsfähigkeit von Laboratorien, „Zulassungsringversuch".

Referenzverfahren (reference procedure)

Als Referenzverfahren werden national bzw. international anerkannte oder vorgeschriebene Analysenverfahren bezeichnet, die in einem offiziellen Dokument beschrieben sind und für die Ergebnisse aus Ringversuchen zur Verfahrensbeurteilung veröffentlicht sind. Zu den Referenzverfahren gehören insbesondere Analysenverfahren,

- die in einem internationalen Richtlinien- oder Normenwerk (z. B. ISO, EN, AOAC) oder entsprechenden DEV-Vorschriften,
- in einem nationalen Normenwerk (z. B. DIN, BSI, AFNOR, ...) oder
- in einem nationalen Richtlinienwerk beschrieben sind oder sonstige nationale (z. B. VDI) bzw.
- internationale Richtlinien- und Normenwerke (z. B. ASTM, ISO) oder
- beschriebene oder vereinbarte Anlageverfahren, die im Rahmen rechtlicher Regelungen vorgeschrieben sind (z. B. nationales Gesetz, EU-Richtlinie etc.).

Synonyma für Referenzverfahren sind:

- Normmethode
- Schiedsmethode
- Referenzmethode
- Vergleichsmethode

Wiederfindungsrate (recovery)

In einem Wiederfindungsexperiment wird eine Probe mit bekanntem Gehalt – (zertifiziertes) Referenzmaterial, aufgestockte Probe – analysiert. Als Wiederfindungsrate *WFR* wird die relative Ausbeute bezeichnet:

$$WFR = \frac{\text{gefundener Gehalt}}{\text{bekannter Gehalt}} \cdot 100\%$$

bzw. bei Aufstockung:

$$WFR = \frac{\text{gefundener (Gehalt nach Aufstockung} - \text{Gehalt vor Aufstockung)}}{\text{Aufstockungsmenge}} \cdot 100\%$$

Analytische Spezifität (analytical specificity)

Analytische Spezifität ist die Fähigkeit eines Untersuchungsverfahrens, den gesuchten Analyten in allen relevanten Formen zu erfassen, wobei andere anwesende Bestandteile/Merkmale in der Probe das Analysenergebnis nicht beeinflussen.

Analytische Selektivität (analytical selectivity)

Hiermit wird die Fähigkeit eines Analysenverfahrens bezeichnet, verschiedene, nebeneinander zu bestimmende Analyten ohne gegenseitige Störung zu identifizieren und quantifizieren.

Analytische Sensitivität, Empfindlichkeit (analytical sensitivity) [55]

Empfindlichkeit beschreibt die Fähigkeit eines Untersuchungsverfahrens, benachbarte Werte eines Analyten (z. B. Konzentrationen) zu differenzieren. Sie gibt an, in welchem Maße sich ein Wert in Abhängigkeit vom Signal des messenden Systems verändert; sie lässt sich durch die Steigung der Bezugskurve (Kalibrierkurve) quantifizieren.

Auflösung (resolution)

Als Auflösung wird die kleinste unterscheidbare Differenz zweier Anzeigen einer Anzeigeeinrichtung bezeichnet. Bei einer Digitalanzeige ist dies die Änderung des angezeigten Wertes, bei der sich die letzte signifikante Ziffer um einen Ziffernschritt ändert.

Robustheit (robustness, ruggedness)

Die Robustheit eines Analysenverfahrens bezeichnet die Unempfindlichkeit seiner Verfahrenskenndaten gegenüber Veränderungen in den Analysenbedingungen. Im englischen Sprachgebrauch wird teilweise unterschieden zwischen

- der „robustness“ als Unempfindlichkeit gegenüber realistischen und eindeutig definierbaren Änderungen der Verfahrensparameter – Abweichung von der Analysenvorschrift – wie z. B. Temperatur oder pH-Wert, und

– der „ruggedness“ im Sinne der Vergleichbarkeit als Unempfindlichkeit gegenüber einem Wechsel des ausführenden Labors und/oder Bearbeiters und/oder Geräts.

Nachweisgrenze (decision limit) *CCα* [87]

Die Nachweisgrenze ist eine Entscheidungsgrenze für das Nichtvorhandensein eines bestimmten Bestandteiles bei einer Irrtumswahrscheinlichkeit α, z. B. $\alpha = 5\%$: Die Wahrscheinlichkeit, dass der Bestandteil dennoch vorhanden ist, beträgt $\beta = 50\%$. Die Nachweisgrenze wird auch als „kritischer Wert“ bezeichnet.

Erfassungsgrenze (detection capability) *CCβ* [87]

Die Erfassungsgrenze gibt den Mindestgehalt an, der mit hoher vorgegebener Wahrscheinlichkeit nachgewiesen werden kann. Bei einer Irrtumswahrscheinlichkeit $\beta = \alpha$ ist die Erfassungsgrenze genau doppelt so groß wie die Nachweisgrenze. Die Erfassungsgrenze wird auch als „Nachweisvermögen“ bezeichnet.

Bestimmungsgrenze (limit of determination, limit of quantification)

Die Bestimmungsgrenze gibt denjenigen Stoffmengengehalt an, der mit einer vorgegebenen relativen Messunsicherheit bestimmt werden kann.

Messmittel (measuring device)

Ein Messmittel ist ein Gerät, das allein oder in Verbindung mit zusätzlichen Einrichtungen den Wert der Messgröße ermittelt und ausgibt, z. B. anzeigt.

Normal (standard, measurement standard) [30]

Als Normal wird eine Maßverkörperung (*Beispiel:* 1-kg-Massenormal), ein Referenzmessgerät oder Referenzmaterial bezeichnet mit dem Zweck, eine Einheit oder einen oder mehrere Größenwerte festzulegen, zu verkörpern, zu bewahren oder zu reproduzieren. Unterschieden wird zwischen internationalen Normalen, nationalen Normalen, Bezugsnormalen und Gebrauchsnormalen.

Ein Primärnormal stellt dabei die höchste messtechnische Qualität dar. Sein Wert wird ohne Bezug auf andere Normale derselben Größe anerkannt.

Der Wert eines Sekundärnormals wird durch Vergleich mit einem Primärnormal für dieselbe Größe festgelegt. Die meisten zertifizierten Referenzmaterialien sind Sekundärnormale, da die Zertifizierung der Merkmalswerte üblicherweise nach einem Verfahren erfolgt, das auf Primärnormale zurückzuführen ist.

Rückverfolgbarkeit (traceability) [30]

- Offiziell: Eigenschaft eines Messergebnisses, durch eine ununterbrochene Kette von Vergleichsmessungen mit angegebenen Messunsicherheiten auf geeignete Normale, im Allgemeinen internationale oder nationale Normale, bezogen zu sein.

- Umgangssprachlich: die Möglichkeit, die Qualität aller Einzelschritte einer Analyse einschließlich der dabei eingesetzten Ressourcen anhand der schriftlichen Dokumentation nachweisen zu können.

Eichen (official verification, calibration) [30, 55]

Das Eichen eines Messgerätes umfasst die von der zuständigen Eichbehörde nach den Eichvorschriften vorzunehmenden Prüfungen an Messgeräten im Rahmen der Prüfmittelüberwachung und die Stempelung.

Kalibrierung, Kalibrieren (calibration) [30, 55]

Das Kalibrieren eines Systems ist die Ermittlung und Festlegung eines funktionalen Zusammenhangs zwischen einer zähl- bzw. messbaren Größe und einer zu bestimmenden Konzentration (Aktivität, Häufigkeit usw.) aus Daten, die im Allgemeinen mit zufälligen Abweichungen behaftet sind.

Justieren (adjustment) [30, 55]

Justieren heißt, ein Messgerät so einzustellen oder abzugleichen, dass die Messabweichungen möglichst klein werden oder dass die Beträge der Messabweichungen die zulässigen Fehlergrenzen nicht überschreiten.

5.3 Analysenergebnis

Wahrer Wert (true value) [30, 52, 53]

Tatsächlicher Merkmalswert unter den bei der Ermittlung herrschenden Bedingungen.

Anmerkung: Oftmals ist der wahre Wert ein ideeller Wert, weil er sich nur dann feststellen ließe, wenn sämtliche Ergebnisabweichungen vermieden werden könnten, oder er ergibt sich aus theoretischen Überlegungen.

Richtiger Wert (conventional true value) [30, 53]

Wert für Vergleichszwecke, dessen Abweichung vom wahren Wert für den Vergleichszweck als vernachlässigbar betrachtet wird.

Anmerkung 1: Der richtige Wert ist ein Näherungswert für den wahren Wert. Er kann z. B. aus internationalen, nationalen oder Gebrauchsnormalen, von Referenzmaterialien oder Referenzverfahren (z. B. auf der Grundlage speziell organisierter Versuche) gewonnen werden.

Anmerkung 2: Es gibt mehrere Benennungen, die synonym zu „richtiger Wert" benutzt werden, beispielsweise „Sollwert" [52], „Zielwert". Diese Benennungen sind missverständlich und daher zu vermeiden.

Anmerkung 3: auch „(konventionell) richtiger Wert" genannt.

Erwartungswert (expectation) [53]

Das mittlere Ermittlungsergebnis, welches aus der unablässig wiederholten Anwendung des unter vorgegebenen Bedingungen angewendeten Ermittlungsverfahrens gewonnen werden könnte.

Istwert (actual value)

Momentan erreichtes (Analysen)-Ergebnis, unterscheidet sich in der Regel durch systematische und/oder zufällige Abweichung mehr oder weniger vom „Sollwert" (= richtigen Wert).

Gleichwertigkeit (equivalency)

Konventionelle Betrachtung, bei der ermittelt wird, ob zwei Analysenverfahren für einen bestimmten Einsatzzweck zu vergleichbaren Analysenergebnissen führen.

5.4 Abweichungen, Unsicherheiten

Genauigkeit (accuracy) [53, 70]

Die Genauigkeit ist eine qualitative Bezeichnung für das Ausmaß der Annäherung von Analysenergebnissen an den Bezugswert, wobei dieser je nach Festlegung oder Vereinbarung der wahre, der richtige oder der Erwartungswert sein kann. Die Genauigkeit ist damit ein Oberbegriff für Präzision und Richtigkeit.

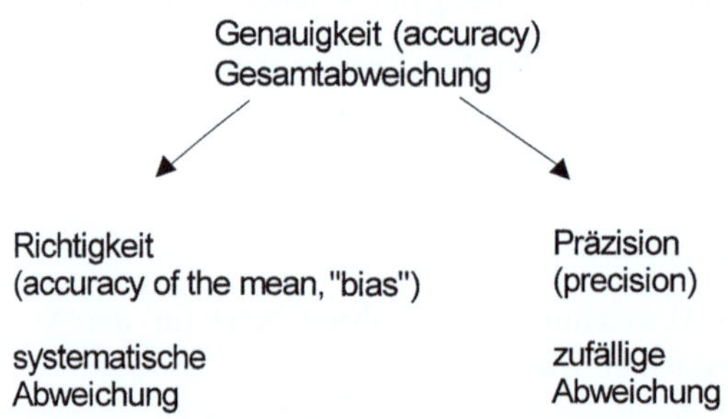

Bestimmend für den Gesamtfehler ist der größte aller Einzelfehler.
Die zufällige Abweichung/Unsicherheit lässt sich durch Mehrfachanalyse (N-fach-Analyse) um den Faktor $\frac{1}{\sqrt{N}}$ verringern.

Die systematische Abweichung lässt sich nur durch Beseitigung ihrer Ursache verringern oder durch Anwendung der Wiederfindungsfunktion rechnerisch korrigieren.

Präzision (precision) [53, 57, 70]

Die Präzision ist eine qualitative Bezeichnung für das Ausmaß der gegenseitigen Annäherung voneinander unabhängiger Analysenergebnisse bei mehrfacher Anwendung eines festgelegten Analysenverfahrens unter vorgegebenen Bedingungen.

Die Bedingungen, unter denen die Analysenergebnisse gewonnen werden, sind genau anzugeben. Man unterscheidet vor allem zwischen der Wiederholpräzision und der Vergleichpräzision.

Wiederholpräzision (repeatability, within-run precision) [55, 70]

Wiederholpräzision ist die qualitative Bezeichnung für das Ausmaß der gegenseitigen Annäherung der Analysenergebnisse unter Wiederholbedingungen. Im allgemeinen Sprachgebrauch wird auch die Benennung „Präzision unter Wiederholbedingungen" bzw. „Präzision in der Serie" verwendet. Wiederholbedingungen: Bei der Gewinnung voneinander unabhängiger Analysenergebnisse geltende Bedingungen, bestehend in der wiederholten Anwendung des festgelegten Analysenverfahrens/Methode am identischen Objekt (gleiches Material/gleiche Probe) durch denselben Beobachter in kurzen Zeitabständen (unmittelbar hintereinander) mit derselben Geräteausrüstung (sowie mit denselben Hilfsmaterialien) am selben Ort (im selben Labor) [53].

Vergleichpräzision (reproducibility) [55, 70]

Die Vergleichpräzision ist die qualitative Bezeichnung für das Ausmaß der gegenseitigen Annäherung der Analysenergebnisse unter Vergleichbedingungen. Im allgemeinen Sprachgebrauch wird auch die Benennung „Präzision unter Vergleichbedingungen" bzw. „Präzision von Labor zu Labor" verwendet.

Vergleichbedingungen: Bei der Gewinnung voneinander unabhängiger Analysenergebnisse geltende Bedingungen, bestehend in der Anwendung des festgelegten Analysenverfahrens am identischen Objekt (gleiches Material/gleiche Probe) durch verschiedene Beobachter (Untersucher) mit verschiedener Geräteausrüstung (und mit verschiedenen Hilfsmaterialien) an verschiedenen Orten (in verschiedenen Labors).

Präzision von Serie zu Serie (between-run precision) [55]

Präzision von Serie zu Serie ist die qualitative Bezeichnung für das Ausmaß der gegenseitigen Annäherung der Analysenergebnisse bei Bestimmungen an dem gleichen Material in demselben Laboratorium in aufeinander folgenden Serien. Analysen innerhalb einer Serie werden unter Wiederholbedingungen (s. o.) durchgeführt.

Richtigkeit (trueness, accuracy of the mean) [53, 56, 70]

Die Richtigkeit ist eine qualitative Bezeichnung für das Ausmaß der Annäherung des Erwartungswertes des Analysenergebnisses an den Bezugswert, wobei dieser je nach Festlegung oder Vereinbarung der wahre oder der richtige Wert sein kann.

Anmerkung 1: Ein quantitatives Maß für die Richtigkeit ist die systematische Ergebnisabweichung, auch Unrichtigkeit genannt. Sie wird durch die Differenz zwischen dem experimentell ermittelten Wert, wobei dieser als Mittelwert aus mehreren Einzelwerten errechnet wird, und dem wahren bzw. richtigen Wert bestimmt.

Anmerkung 2: Bei bestimmten Analysen kann der richtige Wert auch ein nach dem Stand der Wissenschaft festgelegter Wert sein („konventionell richtiger Wert").

Abweichung (deviation, error) [54]

Eine Abweichung ist der Unterschied zwischen einem Merkmalswert und einem Bezugswert dieses Merkmals. Bei quantitativen Merkmalswerten ist sie gleich der Differenz aus Merkmalswert und Bezugswert.

Gesamtabweichung (total deviation, total error)

Differenz von Sollwert und Istwert. Die Gesamtabweichung setzt sich aus systematischer und zufälliger Abweichung zusammen.

Zufällige Abweichung (random deviation, random error) [54, 30]

Die zufällige Abweichung ist der Unterschied zwischen dem durch Analyse erhaltenen Merkmalswert und dem Erwartungswert.

Anmerkung: Zufällige Abweichungen können nicht durch Korrekturen ausgeschaltet werden. Jedoch kann ihr Einfluss auf das Ergebnis durch Mittelwertbildung aus mehreren unabhängigen Bestimmungen verringert werden.

Systematische Abweichung (systematic deviation, systematic error) [54, 30]

Die systematische Abweichung ist der Unterschied zwischen dem Erwartungswert eines Merkmals und dem richtigen bzw. wahren Wert dieses Merkmals.

Anmerkung: Systematische Abweichungen weisen bei definierter Vorgehensweise gleiches Ausmaß und Vorzeichen auf. Bei quantitativen Merkmalswerten ist die systematische Abweichung gleich der Differenz aus Erwartungswert und richtigem bzw. wahrem Wert (Bias).

- *Konstant-systematische Abweichung, additive Abweichung (constant bias):*
  Der Betrag der systematischen Abweichung ist unabhängig vom Betrag des Analysenergebnisses (z. B. „immer 4 mmol/l zu wenig gemessen").
- *Proportional-systematische Abweichung, multiplikative Abweichung (proportional bias):*
  Der Betrag der systematischen Abweichung steigt und fällt mit dem Betrag des Analysenergebnisses (z. B. „immer 7% zuviel gemessen").

Grober Fehler (gross error) [54]

Ein grober Fehler ist eine Abweichung, die nachweislich bei korrektem Arbeiten leicht zu vermeiden wäre.

Messunsicherheit (Measurement Uncertainty) [75, 90]

Aufgrund unvermeidlicher „Fehler“ bei jedem Verfahrenschritt führen Wiederholungen der gesamten Analyse einer Probe nicht zu identischen, sondern zu mehr oder weniger voneinander abweichenden Analysenergebnissen. In Konsequenz kann daher nur ein Ergebnisintervall – Vertrauensbereich – angegeben werden, innerhalb dessen das wahre Analysenergebnis mit einer definierten Irrtumswahrscheinlichkeit α – üblicherweise 5% oder 1% – liegt. Die Mitte dieses Intervalls wird auch als Erwartungswert bezeichnet. Die halbe Intervallbreite, d.h. der Abstand der unteren bzw. oberen Intervallgrenze zum Mittelwert wird als „(Mess-)Unsicherheit“ bezeichnet. Wenn diese Unsicherheit als Standardabweichung ausgedrückt wird, spricht man auch von der „*Standard-Unsicherheit*“. Da sich die Gesamtunsicherheit üblicherweise aus mehreren Unsicherheitskomponenten zusammensetzt, wird die Bezeichnung „kombinierte Messunsicherheit“ verwendet. Nach dem Fehlerfortpflanzungsgesetz wird aus den einzelnen Standardunsicherheiten die kombinierte Standardunsicherheit berechnet, die als Standardabweichung für die Berechnung des Vertrauensbereiches herangezogen wird. Die Irrtumswahrscheinlichkeit, dass das wahre Analysenergebnis im Intervall „Mittelwert $\pm$ eine Standardabweichung“ liegt, beträgt jedoch ungefähr 32%! Für eine Irrtumswahrscheinlichkeit von höchstens 5% muss das Intervall – nun „erweiterte Messunsicherheit“ genannt – auf mindestens die doppelte, für $\alpha = 1\%$ auf Mittelwert $\pm$ dreifache Standardabweichung verbreitert werden.

5.5 Materialien, Proben

Matrix (matrix) [54]

Die Matrix eines Materials ist die Gesamtheit aller Bestandteile dieses Materials und ihrer chemischen und physikalischen Eigenschaften einschließlich der gegenseitigen Beeinflussungen.

Referenzmaterial (RM) (reference material) [54, 130]

Referenzmaterial ist ein Material oder eine Substanz von ausreichender Homogenität, von der eine Eigenschaft oder mehrere Eigenschaften so genau festgelegt ist bzw. sind, dass sie zur Kalibrierung von Messgeräten und Kontrolle der Ergebnisse von Mess-, Prüf- und Analysenverfahren sowie zur Kennzeichnung von Stoffeigenschaften verwendet werden kann bzw. können. Wurde der Merkmalswert (Istwert $\pm$ Messunsicherheit) als Ergebnis eines Ringversuchs oder durch Übereinkunft kompetenter Institutionen oder Sachverständiger erhalten, spricht man auch von einem „Konsensuswert“.

Zertifiziertes Referenzmaterial, ZRM (certified reference material, CRM) ist mit einem Zertifikat versehen, in dem unter Angabe der Unsicherheit und des zugehörigen Vertrauensniveaus ein oder mehrere Merkmalswerte aufgrund eines Ermittlungsverfahrens zertifiziert sind, mit dem die Rückverfolgbarkeit der Werte auf eine genaue Realisierung der Einheit erreicht wird.

ZRM werden im Allgemeinen in Chargen hergestellt, deren Merkmalswerte innerhalb angegebener Unsicherheitsgrenzen durch Messungen an Stichproben ermittelt werden, die für die gesamte Charge repräsentativ sind. ZRM erfüllen die Definition von „Normalen" (s. o.) im „Internationalen Wörterbuch der Metrologie".

Urprobe (original sample, specimen)

Eine Urprobe, auch Primärprobe genannt [63], ist eine an Ort und Stelle genommene Probe, deren Gehalt τ an einem Stoff quantitativ bestimmt werden soll. Das Analysenergebnis x stellt dabei einen Näherungswert des wahren Wertes r dar.

Analysenprobe (analytical sample)

Eine Analysenprobe ist die Probe, die nach Aufbereitung (z. B. Aufschluss, Extraktion, etc.) und gegebenenfalls Verdünnung (oder Konzentrierung) aus der Urprobe erhalten und dem eigentlichen Messvorgang zugeführt wird. Eine Analysenprobe ist dann identisch mit einer Urprobe, wenn die Urprobe ohne Aufbereitung und Verdünnung (Konzentrierung) direkt dem Messvorgang zugeführt werden kann.

Messprobe (measurement sample)

Eine Messprobe ist diejenige Probe, deren Gehalt an einem zu bestimmenden Stoff unmittelbar gemessen werden kann. Eine Messprobe wird aus der Analysenprobe gewöhnlich durch Zusatz einer Reihe von Reagenzien erhalten. Messprobe und Analysenprobe sind dann identisch, wenn keine Reagenzien zur Analysenprobe zugegeben werden.

5.6 Statistische Tests

Vertrauensniveau, Signifikanzniveau P (level of confidence, level of significance)

Das Signifikanzniveau bezeichnet die relative Sicherheit für eine „statistische Aussage bzw. Entscheidung". Würde das der Entscheidung zugrunde liegende Experiment sehr – unendlich – oft wiederholt, so ergäbe sich in P Prozent aller Fälle die gleiche Aussage bzw. Entscheidung. Das Vertrauensniveau lässt sich aus der Irrtumswahrscheinlichkeit α berechnen: $P = 1 - \alpha$.

Irrtumswahrscheinlichkeit α (probability of error)

Die Irrtumswahrscheinlichkeit bezeichnet die Wahrscheinlichkeit, dass eine getroffene Entscheidung falsch war. Würde das der Entscheidung zugrunde liegende Experiment sehr – unendlich – oft wiederholt, so müsste in α Prozent aller Fälle die Aussage bzw. Entscheidung revidiert werden.

Statistischer Test (statistical test)

Ein statistischer Test dient zur Klärung, ob ein Unterschied bzw. eine Differenz zwischen Daten nur zufällig oder bedeutsam, „signifikant“ ist. Die Entscheidung kann jedoch nur mit einer gewissen Sicherheit (Signifikanzniveau P) bzw. Irrtumswahrscheinlichkeit $\alpha = (1 - P)$ getroffen werden.

Sollwert-*t*-Test

Er dient zur Prüfung eines statistischen Unterschiedes zwischen einem Sollwert (Richtigen Wert) und einem mittels N Analysen gefundenen Mittelwert ($\bar{x}$) (Normalverteilung angenommen oder vorausgesetzt). Ein Prüfwert PW wird berechnet und mit dem Schwellenwert t der t-Tabelle verglichen:

$$PW = \left| \frac{\bar{x} - \text{Sollwert}}{s} \right| \cdot \sqrt{N}$$

$$\text{mit} \quad \bar{x} = \frac{1}{N}\sum_{i=1}^{N} x_i \quad \text{und} \quad s = \sqrt{\frac{\sum_{i=1}^{N}(x_i - \bar{x})^2}{N-1}}$$

Entscheidung:

$$PW \leq t(f, P = 95\,\%): \text{zufälliger Unterschied}$$
$$t(f, P = 95\,\%) < PW \leq t(f, P = 99\,\%): \text{wahrscheinlicher Unterschied}$$
$$PW > t(f, P = 99\,\%): \text{signifikanter Unterschied}$$

$t(f, P)$ siehe Anhang A2.1

Mittelwert-*t*-Test

Er dient zur Prüfung eines statistischen Unterschiedes zwischen zwei gefundenen Mittelwerten ($\bar{x}_1, \bar{x}_2$) derselben Probe aus zwei voneinander unabhängigen Analysenserien (Normalverteilung angenommen oder vorausgesetzt). Ein Prüfwert PW wird berechnet und mit dem Schwellenwert t der t-Tabelle verglichen:

$$PW = \left| \frac{\bar{x}_1 - \bar{x}_2}{s_d} \right| \cdot \sqrt{\frac{N_1 \cdot N_2}{N_1 + N_2}}$$

$$\text{mit} \quad s_d = \sqrt{\frac{(N_1 - 1) \cdot s_1^2 + (N_2 - 1) \cdot s_2^2}{N_1 + N_2 - 2}}$$

(bei $N_1 = N_2 = N$ gilt: $f_1 = f_2; f = 2N - 2$)

Entscheidung:

$$PW \leq t(f, P = 95\,\%): \text{zufälliger Unterschied}$$
$$t(f, P = 95\,\%) < PW \leq t(f, P = 99\,\%): \text{wahrscheinlicher Unterschied}$$
$$PW > t(f, P = 99\,\%): \text{signifikanter Unterschied}$$

$t(f, P)$ siehe Anhang A2.1

Varianzen-*F*-Test

Der *F*-Test wird zur Prüfung der Ungleichheit zweier Varianzen, ermittelt aus zwei unabhängigen Datenreihen, herangezogen.

$$PW = \frac{\text{größere Varianz}}{\text{kleinere Varianz}}$$

$$PW = \frac{s_1^2}{s_2^2}$$

Entscheidung:

$$\begin{aligned} PW &\leq F(f_1, f_2, P = 95\,\%): \text{ zufälliger Unterschied} \\ F(f_1, f_2, P = 95\,\%) < PW &\leq F(f_1, f_2, P = 99\,\%): \text{ wahrscheinlicher Unterschied} \\ PW &> F(f_1, f_2, P = 99\,\%): \text{ signifikanter Unterschied} \end{aligned}$$

$F(f_1, f_2, P)$ siehe Anhang A2.2

Grubbs-Ausreißertest

Zur Aufdeckung einzelner Ausreißerwerte werden zunächst der Mittelwert $\bar{x}$ und die Standardabweichung s der unter Wiederhol- oder Vergleichsbedingungen gewonnenen Analysendaten einer Probe berechnet. Der Analysenwert x^* mit der größten Differenz zum Mittelwert wird nach folgender Bedingungsgleichung getestet:

$$PW = \frac{|x^* - \bar{x}|}{s}$$

Entscheidung:

$$\begin{aligned} PW &\leq rM(f, P = 90\,\%): \text{ zufälliger Unterschied} \\ rM(f, P = 90\,\%) < PW &\leq rM(f, P = 95\,\%): \text{ wahrscheinlicher Unterschied} \\ PW &> rM(f, P = 95\,\%): \text{ signifikanter Unterschied} \end{aligned}$$

$rM(f, P)$ siehe Anhang A2.3

6
Literatur

[1] Amador, E.: Quality Control by the Reference Sample Method. *Am. J. Clin. Path.* **50** (1968) 360.

[2] AOAC: Interlaboratory Collaborative Study. Appendix D: Guidelines for Collaborative Study procedures to Validate Characteristics of a Method of Analysis. AOAC 2002.

[3] ASTM (American Society for Testing and Materials): Standard Methods for the Examination of Water and Wastewater, 14. Auflage (1975) 104 B, 26–33.

[4] ASTM STP 15D: Manual on Presentation of Data and Control Chart Analysis. American Society for Testing and Materials (1976).

[5] Barnard, A.; Mitchell, R.; Wolf, G.: Good Analytical Practices in Quality Control. *Analytical Chemistry* **50** (12), (1978) 1079A–1086A.

[6] Barnard, G.A.: Control charts and stochastic processes. *J. R. Statist. Soc.*, B, **21** (1959) 239–271.

[7] Barwick, V.J.; Ellison, S.L.R. (VAM Project 3.2.1 Development and harmonisation of measurement uncertainty principles, part (d)): Protocol for uncertainty evaluation from validation data (Januar 2000).

[8] Barwick, V.J., Ellison, S.L.R.: Measurement Uncertainty: Approaches to the Evaluation of Uncertainties Associated with Recovery. *Analyst* **124** (1999) 981–990.

[9] Bekanntmachung eines Konsens-Dokuments der Bund-Länder-Arbeitsgruppe Gute Laborpraxis zum Thema „Gute Laborpraxis (GLP) und Datenverarbeitung“. Bundesministerium für Umwelt, Naturschutz und Reaktorsicherheit vom 28. Oktober 1996.

[10] Bekanntmachung eines Konsens-Dokuments der Bund-Länder-Arbeitsgruppe Gute Laborpraxis zur Archivierung und Aufbewahrung von Aufzeichnungen und Materialien. Bundesministerium für Umwelt, Naturschutz und Reaktorsicherheit vom 5. Mai 1998.

[11] Beyer, W.H. (Editor): Handbook of Tables for Probability and Statistics. CRC Press, Inc. Boca Raton Florida (1981).

[12] Boehringer Mannheim, Wissenschaftliche Abteilung Diagnostika: Qualitätskontrolle Fehlersuche (1986).

[13] Boroviczeny, K.G. von; Merten, R.; Merten, R.P. (Herausgeber): Qualitätssicherung im Medizinischen Labor. Springer-Verlag, Berlin, Heidelberg (1987).

[14] Burr, I.W.: The Effect of Non-Normality on Constants for $\bar{x}$ and R Charts. Industrial Quality Control (May 1967) 563.

[15] Caulcutt, R.; Boddy, R.: Statistics for analytical chemists. Chapman & Hall, London, New York (1983).

[16] Chatterjee, S.; Price, B.: Regression Analysis by example. J. Wiley & Sons, New York (1977).

[17] Cheeseman, R.V.; Wilson, A.L.: Manual on analytical quality control for the water industry. Water Research Centre, Technical Report, TR 66, Medmenham (1978).

[18] CITAC/EURACHEM Guide: Guide to Quality in Analytical Chemistry. An Aid to Accreditation (2002).

[19] Council Directive 87/18/EEC, 18 December 1986, on the Harmonization of Laws, Regulations and Administrative Provi-

Qualitätssicherung in der Analytischen Chemie, 2. Auflage. W. Funk, V. Dammann, G. Donnevert

ISBN: 3-527-31112-2

sions Relating to the Application of the Principles of Good Laboratory Practice and the Verification of their Applications for tests on Chemical Substances. Official Journal L 015,17/01/1987, p. 0029–0030.

[20] Council Directive 89/569/EEC, 28 July 1989, on the Acceptance by the European Economic Community of an OECD Decision/Recommendation on Compliance with the Principles of Good Laboratory Practice. Official Journal L 315, 28/10/1989, p. 001–0032.

[21] Crosby, N.T.; Day, J.A.; Hardcastle, W.A.; Holcombe, D.G.; Treble, R.C.: Quality in the Analytical Chemistry Laboratory. ACOL by J. Wiley & Sons, New York (1995).

[22] Dammann, V.; Funk, W.; Marcard, G. v.; Papke, G.; Rinne, D.: Zur Problematik der Bestimmungsgrenze. *Vom Wasser* **66** (1986) 97–109.

[23] Deutsche Gesellschaft für Qualität, Arbeitsgruppe 7: Qualitätsregelkarten. DGQ-Schrift Nr. 16–30, 3. Auflage. Beuth Verlag, Berlin und Köln, 1979.

[24] Deutscher Akkreditierungsrat: Anforderungen an Prüflaboratorien und Akkreditierungsstellen bezüglich der Messunsicherheitsabschätzung nach ISO/IEC 17025. DAR-4-INF-08 (2001).

[25] Deutscher Akkreditierungsrat: Vorstellung eines Konzepts zur Messunsicherheit im Prüfwesen in Verbindung mit der Anwendung der ISO/IEC 17025. DAR-4-INF-09 (2002).

[26] Deutscher Kalibrierdienst: Angabe der Messunsicherheit bei Kalibrierungen. DKD-3 Ausgabe 01/1998.

[27] DEV A0-3 Strategien für die Wasseranalytik: Anleitung zur Durchführung von Ringversuchen zur Validierung von Analysenverfahren. DEV 57. Lieferung 2003.

[28] Dewey, D.J.: Within-laboratory analytical quality control. (Water Research Centre), Nyt Miljoestyr. Referencelab., Vandkvalitetsinst (1979), 7:79, 6–17.

[29] Dharan, M.: Total quality control in the clinical laboratory. The C.V. Mosby Company, St. Louis (1977).

[30] DIN 1319 Teil 1: Grundlagen der Meßtechnik, Grundbegriffe (Januar 1995).

[31] DIN 1333 Zahlenangaben (Februar 1992).

[32] DIN 31051: Grundlagen der Instandhaltung, Begriffe und Maßnahmen (Juni 2003).

[33] DIN 32633 Chemische Analytik – Verfahren der Standardaddition; Verfahren, Auswertung (Dezember 1998).

[34] DIN 32645: Nachweis-, Erfassungs- und Bestimmungsgrenze. Ermittlung unter Wiederholbedingungen. Begriffe, Verfahren, Auswertung (1994).

[35] DIN 38402 Teil 11: Allgemeine Angaben – Probenahme von Abwasser (Dezember 1995).

[36] DIN 38402 Teil 12: Allgemeine Angaben – Probenahme aus stehenden Gewässern (Juni 1985).

[37] DIN 38402 Teil 13: Allgemeine Angaben – Probenahme aus Grundwasserleitern (Dezember 1985).

[38] DIN 38402 Teil 14: Allgemeine Angaben – Probenahme von Rohwasser und Trinkwasser (März 1986).

[39] DIN 38402 Teil 15: Allgemeine Angaben – Probenahme aus Fließgewässern (Juli 1986).

[40] DIN 38402 Teil 16: Allgemeine Angaben – Probenahme aus dem Meer (August 1987).

[41] DIN 38402 Teil 19: Allgemeine Angaben – Probenahme von Schwimm- und Badebeckenwasser (April 1988).

[42] DIN 38402 Teil 20: Allgemeine Angaben – Probenahme aus Tidegewässern (August 1987).

[43] DIN 38402 Teil 30: Allgemeine Angaben – Vorbehandlung, Teilung und Homogenisierung heterogener Wasserproben (Juli 1998).

[44] DIN 38402 Teil 41: Allgemeine Angaben – Ringversuche, Planung und Organisation (Mai 1984).

[45] DIN 38402 Teil 42: Allgemeine Angaben – Ringversuche zur Verfahrensvalidierung – Auswertung (Entwurf Juni 2004).

[46] DIN 38402 Teil 45: Ringversuche zur externen Qualitätskontrolle von Laboratorien (September 2003).

[47] DIN 38402 Teil 51: Allgemeine Angaben – Kalibrierung von Analysenverfahren, Auswertung von Analysenergebnissen und lineare Kalibrierfunktionen für die Bestimmung von Verfahrenskenngrößen (Mai 1986).

[48] DIN 38402 Teil 71: Gleichwertigkeit von zwei Analyseverfahren aufgrund des Vergleiches von Analyseergebnissen und deren statistischer Auswertung (November 2002).

[49] DIN 38406 Teil 1: Kationen – Bestimmung von Eisen (Mai 1983).

[50] DIN 38407 Teil 2: Gaschromatographische Bestimmung von schwerflüchtigen Halogenkohlenwasserstoffen (Februar 1993).

[51] DIN 38409-41, Ausgabe:1980-12: Deutsche Einheitsverfahren zur Wasser-, Abwasser- und Schlammuntersuchung; Summarische Wirkungs- und Stoffkenngrößen (Gruppe H); Bestimmung des Chemischen Sauerstoffbedarfs (CSB) im Bereich über 15 mg/l (H 41).

[52] DIN 55350 Teil 12: Begriffe der Qualitätssicherung und Statistik. Merkmalsbezogene Begriffe (März 1989).

[53] DIN 55350 Teil 13: Begriffe der Qualitätssicherung und Statistik. Begriffe zur Genauigkeit von Ermittlungsverfahren und Ermittlungsergebnissen (Juli 1987).

[54] DIN 58936 Teil 1: Qualitätssicherung in der Laboratoriumsmedizin. Grundbegriffe (Oktober 2000).

[55] DIN 58936 Teil 2: Qualitätssicherung in der Laboratoriumsmedizin. Begriffe zur Qualität und Anwendung von Untersuchungsverfahren (Juni 2001).

[56] DIN 58936 Teil 5: Qualitätssicherung in der Laboratoriumsmedizin. Kontrollkarten; Begriffe, Allgemeine Anforderungen (Juli 1983).

[57] DIN 58937 Teil 4: Allgemeine Laboratoriumsmedizin. Anforderungen an die Beschreibung von Methoden (November 1988).

[58] DIN EN 14136, Ausgabe:2004-08: Verwendung externer Qualitätssicherungsprogramme bei der Bewertung der Durchführung von Untersuchungsverfahren in der In-vitro-Diagnostik; Deutsche Fassung EN 14136:2004.

[59] DIN EN 1485, Ausgabe:1996-11: Wasserbeschaffenheit – Bestimmung adsorbierbarer organisch gebundener Halogene (AOX); Deutsche Fassung EN 1485:1996.

[60] DIN EN 45002: Allgemeine Kriterien zum Begutachten von Prüflaboratorien (Mai 1990).

[61] DIN EN 45003: Akkreditierungssysteme für Kalibrier- und Prüflaboratorien – Allgemeine Anforderungen für Betrieb und Anerkennung (ISO/IEC Leitfaden 58:1993) (5.1995).

[62] DIN EN 45012: Allgemeine Anforderungen an Stellen, die Qualitätsmanagementsysteme begutachten und zertifizieren (ISO/IEC Guide 62:1996) (März 1998).

[63] DIN EN ISO 15189 „Medizinische Laboratorien – Besondere Anforderungen an die Qualität und Kompetenz".

[64] DIN EN ISO 19011: Leitfaden für Audits von Qualitätsmanagement- und/oder Umweltmanagementsysteme (Dezember 2002).

[65] DIN EN ISO 5961: Bestimmung von Cadmium durch Atomabsorptionsspektrometrie (Mai 1995).

[66] DIN EN ISO 9000: Qualitätsmanagementsysteme – Grundlagen und Begriffe (Dezember 2000).

[67] DIN EN ISO 9001: Qualitätsmanagementsysteme – Anforderungen (Dezember 2000).

[68] DIN EN ISO 9004: Qualitätsmanagementsysteme – Leitfaden zur Leistungsverbesserung; Dreisprachige Fassung EN ISO 9004 (Dezember 2000).

[69] DIN ISO 5479: Statistische Auswertung von Daten – Tests auf Abweichung von der Normalverteilung (Januar 2004).

[70] DIN ISO 5725-1: Genauigkeit (Richtigkeit und Präzision) von Meßverfahren und Meßergebnissen; Teil 1: Allgemeine Grundlagen und Begriffe (November 1997).

[71] DIN ISO 5725–2: Genauigkeit (Richtigkeit und Präzision) von Messverfahren und Messergebnissen; Teil 2: Grundlegende Methode für die Ermittlung der Wiederhol- und Vergleichpräzision eines vereinheitlichten Messverfahrens (Dezember 2002).

[72] DIN ISO 8466-2: Wasserbeschaffenheit – Kalibrierung und Auswertung analytischer Verfahren und Beurteilung von Verfahrenskenndaten, Teil 2: Kalibrierstrategie für nichtlineare Kalibrierfunktionen zweiten Grades (2004).

[73] DIN V 38402 Teil 17: Allgemeine Angaben – Probenahme von fallenden, nassen

Niederschlägen in flüssigem Aggregatzustand (Mai 1988).

[74] DIN V 55394-2: Eignungsprüfung durch Vergleiche zwischen Laboratorien, Teil 2: Auswahl und Anwendung von Programmen zur Eignungsprüfung durch Stellen, die Laboratorien akkreditieren (Übersetzung von ISO/IEC Guide 43-2: 1997).

[75] DIN V ENV 13005: Leitfaden zur Angabe der Unsicherheit beim Messen (Juni 1999).

[76] DIN/EN/ISO/IEC 17025: Allgemeine Anforderungen an die Kompetenz von Prüf- und Kalibrierlaboratorien, Dreisprachige Fassung EN ISO/IEC 17025 (April 2000).

[77] Doerffel, K.; Eckschlager, K.: Optimale Strategien in der Analytik. Harri Deutsch, Thun und Frankfurt/M. (1981).

[78] Doerffel, K.: Statistik in der analytischen Chemie. Wiley-VCH, Weinheim (2002).

[79] Draper, N.; Smith, H.: Applied Regression Analysis; Wiley Interscience, New York, Chichester, Brisbane, Toronto (1998).

[80] Driscoll, J.L.; Gudzinowicz, B.J.; Martin, H.F.: Instrument Evaluation in Biomedical Sciences; Marcel Dekker Inc., New York, Basel (1984).

[81] Duncan, A.J.: Quality Control and Industrial Statistics. R.D. lrwin Inc. Hornewood Ilinois (1965).

[82] E DIN 55350 Teil 11: Begriffe zu Qualitätsmanagement und Statistik, Teil 11: Begriffe des Qualitätsmanagements, Ergänzung zu DIN EN ISO 9000:2000-12.

[83] EG-Richtlinie vom 9. Oktober 1979 (79/869/CEE) bezügl. Meßmethoden, Probenahmehäufigkeit und Analytik von Oberflächenwasser für die Gewinnung von Trinkwasser in den Mitgliedsstaaten.

[84] Eichordnung vom 12. Aug. 1988, Allgemeine Vorschriften. Physikalisch-technische Bundesanstalt, Deutscher Eichverlag Braunschweig, Bestell-Nr. 9560 und Anlagen, z. B. Anlage 12 zur Eichordnung: Volumenmeßgeräte für Laboratoriumszwecke.

[85] Eisenhart, Ch.: William John Youden 1900–1971. *Journal of Quality Technology*, Vol. 4, No. 1 (January 1972) 3–6.

[86] El-Nageh, M.M.: Basics of Quality Assurance for Intermediate and Peripheral Laboratories. WHO Regional Publications, Eastern Mediterranean Series; No. 2; 1992.

[87] Entscheidung 2002/657/EG der Kommission vom 14. August 2002 zur Umsetzung der Richtlinie 96/23/EG des Rates betreffend die Durchführung von Analysemethoden und die Auswertung von Ergebnissen. ABl. Nr. L 221 vom 17.8.2002, S. 8, ber. L 239 vom 6.9.2002, S. 66.

[88] Entscheidung der Kommission vom 12. August 2002 zur Umsetzung der Richtlinie 96/23/EG des Rates betreffend die Durchführung von Analysemethoden und die Auswertung von Ergebnissen. (2002/657/EG) Amtsblatt der EG I.221 vom 17.8.2002, S. 8–16.

[89] EPA (Environmental Protection Agency): Handbook for Analytical Quality Control in Water and Waste Water Laboratories. EPA-600/4–79-019, Office of research and development, Cincinnati, Ohio 45268 (1979).

[90] EURACHEM/CITAC Leitfaden: Ermittlung der Messunsicherheit bei analytischen Messungen, 2. Aufl., 2004.

[91] EURACHEM Guide on Selection, Use and Interpretation of Proficiency Testing (PT) Schemes by Laboratories (2000).

[92] EURACHEM Guide: The Fitness for Purpose of Analytical Methods. A Laboratory Guide to Method Validation and Related Topics, 1st Edition (1998).

[93] EUROLAB Technical Report No. 1/2002: Measurement Uncertainty in Testing (2002).

[94] European co-operation for accreditation: EA guidelines on the expression of uncertainty in quantitative testing EA-4/16, rev00 (Dezember 2003).

[95] Ewan, W.D.; Kemp, K.W.: Sampling inspection of continuous processes with no auto correlation between successive results. *Biometrika* **47** (1960) 363–380.

[96] Ewan, W.D.: When and how to use Cusum Charts. *Technometrics* **5** (1963) 1–22.

[97] Faltblatt: Trinkwasser-Ringversuche in Deutschland, www.uni-stuttgart.de/siwa/ch/aqs/pdf/TWFlyer.pdf (September 2003).

[98] Feinberg, M.: Basics of Interlaboratory Studies: the Trends in the New ISO 5725 Standard Edition. *Trends in Analytical Chemistry* **14** (1995) 450–457.

[99] Franke, J.P.; de Zeeuw, R.A.: Evaluation and Optimization of the Standard Addition Method for Absorption Spectrometry and Anodic Stripping Voltammetry. *Anal. Chem.* **50** (1978) 1374–1380.

[100] Funk, W.; Dammann, V.; Couturier, T.; Schiller, J.; Völker, L.: Quantitative HPTLC-Determination of Selenium. *HRC+CC* **9** (1986) 224–235.

[101] Funk, W.; Dammann, V.; Vonderheid, C.; Oehlmann, G.: Statistische Methoden in der Wasseranalytik, VCH Weinheim (1985).

[102] Garfield, F.M.: Quality Assurance Principles for Analytical Laboratories. AOAC (1991) ISBN 0–935584-46–3.

[103] Gesetz über Abgaben für das Einleiten von Abwasser in Gewässer (Abwasserabgabengesetz – AbwAG), Fassung vom 3. November 1994 (BGBl. I S. 3370; 1996, S. 1690; 1997, S. 582; 1998, S. 2455, 2001, S. 2331).

[104] Gesetz zur Ordnung des Wasserhaushalts (WHG – Wasserhaushaltsgesetz) vom 19. August 2002 (BGBl. I Nr. 59 vom 23. 8. 2002, S. 3245; 6. 1. 2004, S. 2).

[105] Glenn, G.C.; Hathaway, T.K.: Quality Control by Blind Sample Analysis. *Am. J. Clin. Path.*, Vol. **72**, No 2 (1979) 156.

[106] Goldsmith, P.L.; Whitfield, H.: Average Run Lengths in Cumulative Chart Quality Control Schemes. *Technometrics* **3** (1961) 11–21.

[107] Gottschalk, G.: Einführung in die Grundlagen der chemischen Materialprüfung. S. Hirzel Verlag, Stuttgart (1966).

[108] Haeckel, R.; Höpfel, P.: Fehlersuche bei photometrischen Messungen im medizinischen Laboratorium. *GIT, Labor-Medizin* **80** (2), (1980) 112–115.

[109] Haeckel, R.: Qualitätssicherung im medizinischen Labor. Deutscher Ärzte-Verlag, Fach-Taschenbuch Nr. 12, Köln (1975).

[110] Hahn, J.: Meßinstrumentarium des Abwasserabgabe- und Wasserhaushaltsgesetzes. *Korr. Abw.* (1982) 670–679.

[111] Handbook for Calculation of Measurement Uncertainty in Environmental Laboratories. Nordtest Project 1589-02 (2003). Erhältlich bei Nordtest, Teknikantie 12, FIN-02150 Espoo (www.nordtest.org).

[112] Harbach, D.; Diehl, H.; Timm, J. und Huntemann, D.: Vergleich von drei Probenaufbereitungsverfahren für die quantitative Bestimmung von Blei in Fruchtsäften mit der flammenlosen Atomabsorptions-Spektrometrie. *Fres. Z. Anal. Chem.* **301** (1980) 215–219.

[113] Hartung, J.: Statistik. R. Oldenburg Verlag, München (1982).

[114] Huber, L.: Validation and Qualification in Analytical Laboratories. Interpharm Press, Buffalo Grove (1999).

[115] Huber, W.: Nachweis von Ausreißern und Nichtlinearitäten bei der Auswertung von Eichreihen über eine Regressionsrechnung. *Fres. Z. Anal. Chem.* **319** (1984) 379–383.

[116] Hund, E., Massart, D.L., Smeyers-Verbeke, J.: Operational Definitions of Uncertainty. *Trends in Analytical Chemistry* **20** (2001) 394–406.

[117] Inhorn, St.L. (Editor): Quality Assurance Practices for Health Laboratories. American Public Health Association (1978).

[118] ISO 11095: Linear calibration using reference materials (Februar 1996).

[119] ISO 11843-1: Capability of Detection, Part 1: Terms and Definitions (1997).

[120] ISO 11843-2: Capability of Detection, Part 2: Methodology in the Linear Calibration Case (2000).

[121] ISO 17381: Water quality – Selection and application of ready-to-use test kit methods in water analysis (12.2003).

[122] ISO 3534-1: Statistics – Vocabulary and Symbols, Part 1: Probability and General statistical Terms.

[123] ISO 78-2: Chemistry – Layouts for standards, Part 2: Methods of chemical analysis (1999–03).

[124] ISO 7870: Control Charts – General Guide and Introduction (Dezember 1993).

[125] ISO 7873: Control Charts for Arithmetic Average with Warning Limits (Dezember 1993).

[126] ISO Guide 35: Certification of reference materials – General and statistical principles (1989).

[127] ISO Guide 38: General Requirements for the Acceptance of Testing Laboratories (1983).

[128] ISO Guide 45: Guidelines for the Presentation of Test Results (1985).

[129] ISO Guide 49: Guidelines for the Development of a Quality Manual for Testing Laboratories (1986).

[130] ISO Leitfaden 30: Begriffe und Definitionen im Zusammenhang mit Referenzmaterialien (1996).

[131] ISO Leitfaden 31: Contents of Certificates of Reference Materials (1981).

[132] ISO/CD 11843-3: Capability of Detection, Part 3: Methodology for Determination of the Critical Value for the Response Variable when no Calibration Data are used (2003).

[133] ISO/CD 11843-4: Capability of Detection, Part 4: Methodology for Comparing the Minimum Detectable Value with a Given Value (2000).

[134] ISO/PDTS 16489 (07/2003) Guidance for establishing the equivalency of results.

[135] ISO/TS 21748: Guidance for the use of repeatability, reproducibility and trueness estimates in measurement uncertainty estimation (2004).

[136] ISO/WD 13530: Water Quality – Guide to Analytical Quality Control for Water Analysis (2003).

[137] IUPAC Technical Report (Draft): Harmonised Guidelines for the in-House Validation of Methods of Analysis. (http://www.iupac.org/divisions/V/501/draftoct19.pdf, 01/17/02).

[138] Jackwerth, E.: Zur Eliminierung systematischer Fehler: Möglichkeiten und Probleme des Standard-Additionsverfahrens. *Chemie für Labor und Betrieb* **33** (1982) 4–10.

[139] Jardine, A.K.S.; Mac Farlane, J.D.; Greensted, C.S.: Statistical Methods for Quality Control. The Pitman Press, Bath, U.K. (1975).

[140] Jork, H.; Funk, W.; Fischer, W.; Wimmer, H.: Thin-Layer Chromatography, Vol.1A, Physical and Chemical Detection Methods. Wiley-VCH (Februar 1998).

[141] Juran, J.D.; Gryna, F.M.; Bingham, R.S. (Eds.): Quality Control Handbook. McGraw-HiII Book Company, New York (1975).

[142] Kateman, G.; Buydens, M.; Buydens, L.: Quality Control in Analytical Chemistry; Wiley Interscience (1993).

[143] Kemp, K. W.: The use of cumulative sums for sampling inspection schemes. *Applied Statistics* **11** (1962) 16–31.

[144] Kenkel, J.: A Primer on Quality in the Analytical Laboratory. Lewis Publ., Boca Raton, London, New York, Washington (2000).

[145] Klärschlammverordnung (AbfKlärV) vom 15. April 1992 (BGBl. I 1992 S. 912; 1997 S. 446; 25.3.2002 S. 1193; 25.4.2002 S. 1488; 26.11.2003, S. 2373).

[146] Krutz, H.; Cammann, K.; Donnevert, G.; Funk, W.; Hebbel, H.; Kolloch, B.; Laubereau, P.G.; Leichtfuss, S.; Neitzel, V.; Rump, H.H.: Chemometrie in der Wasseranalytik. Sonderdruck aus *VOM WASSER*, 72. Band (1989).

[147] Lanser, T.R.; Ballinger, D.G.: (EPA, USA) Quality assurance update. *Environmental Science & Technology* **13** (1979) 1356–1366.

[148] Lucas, J.M.: A Modified „V"-Mask Control Scheme. *Technometrics* **15** (1973) 833–847.

[149] Mager, H.: Moderne Regressionsanalyse. Salle + Sauerländer, Frankfurt (1982).

[150] Mandel, J. und Lashof, T.W.: Interpretation and Generalization of Youden's Two-Sample Diagram. *Journal of Quality Technology*, **Vol. 6**, No. 1 (Jan. 1974) 22–36.

[151] Mandel, J.: The Statistical Analysis of Experimental Data. Interscience Publ., J. Wiley & Sons, New York (1964).

[152] Markowetz, D.: Qualitätsmanagement in der Laboratoriumsmedizin. Chapman and Hall, Weinheim (1997).

[153] Massart, D.L.; Vandeginste, B.G.M.; Buydens, L.M.C.; De Jong, S.; Lewi, P.J.; Smeyers-Verbeke, J.: Handbook of Chemometrics and Qualimetrics, Parts A and B. Elsevier Science, Amsterdam (1997).

[154] Massart, D.L.: Evaluation and Optimization of Laboratory Methods and Analytical Procedures. Elsevier Scientific Publishing Comp., Amsterdam (1978).

[155] Meier, P.C.; Zünd, R.E.: Statistical Methods in Analytical Chemistry. 2. Aufl. J. Wiley, New York (2000).

[156] Merkblatt zu den Rahmenempfehlungen der Länderarbeitsgemeinschaft Wasser (LAWA) für die Qualitätssicherung bei Wasser-, Abwasser- und Schlammuntersuchungen Nr. A-2: Kontrollkarten (Gelbdruck, Januar 2004).

[157] Merkblatt zu den Rahmenempfehlungen der Länderarbeitsgemeinschaft Wasser (LAWA) für die Qualitätssicherung bei Wasser-, Abwasser- und Schlammuntersuchungen Nr. A-3 (Stand Januar 2001): Ringversuche zur externen Qualitätsprüfung von Laboratorien.

[158] Merkblatt zur Rahmenempfehlung der Länderarbeitsgemeinschaft Wasser (LAWA) für die Qualitätssicherung bei der Wasser-, Abwasser- und Schlammuntersuchung Nr. A-4 (Stand 1. 3. 1989): Plausibilitätskontrolle.

[159] Miller, J.C.; Miller, J.N.: Statistics for analytical chemistry, 2. edition. Ellis Horwood, Chichester, England (1988).

[160] Mitchell, D.G.; Mills, W.N.; Garden, J.S.: Multiple-Curve Procedure for Improving Precision with Calibration-Curve-Based Analyses. *Anal. Chem.* **49** (1977) 1655–1660.

[161] Monies, P.; Hunt, D.T.E.: The determinand content of water used in blank determinations. Water Research Center, Medmenham U.K. (May 1982).

[162] Müller, C. H.; Uhlig, S.: Estimation of variance components with high breakdown point and high efficiency; *Biometrika* **88** (2001) 353–366.

[163] Natrella, M.G.: Experimental Statistics. National Bureau of Standards Handbook 91, Washington (1966).

[164] Naturvårdsverket Rapport 3377: Interkalibrering 1987–1, Ionbalans, konduktivitet och pH. Solna, Schweden (1987).

[165] OECD Series on Principles of Good Laboratory Practice and Compliance Monitoring. Number 1: OECD Principles of Good Laboratory Practice; Environment Monograph No. 45. Paris (1998).

[166] OECD Series on Principles of Good Laboratory Practice and Compliance Monitoring. Number 10; Application of the Principles of GLP to Computerized Systems. Paris (1995).

[167] OECD Series on Principles of Good Laboratory Practice and Compliance Monitoring. Number 13; Consensus Document: The Application of the OECD Principles of GLP to the Organization and Management of Multi-Site Studies. Paris (2002).

[168] OECD Series on Principles of Good Laboratory Practice and Compliance Monitoring. Number 2: Guidance for GLP Monitoring Authorities. Revised Guides for Compliance Monitoring Procedures for Good Laboratory Practice. Paris (1995).

[169] OECD Series on Principles of Good Laboratory Practice and Compliance Monitoring. Number 3: Guidance for GLP Monitoring Authorities. Revised Guidance for the Conduct of Laboratory Inspections and Study Audits. Environment Monograph No. 111. Paris (1995).

[170] OECD Series on Principles of Good Laboratory Practice and Compliance Monitoring. Number 4: Consensus Document Quality Assurance and GLP. Paris (1999).

[171] OECD Series on Principles of Good Laboratory Practice and Compliance Monitoring. Number 5 (Revised): Consensus Document Compliance of Laboratory Suppliers with GLP Principles. Paris (1999).

[172] OECD Series on Principles of Good Laboratory Practice and Compliance Monitoring. Number 6 (revised): Consensus Document The Application of the GLP Principles to Field Studies. Paris (1999).

[173] OECD Series on Principles of Good Laboratory Practice and Compliance Monitoring. Number 7 (revised): Consensus Document The Application of the GLP Principles to Short Term Studies. Paris (1999).

[174] OECD Series on Principles of Good Laboratory Practice and Compliance Monitoring. Number 8 (revised): Consensus Document The Role and Responsibilities of the Study Director in GLP Studies. Paris (1999).

[175] Page, E.S.: Continuous inspection schemes. *Biometrika* **41** (1954) 100–115.

[176] Papke, G.: Beispiele für die Anwendung der analytischen Qualitätssicherung (AQS) bei der Bestimmung des CSB. 10. Aachener Werkstattgespräch vom 25.–26.September 1986; gwa 92 (1987) 58–81.

[177] Prichard, E.: Quality in the Analytical Chemistry Laboratory. J. Wiley, Chichester (1995).

[178] Ratzlaff, K.L.: Optimizing Precision in Standard Addition Measurement. *Anal. Chem.* **51** (1979) 232–235.

[179] Reed, A.H.; Henry, R.J.: Accuracy, Precision, Quality Control, and Miscellaneous Statistics. Clinical Chemistry Principles and Technics, Chapter 12, 287–341. Harper and Row, New York (1974).

[180] Reeuwijk, L.P. van; Houba, V.J.G.: Guidelines for Quality Management in Soil and Plant Laboratories. FAO and ISRIC, Rom (1998).

[181] Richtlinie 1999/11/EG der Kommission vom 8. März 1999 zur Anpassung der Grundsätze der Guten Laborpraxis an den technischen Fortschritt gemäß Richtlinie 87/18/EWG des Rates zur Angleichung der Rechts- und Verwaltungsvorschriften für die Anwendung der Grundsätze der Guten Laborpraxis und zur Kontrolle ihrer Anwendung bei Versuchen mit chemischen Stoffen. Amtsblatt der Europäischen Gemeinschaften L 7 vom 23. 3. 1999, S. 8–21.

[182] Richtlinie 1999/12/EG der Kommission vom 8. März 1999 zur zweiten Anpassung des Anhangs der Richtlinie 88/320/EWG des Rates über die Inspektion und Überprüfung der Guten Laborpraxis (GLP). Amtsblatt der Europäischen Gemeinschaften L 7 vom 23. 3. 1999, S. 22–33.

[183] Richtlinie 2003/78/EG der Kommission vom 11. August 2003 zur Festlegung der Probenahmeverfahren und Analysemethoden für die amtliche Kontrolle des Patulingehalts von Lebensmitteln. ABl. L 203 vom 12. 8. 2003, S. 40.

[184] Richtlinie 88/32/EWG des Rates vom 7. Juni 1988 über die Inspektion und Überprüfung der Guten Laborpraxis (GLP). Amtsblatt der Europäischen Gemeinschaften L 145 vom 11. 6. 1988, S. 35 ff.

[185] Richtlinie 98/53/EG der Kommission vom 16. Juli 1998 zur Festlegung von Probenahmeverfahren und Analysenmethoden für die amtliche Kontrolle bestimmter Lebensmittel auf Einhaltung der Höchstgehalte für Kontaminanten. ABl. L 201 vom 17. 7. 1998, S. 93.

[186] Richtlinie 98/83/EG des Rates vom 3. November 1998 über die Qualität von Wasser für den menschlichen Gebrauch – Trinkwasser-Richtlinie (Abl. Nr. L 330 vom 5. 12. 1998, S. 32; ber. Abl. Nr. L 45 vom 19. 2. 1999, S. 55).

[187] Richtlinie der Bundesärztekammer zur Qualitätssicherung quantitativer laboratoriumsmedizinischer Untersuchungen (ab 01. 01. 2002). http://www.bundesaerztekammer.de

[188] Richtlinien der Bundesärztekammer zur Qualitätssicherung in der Mikrobiologie, Teil A und B (1992).

[189] Rules Governing Medicinal Products in the European Community, Volume IV: Good Manufacturing Practice for Medicinal Products; III/3093/92-EN, January 1992.

[190] Sachs, L.: Angewandte Statistik: Anwendung statistischer Methoden, 9. überarbeitete Auflage. Springer-Verlag, Berlin, Heidelberg, New York (1999).

[191] Seydlitz, G. v. H.: II. Fehlermöglichkeiten und systematische Fehlersuche. Wissenschaftliche Abteilung der ASID Bonz und Sohn GmbH, 8044 Unterschleißheim.

[192] Sharaf, M.A.; Illmann, D.L.; Kowalski, B.R.: Chemometrics. John Wiley & Sons, New York (1986).

[193] Shewhart, W.: The Economic Control of Quality of Manufactured Product. D. van Nostrand Company Inc. New York (1931).

[194] Sokolowski, G.; Wood, W.G.: Radioimmunassay in Theorie und Praxis. Schnetztor-Verlag, Konstanz (1981).

[195] Stamm, D.: Calibration and quality control materials. *Z. Klin. Chem. Klin. Biochem.* 12 (1974) 137–145.

[196] Strategien für die Wasseranalytik: Verfahrensentwicklung, Validierung und Qualitätssicherung in der Routine. Deutsche Einheitsverfahren zur Wasser-, Abwasser und Schlammanalytik (DEV),

39. Lieferung. Verlag Chemie, Weinheim (1997).

[197] Thompson, M.; Ellison, S.L.R.; Wood, R.: Harmonized Guidelines for Single-Laboratory Validation of Methods of Analysis (IUPAC Technical Report). *Pure Appl. Chem.*, Vol. **74**, No. 5, (2002) 835–855.

[198] Thompson, M.; Wood, R.: The International Harmonized Protocol for the Proficiency Testing of (Chemical) Analytical Laboratories – Results from the Symposium on Harmonization of Quality Assurance Systems in Chemical Analysis, Geneva, Switzerland, May 1991 (IUPAC, ISO, AOAC); *Pure Appl. Chem.* **65**, (1993) 2123–2144.

[199] Timm, J.; Diehl, H.; Harbach, D.: Voraussetzung und Grenzen zur Anwendung der Additionsmethode bei der Atomabsorptions-Spektrometrie. *Fres. Z. Anal. Chem.* **301** (1980) 199–202.

[200] Tonks, D.B.: A dual program of quality control for clinical chemistry laboratories, with a discussion of allowable limits of error. *Z. Anal. Chem.* **243** (1968) 760.

[201] Uhlig, S.: Robust estimation of variance components with high breakdown point in the 1-way random effect model. In: Kitsos, C.P. und Edler, L.; Industrial Statistics; Physica-Verlag, (1997) S. 65–73.

[202] van Dobben de Bruyn, C.S.: Cumulative Sum Techniques: Theory and Practice. Griffin's Statistical Monographs and Courses No. 24. Charles Griffin, London (1968).

[203] VDI 2449 Blatt 3: Prüfkriterien von Messverfahren. Allgemeine Methode zur Ermittlung der Unsicherheit kalibrierfähiger Messverfahren (2001).

[204] Verordnung über Anforderungen an das Einleiten von Abwasser in Gewässer AbwV – Abwasserverordnung – vom 15. Oktober 2002 (BGBl. Nr. I vom 23.10.2002, S. 4047, ber. 2002, S. 4550).

[205] Verordnung über die Qualität von Wasser für den menschlichen Gebrauch (TrinkwV 2001 – Trinkwasserverordnung) vom 21. Mai 2001, BGBl. I Nr. 24 vom 28.5.2001, S. 959; 25.11.2003, S. 2304.

[206] Wassergesetz für das Land Nordrhein-Westfalen (Landeswassergesetz – LWG) i.d.F.d. Bek. v. 25. Juni 1995.

[207] Wenclawiak, B.W.; Koch, M.; Hadjicostas, E.: Quality Assurance in Analytical Chemistry – Training and Teaching. Springer-Verlag, Berlin, Heidelberg, New York (2004).

[208] Wernimont, G.: Use of Control Charts in the Analytical Laboratory. *Industrial and Engineering Chemistry. Analytical Edition* **18** (1946), 587–592.

[209] Westgard, J.O.; Hunt, M.R.: *Clin. Chem* **19** (1973) 49–57.

[210] Wetherill, G.B.: Sampling Inspection and Quality Control, 2nd edition. Chapman and Hall, London, New York, (1982).

[211] Whithehead, T.P. et al.: Quality Control in Clinical Chemistry. John Wiley & Sons, New York, London (1977).

[212] WHO: EuroReports „Quality Assessment in Health Laboratories" (1981).

[213] WHO: Good Manufacturing Practice for Pharmaceutical Products; PHARM/ 90.129 Rev. 3, März 1991.

[214] Wilrich, P.-Th.: Qualitätsregelkarte bei vorgegebenen Grenzwerten. *QZ* **24**, 10 (1979) 260–280.

[215] Wilson, A.L.: The performance characteristics of analytical methods – II; *Talanta* **17** (1970) 30–44.

[216] Woodward, R.H.; Goldsmith, P.L.: Cumulative Sum Techniques. Mathematical and Statistical Techniques for Industry. Monograph No. 3. Oliver and Boyd for ICI, Edinburgh (1972).

[217] Youden, W.J.; Steiner, E.H.: Statistical Manual of the Association of Official Analytical Chemists; AOAC-Publikation, 2. Ausgabe (1979).

[218] Youden, W.J.: Graphical Diagnosis of Interlaboratory Test Results. *Journal of Quality Technology*, Vol. 4, No. 1 (Jan. 1972) 29–33.

[219] Zoonen, P. van; Hoogerbrugge, R.; Gort, s. M.; Wiele, H.J. van de: Some Practical Examples of Method Validation in the Analytical Laboratory. *Trends in Analytical Chemistry* **18** (1999) 584–593.

Anhang 1

A1
Rechenbeispiel

Im nachfolgenden Rechenbeispiel werden alle *statistischen* Verfahren der internen Qualitätssicherung exemplarisch vorgestellt. Da der Vollständigkeit wegen auch Problemsituationen wie zu hohe Unpräzision, systematische Abweichungen aller Art, gravierende Matrixeinflüsse etc. behandelt werden sollen, wurde bewusst ein fiktives Analysenverfahren – XYZ-Verfahren genannt – verwendet.

Anmerkung zur „Computerschreibweise“: Sehr große bzw. sehr kleine Werte werden in sog. Fließkommadarstellung unter Angabe des Zehner-Exponenten dargestellt.

Beispiel:

0,42193E–5 ≙ $0{,}42193 \cdot 10^{-5}$ (= 0,0000042193)
6,21539E4 ≙ $6{,}21539 \cdot 10^{4}$ (= 62153,9)

A1.1
Grundkalibrierung

Da mit dem XYZ-Verfahren künftig Abwässer mit Stoffmengengehalten um 170 mg/l analysiert werden sollen, wurde zunächst ein Arbeitsbereich von 100 bis 280 mg/l als sinnvoll angesehen. Zehn Standardkonzentrationen (x_1 bis x_{10}) wurden in äquidistanter Abstufung angesetzt und durch Reagenzienzugabe und nachfolgende photometrische Messung analysiert. Die beiden extremen Standards (x_1 und x_{10}) wurden jeweils zehn Mal analysiert.

Zunächst werden die Kalibrierfunktionen ersten und zweiten Grades berechnet (s. Tabelle A1.1):

$$Q_{xx} = \sum x_i^2 - \frac{1}{N} \cdot \left(\sum x_i\right)^2 \qquad = 33000\ (\text{mg/l})^2$$

$$Q_{yy} = \sum y_i^2 - \frac{1}{N} \cdot \left(\sum y_i\right)^2 \qquad = 0{,}9829\ \text{Ext.}^2$$

$$Q_{xy} = \sum (x_i \cdot y_i) - \left(\frac{1}{N} \cdot \sum x_i \cdot \sum y_i\right) = 179{,}9400\ \text{Ext.} \cdot (\text{mg/l})$$

Qualitätssicherung in der Analytischen Chemie, 2. Auflage. W. Funk, V. Dammann, G. Donnevert

ISBN: 3-527-31112-2

Tabelle A1.1. Messdaten und Rechentabelle. (Aus Übersichtlichkeitsgründen wird die Exponentenschreibweise für große Einzelwerte benutzt: durch Zusatz von E).

Lfd.Nr.	*x-Werte*	*y-Werte*	x^2	x^3	x^4	y^2	$x \cdot y$	$x^2 \cdot y$
1	100	1,064	1,000000E4	1,000000E6	1,000000E8	1,132096E0	1,064000E2	1,064000E4
2	120	1,177	1,440000E4	1,728000E6	2,073600E8	1,385329E0	1,412400E2	1,694880E4
3	140	1,303	1,960000E4	2,744000E6	3,841600E8	1,697809E0	1,824200E2	2,553880E4
4	160	1,414	2,560000E4	4,096000E6	6,553600E8	1,999396E0	2,262400E2	3,619840E4
5	180	1,534	3,240000E4	5,832000E6	1,049760E9	2,353156E0	2,761200E2	4,970160E4
6	200	1,642	4,000000E4	8,000000E6	1,600000E9	2,696164E0	3,284000E2	6,568000E4
7	220	1,744	4,840000E4	1,064800E7	2,342560E9	3,041536E0	3,836800E2	8,440960E4
8	240	1,852	5,760000E4	1,382400E7	3,317760E9	3,429904E0	4,444800E2	1,066752E5
9	260	1,936	6,760000E4	1,757600E7	4,569760E9	3,748096E0	5,033600E2	1,308736E5
10 = N	280	2,046	7,840000E4	2,195200E7	6,146560E9	4,186116E0	5,728800E2	1,604064E5
Summe:	1900,00	15,712	3,940000E5	8,740000E7	2,037328E10	2,566960E1	3,165220E3	6,870724E5

Mittelwert $\bar{x}$: $\bar{x} = \frac{1}{N}\sum x_i$ $= 190$ mg/l

Mittelwert $\bar{y}$: $\bar{y} = \frac{1}{N}\sum y_i$ $= 1{,}5712$ Ext.

Steigung: $b = \frac{Q_{xy}}{Q_{xx}}$ $= 0{,}00545$ Ext./(mg/l)

Achsabschnitt: $a = \bar{y} - b \cdot \bar{x}$ $= 0{,}5352$ Ext.

Reststandard-abweichung: $s_y = \sqrt{\frac{1}{N-2} \cdot \left(Q_{yy} - \frac{Q_{xy}^2}{Q_{xx}}\right)}$ $= 0{,}01476$ Ext.

Verfahrensstandard-abweichung: $s_{xo} = \frac{s_y}{b}$ $= 2{,}708$ mg/l

Verfahrensvariations-koeffizient: $V_{xo} = \frac{s_{xo}}{\bar{x}} \cdot 100\%$ $= 1{,}43\%$

Prüfgröße x_p: $y_p = a + s_y \cdot t\sqrt{\frac{1}{N} + 1 + \frac{\bar{x}^2}{Q_{xx}}}$ $= 0{,}5759$ Ext.

$x_p = 2 \cdot \frac{y_p - a}{b}$ $= 14{,}92$ mg/l

mit $t(f = N - 2 = 8,\ P = 95\%, \text{einseitig}) = 1{,}860$

A1.2
Linearitätstests

A1.2.1 Optischer Linearitätstest

Eine graphische Darstellung der Kalibrierdaten lässt eine Unlinearität vermuten (Abb. A1).

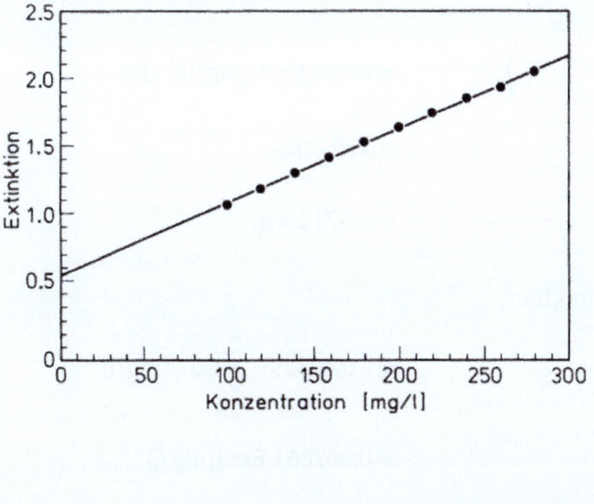

Abb. A1. Erste Kalibrierkurve.

Die graphische Darstellung der Residuen weist einen systematisch gekrümmten Verlauf auf (Abb. A2).

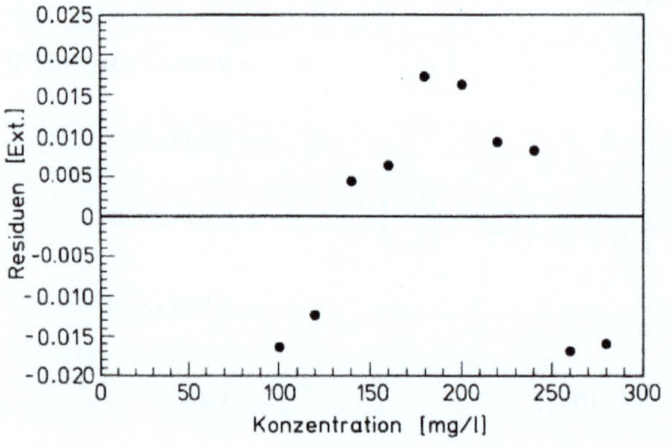

Abb. A2. Residuen der ersten Kalibrierfunktion.

Aus den Kalibrierdaten wurde nun die Ausgleichsfunktion 2. Grades (gekrümmt) berechnet (siehe Tabelle A1.1).

A1.2.2 **Kalibrierfunktion 2. Grades**

Regression 2. Grades:

$$Q_{xx} = \sum x_i^2 - \frac{1}{N} \cdot \left(\sum x_i\right)^2 \qquad = 33000\ (\text{mg/l})^2$$

$$Q_{xy} = \sum (x_i \cdot y_i) - \left(\frac{1}{N} \cdot \sum x_i \cdot \sum y_i\right) \qquad = 179{,}9400\ \text{Ext.} \cdot (\text{mg/l})$$

$$Q_{x^3} = \sum x_i^3 - \left(\frac{1}{N} \cdot \sum x_i \cdot \sum x_i^2\right) \qquad = 1{,}254000\text{E}7\ (\text{mg/l})^3$$

$$Q_{x^4} = \sum x_i^4 - \left(\frac{1}{N} \left(\sum x_i^2\right)^2\right) \qquad = 4{,}849680\text{E}9\ (\text{mg/l})^4$$

$$Q_{x^2y} = \sum (x_i^2 \cdot y_i) - \left(\frac{1}{N} \cdot \sum y_i \cdot \sum x_i^2\right) \qquad = 6{,}80196\text{E}4\ (\text{mg/l})^2 \cdot \text{Ext.}$$

$$\bar{x} = \frac{1}{N} \cdot \sum x_i \qquad = 190\ \text{mg/l}$$

$$\bar{y} = \frac{1}{N} \cdot \sum y_i \qquad = 1{,}5712\ \text{Ext.}$$

Koeffizienten der Regressionsfunktion:

$$c = \frac{Q_{xy} \cdot Q_{x^3} - Q_{x^2y} \cdot Q_{xx}}{\left(Q_{x^3}\right)^2 - Q_{xx} \cdot Q_{x^4}} \qquad = -0{,}42329\text{E}{-5}\ \text{Ext./(mg/l)}^2$$

$$b = \frac{Q_{xy} - c \cdot Q_{x^3}}{Q_{xx}} \qquad = 0{,}007061\ \text{Ext./(mg/l)}$$

$$a = \bar{y} - b \cdot \bar{x} - \frac{c}{N} \sum x_i^2 \qquad = 0{,}39634 \text{ Ext.}$$

Kalibrierfunktion 2. Grades:

$$y = 0{,}39634 \text{ Ext.} + 0{,}007061 \frac{\text{Ext.}}{(\text{mg/l})} \cdot x - 0{,}42329\text{E}{-5} \frac{\text{Ext.}}{(\text{mg/l})^2} \cdot x^2$$

Reststandardabweichung:

$$s_y = \sqrt{\frac{1}{N-3} \cdot \left(\sum y_i^2 - a \cdot \sum y_i - b \cdot \sum x_i y_i - c \cdot \sum x_i^2 y_i\right)} = 0{,}005734 \text{ Ext.}$$

Anmerkung: Falls die vorliegenden Kalibrierdaten und die oben berechnete Kalibrierfunktion 2. Grades als endgültig angesehen würden, müssten weitere Kenndaten hierfür berechnet werden:

Empfindlichkeit: $E = b + 2c\bar{x} = 0{,}005453 \dfrac{\text{Ext.}}{(\text{mg/l})}$

Verfahrensstandardabweichung: $s_{xo} = \dfrac{s_y}{E} = 1{,}0516$ mg/l

Analysenergebnis bei Kalibrierfunktion 2. Grades

Für einen Messwert von = 1,100 [Ext.] ergäbe sich wegen $c < 0$ (negative Krümmung) ein Analysenergebnis von

$$\hat{x} = -\frac{b}{2c} - \sqrt{\left(\frac{b}{2c}\right)^2 - \frac{a - \hat{y}}{c}} = 106{,}443 \text{ mg/l}$$

Bei positivem c (positive Krümmung) ergäbe sich $\hat{x}$ zu

$$\hat{x} = -\frac{b}{2c} + \sqrt{\left(\frac{b}{2c}\right)^2 - \frac{a - \hat{y}}{c}} = 94{,}321 \text{ mg/l}$$

oder allgemein $\hat{x} = -\dfrac{b}{2c} + \left[signum(c) \cdot \sqrt{\left(\dfrac{b}{2c}\right)^2 - \dfrac{a - \hat{y}}{c}} \right]$

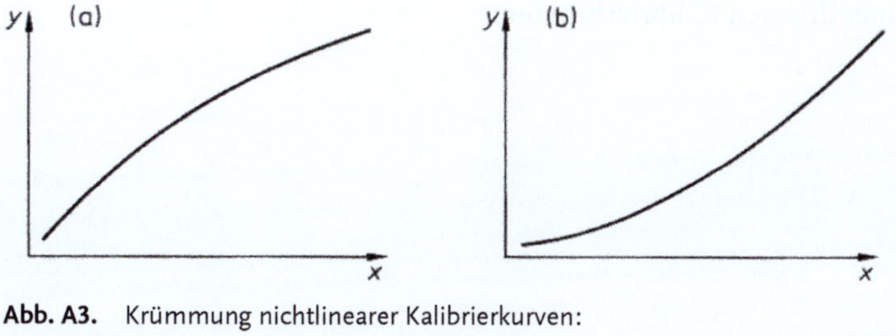

Abb. A3. Krümmung nichtlinearer Kalibrierkurven:
a) negative Krümmung, b) positive Krümmung.

Der Vertrauensbereich beträgt mit $t(f = N_c - 3,\ P = 95\%) = 2{,}364$

$$VB(\hat{x}) = \frac{s_y \cdot t}{(b + 2c\hat{x})} \cdot \sqrt{\frac{1}{N_c} + \frac{1}{N_a} + \frac{1}{Q_{x^4} \cdot Q_{xx} - (Q_{x^3})^2} \cdot \left\{ (\hat{x} - \bar{x})^2 Q_{x^4} + \left(\hat{x}^2 - \frac{\sum x_i^2}{N_c}\right)^2 Q_{xx} - 2 \cdot (\hat{x} - \bar{x}) \cdot \left(\hat{x}^2 - \frac{\sum x_i^2}{N_c}\right) \cdot Q_{x^3} \right\}}$$

$$= 2{,}670 \text{ mg/l}$$

und somit das Endergebnis

$$\hat{x} \pm VB(\hat{x}) = 106{,}447 \pm 2{,}670 \text{ mg/l}$$

bzw. $\hat{x} \pm \frac{VB(\hat{x})}{\hat{x}} \cdot 100\% = 106{,}447 \pm 2{,}51\%$

A1.2.3 Linearitätstest: Anpassungstest

Reststandardabweichung der Kalibrierfunktion 1. Grades:

$$s_{y1} = 0{,}01476 \text{ Ext.}$$

Reststandardabweichung der Kalibrierfunktion 2. Grades:

$$s_{y2} = 0{,}005734 \text{ Ext.}$$
$$N = 10$$
$$DS^2 = (N-2) \cdot s_{y1}^2 - (N-3) \cdot s_{y2}^2 = 0{,}00151 \text{ Ext.}$$

F-Test:

$$PW = \frac{DS^2}{s_{y2}^2} = 46{,}0$$

$$F(f_1 = 1, f_2 = 7,\ P = 99\%) = 12{,}25$$

Entscheidung: Da $PW \gg F$, wird durch die Regression 2. Grades eine signifikant bessere Anpassung erreicht.

In Konsequenz der Testergebnisse wurden alle Schritte des Analysenverfahrens systematisch überprüft. Eine Korrektur der zugegebenen Reagenzienmenge führte schließlich zu einer linearen Kalibrierfunktion:

Tabelle A1.2. Messdaten (nach Korrektur) und Rechentabelle.

Lfd.Nr.	*x-Werte*	*y-Werte*	x^2	x^3	x^4	y^2	$x \cdot y$	$x^2 \cdot y$
1	100	0,752	1,000000E4	1,000000E6	1,000000E8	5,655040E-1	7,520000E1	7,520000E3
2	120	0,890	1,440000E4	1,728000E6	2,073600E8	7,921000E-1	1,068000E2	1,281600E4
3	140	1,037	1,960000E4	2,744000E6	3,841600E8	1,075369E0	1,451800E2	2,032520E4
4	160	1,168	2,560000E4	4,096000E6	6,553600E8	1,364224E0	1,868800E2	2,990080E4
5	180	1,324	3,240000E4	5,832000E6	1,049760E9	1,752976E0	2,383200E2	4,289760E4
6	200	1,447	4,000000E4	8,000000E6	1,600000E9	2,093809E0	2,894000E2	5,788000E4
7	220	1,604	4,840000E4	1,064800E7	2,342560E9	2,572816E0	3,528800E2	7,763360E4
8	240	1,726	5,760000E4	1,382400E7	3,317760E9	2,979076E0	4,142400E2	9,941760E4
9	260	1,885	6,760000E4	1,757600E7	4,569760E9	3,553225E0	4,901000E2	1,274260E5
10	280	2,001	7,840000E4	2,195200E7	6,146560E9	4,004001E0	5,602800E2	1,568784E5
Summe:	1900,00	13,834	3,940000E5	8,740000E7	2,037328E10	2,075310E1	2,859280E3	6,326952E5

Lineare Regression:

Q_{xx}:	33000,0000 (mg/l)^2
Q_{yy}:	1,6151 Ext.^{2}
Q_{xy}:	230,8200 Ext. · (mg/l)
Mittelwert $\bar{x}$:	190,0000 mg/l
Mittelwert $\bar{y}$:	1,3834 Ext.
Steigung b:	0,0070 Ext./(mg/l)
Achsabschnitt a:	0,0544 Ext.
Reststandardabweichung s_y:	0,009 Ext.
Verfahrensstandardabweichung s_{xo}:	1,302 mg/l
Verfahrensvariationskoeffizient V_{xo}:	0,69%

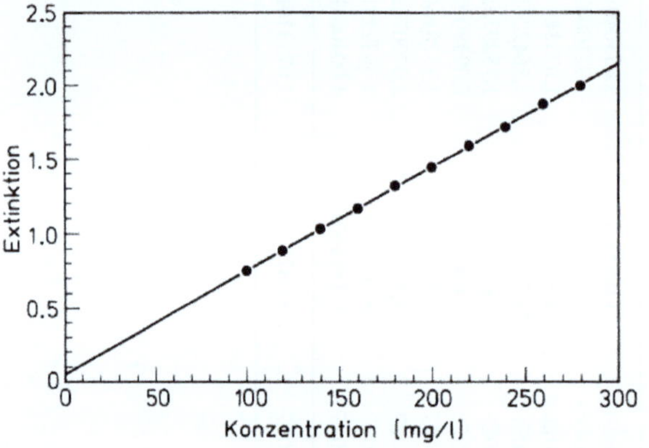

Abb. A4. Zweite Kalibrierkurve.

A1.2.4 **Varianzen-Homogenitätstest**

Die graphische Darstellung der Kalibrierdaten und Residuen lässt eine Überprüfung der Varianzenhomogenität sinnvoll erscheinen.

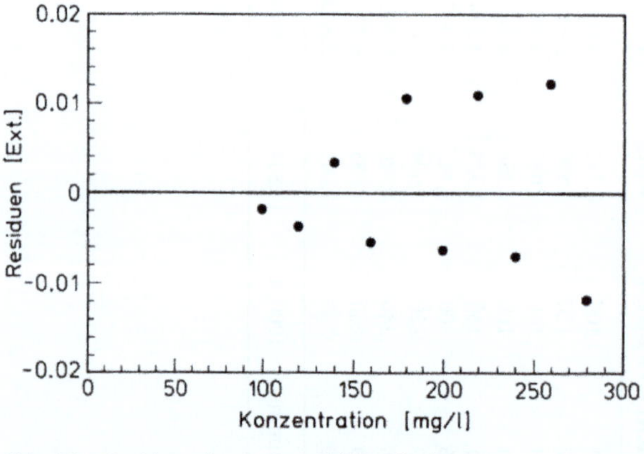

Abb. A5. Residuen der zweiten Kalibrierfunktion.

Die beiden Standards $x_1 = 100$ mg/l und $x_{10} = 280$ mg/l werden jeweils zehn Mal analysiert.

y_1	y_{10}
0,538	2,005
0,536	1,992
0,537	2,007
0,539	1,994
0,534	1,995
0,535	2,003
0,534	1,990
0,537	2,002
0,535	1,996
0,533	2,005

Für jede Messreihe werden der Mittelwert

$\bar{y}_1 = 0{,}5358$ Ext., $\bar{y}_{10} = 1{,}9989$ Ext.

und die Standardabweichung

$s_1 = 0{,}00193$ Ext., $s_{10} = 0{,}00615$ Ext.

berechnet und dem *F*-Test unterzogen:

$$PW = \frac{s_{10}^2}{s_1^2} = \frac{37{,}88 \cdot 10^{-6}}{3{,}733 \cdot 10^{-6}} = 10{,}15$$

$$F(f_1 = 9, f_2 = 9, P = 99\%) = 5{,}35$$

Entscheidung: Da $PW > F$ ist, ist von einer Varianzeninhomogenität auszugehen.

Nach einer Verkleinerung des Arbeitsbereichs um knapp 1/3 (Standardkonzentrationen nur noch von 100 bis 235 mg/l), wurden die notwendigen neuen Standardkonzentrationen angesetzt, und die gesamte Kalibrierung wurde wiederholt.

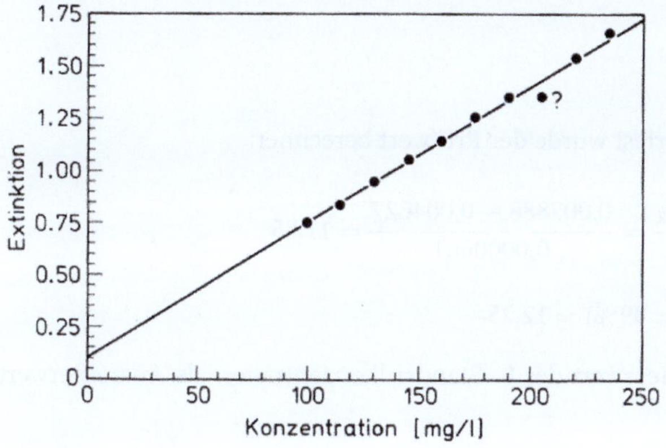

Abb. A6. Lineare Kalibrierfunktion mit einem Ausreißer.

A1.2.5 Ausreißertest bei linearer Kalibrierung

Kalibrierdaten:

x	y	
100	0,754	
115	0,842	
130	0,950	
145	1,063	
160	1,148	
175	1,264	
190	1,352	
205	1,360*	ausreißerverdächtig
220	1,546	
235	1,661	

Achsabschnitt: $a = 0{,}1028$ Ext.

Steigung: $b = 0{,}006515$ Ext./(mg/l)

Reststandardabweichung: $s_{y_{A1}} = 0{,}0314$ Ext.

Die lineare Regressionsrechnung ohne den ausreißerverdächtigen achten Messwert (in der Tabelle mit * gekennzeichnet) ergab:

$a = 0{,}0801$ Ext.
$b = 0{,}00671$ Ext./(mg/l)
$s_{y_{A2}} = 0{,}00813$ Ext.
$N_{A2} = 9$
$f_{A2} = 7$

Für den F-Test als Ausreißertest wurde der Prüfwert berechnet:

$$PW = \frac{f_{A1} \cdot s^2_{y_{A1}} - f_{A2} \cdot s^2_{yA2}}{s^2_{yA2}} = \frac{0{,}007888 - 0{,}004627}{0{,}0000661} = 112{,}5$$

$$F(f_1 = 1, f_2 = f_{A2} = 7, P = 99\%) = 12{,}25$$

Da $PW > F$ ist, ist der Messwert der 8. Standardkonzentration als Ausreißerwert anzusehen.

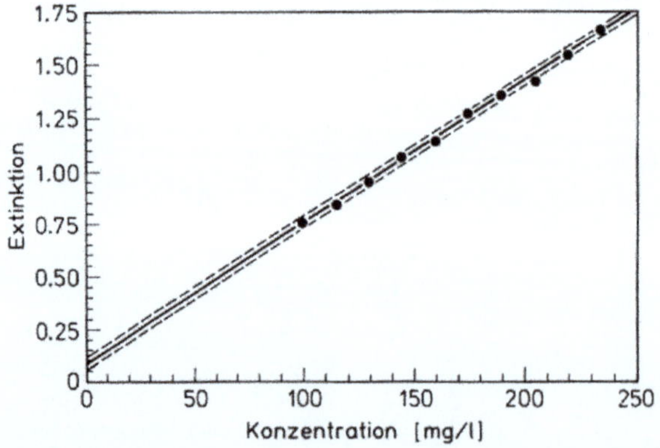

Abb. A7. Ausreißer-t-Test.

Der t-Test ergab das gleiche Testresultat:

$a = 0{,}0801$ Ext.
$b = 0{,}00671$ Ext./(mg/l)
$s_{y_{A2}} = 0{,}00813$ Ext.
$N_{A2} = 9$
$f_{A2} = 7$
$x_A = 205$ mg/l
$\hat{y}_A = a + bx_A = 1{,}455$ Ext.
$Q_{xx} = 17\,000\ (\text{mg/l})^2$
$\bar{x} = 163{,}33$ mg/l

$$VB(\hat{y}_A) = \hat{y}_A \pm s_{y_{A2}} \cdot t \cdot \sqrt{1 + \frac{1}{N_{A2}} + \frac{(x_A - \bar{x})^2}{Q_{xx}}} = 1{,}455 \pm 0{,}021 \text{ Ext.}$$

(mit $t(f = 7,\ P = 95\,\%) = 2{,}365$)

Der ausreißerverdächtige Messwert $y_A = 1{,}360$ Ext. liegt somit außerhalb des Prognosebereiches.

Aufgrund des erwiesenen Ausreißerwertes wurde die gesamte Kalibrierung wiederholt und ausgewertet.

Nr.	x-Werte	y-Werte	x^2	y^2	$x \cdot y$
1	100	0,753	1,00000E4	5,67009E–1	7,53000E1
2	115	0,843	1,32250E4	7,10649E–1	9,69450E1
3	130	0,951	1,69000E4	9,04401E–1	1,23630E2
4	145	1,062	2,10250E4	1,12784E0	1,53990E2
5	160	1,149	2,56000E4	1,32020E0	1,83840E2
6	175	1,263	3,06250E4	1,59517E0	2,21025E2
7	190	1,353	3,61000E4	1,83061E0	2,57070E2
8	205	1,460	4,20250E4	2,13160E0	2,99300E2
9	220	1,545	4,84000E4	2,38702E0	3,39900E2
10	235	1,662	5,52250E4	2,76224E0	3,90570E2
Σ	1635	12,041	2,99125E5	1,53368E1	2,14157E3

Hieraus ergeben sich die endgültigen Kenndaten:

Lineare Regression:

Arbeitsbereich:	100 bis 235 mg/l
Q_{xx}:	18562,5000 (mg/l)^2
Q_{yy}:	0,8382 (Ext.)^2
Q_{xy}:	124,7025 (mg/l) · Ext.
Mittelwert $\bar{x}$:	167,5000 mg/l
Mittelwert $\bar{y}$:	1,2041 Ext.
Steigung b:	0,0067 Ext./(mg/l)
Achsabschnitt a:	0,0788 Ext.
Reststandardabweichung s_y:	0,0074 Ext.

Verfahrensstandardabweichung s_{xo}:	1,096 mg/l
Verfahrensvariationskoeffizient V_{xo}:	0,655 %
$t(f=8,\ P=95\,\%$, einseitig):	1,860
$t(f=8,\ P=95\,\%$, zweiseitig):	2,306

A1.2.6 **Absicherung der unteren Arbeitsbereichsgrenze**

Bereits die Graphik (Abb. A8) weist einen deutlich unterhalb von x_1 liegenden Prüfwert x_p aus.

$$(t(f=8,\ P=95\%)=1{,}860)$$

Rechnerisch ergibt sich ebenfalls

die Hilfsgröße $$y_p = a + s_y \cdot t \sqrt{\frac{1}{N} + 1 + \frac{\bar{x}^2}{Q_{xx}}} = 0{,}10097 \text{ Ext.}$$

sowie die Prüfgröße $$x_p = 2 \cdot \frac{y_p - a}{b} = 6{,}6 \text{ mg/l}$$

$$x_p\ (= 6{,}6 \text{ mg/l}) < x_1\ (= 100 \text{ mg/l})$$

Die relative analytische Unpräzision am unteren Arbeitsbereichsende ergibt mit $t(f=8,\ P=95\,\%$, zweiseitig$) = 2{,}306$

$$VB(x_1) = s_{xo} \cdot t \cdot \sqrt{\frac{1}{N} + 1 + \frac{(x_1 - \bar{x})^2}{Q_{xx}}} = 2{,}932 \text{ mg/l}$$

$$VB_{rel}(x_1) = \frac{VB(x_1)}{x_1} \cdot 100\% = 2{,}93\,\%$$

Zur Veranschaulichung werden sowohl $VB(x)$ als auch $VB_{rel}(x)$ gezeichnet (s. Abb. A9). Ausnahmsweise wurde $VB(x)$ auch für x-Werte unterhalb von x_1 berechnet (Extrapolation).

Anmerkung: x_p entspricht rechnerisch der „Erfassungsgrenze“ x_{EG}.

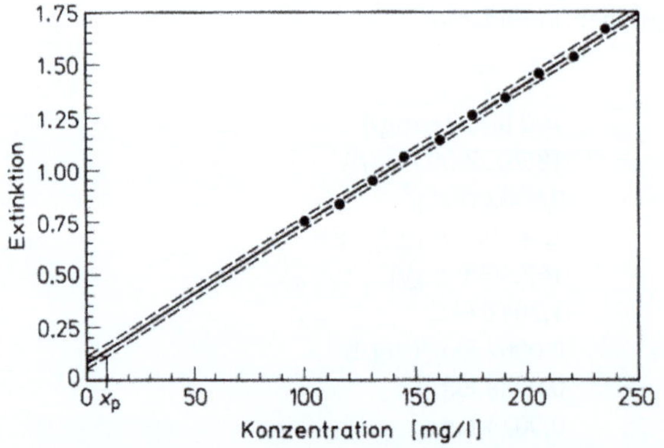

Abb. A8. Endgültige lineare Kalibrierfunktion.

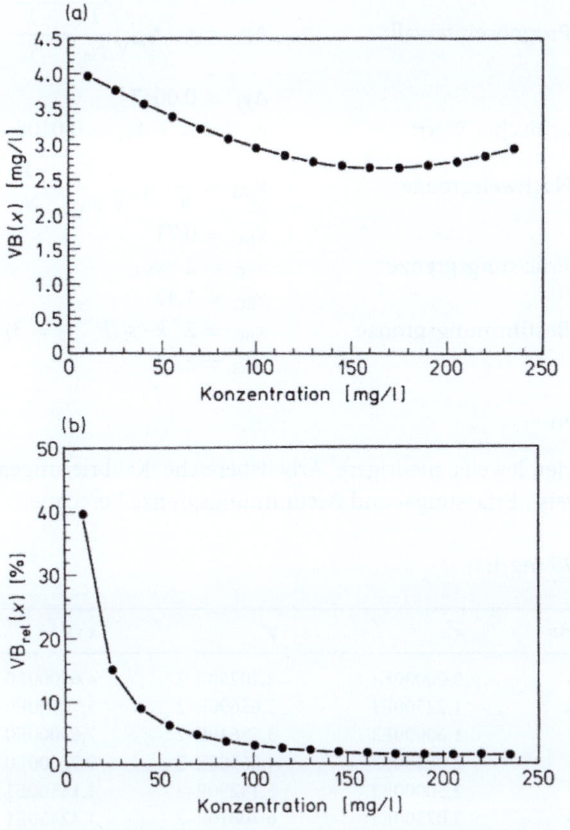

Abb. A9. Absolute und relative Unpräzision der Kalibrierung:
a) Verlauf von *VB* (*x*) (auch extrapoliert),
b) Verlauf von VB_{rel} (*x*) (auch extrapoliert).

A1.2.7 Nachweis-, Erfassungs- und Bestimmungsgrenze

Nachweis-, Erfassungs- und Bestimmungsgrenze werden sowohl über die Blindwertstreuung als auch über die Kalibrierfunktion ermittelt.

a) Blindwert-Verfahren

Eine Blindprobe wird zehn Mal analysiert und ergibt folgende Resultate:

Messwerte (Extinktion):			
	mittlerer Blindwert:	$\bar{y}_L$	= 0,0061 Ext.
0,005	Standardabweichung:	s_L	= 0,00247 Ext.
0,007		N_L	= 10
0,006		N_a	= 1
0,009		b	= 0,0067
0,007	$t(f = 9, P = 95\%$ einseitig)		= 1,833 ($t_\alpha = t_\beta$)
0,008			

0,003	Prognoseintervall:	$\Delta y_L = s_L \cdot t_{f,\alpha}\sqrt{\frac{1}{N_a} + \frac{1}{N_L}}$
0,001		
0,008		$\Delta y_L = 0{,}0047$
0,007	kritischer Wert:	$y_c = \bar{y}_L + \Delta y_L = 0{,}0108$
	Nachweisgrenze:	$x_{NG} = \frac{s_L}{b} \cdot t_{f,\alpha}\sqrt{\frac{1}{N_a} + \frac{1}{N_L}}$
		$x_{NG} = 0{,}71$
	Erfassungsgrenze:	$x_{EG} = 2 \cdot x_{NG}$
		$x_{EG} = 1{,}42$
	Bestimmungsgrenze	$x_{BG} = 2 \cdot k \cdot s_L/b \quad (k = 3)$
		$x_{BG} = 2{,}21$

b) Kalibrierfunktionsverfahren

Nacheinander wurden für vier jeweils niedrigere Arbeitsbereiche Kalibrierungen durchgeführt und die Nachweis-, Erfassungs- und Bestimmungsgrenze berechnet.

1. Arbeitsbereich von 30 bis 75 mg/l.

Nr.	*x-Werte*	*y-Werte*	x^2	y^2	$x \cdot y$
1	30	0,155	9,00000E2	2,40250E–2	4,65000E0
2	35	0,163	1,22500E3	2,65690E–2	5,70500E0
3	40	0,192	1,60000E3	3,68640E–2	7,68000E0
4	45	0,216	2,02500E3	4,66560E–2	9,72000E0
5	50	0,227	2,50000E3	5,15290E–2	1,13500E1
6	55	0,259	3,02500E3	6,70810E–2	1,42450E1
7	60	0,272	3,60000E3	7,39840E–2	1,63200E1
8	65	0,291	4,22500E3	8,46810E–2	1,89150E1
9	70	0,305	4,90000E3	9,30250E–2	2,13500E1
10	75	0,327	5,62500E3	1,06929E–1	2,45250E1
Σ	525	2,407	2,96250E4	6,11343E–1	1,34460E2

Lineare Regression:

Q_{xx}:	2062,5000 (mg/l)^2
Q_{yy}:	0,0320 (Ext.)^2
Q_{xy}:	8,0925 (mg/l) · Ext.
Mittelwert $\bar{x}$:	52,5000 mg/l
Mittelwert $\bar{y}$:	0,2407 Ext.
Steigung b:	0,0039 Ext./(mg/l)
Achsabschnitt a:	0,0347 Ext.
Reststandardabweichung s_y:	0,005 Ext.
Verfahrensstandardabweichung s_{xo}:	1,35 mg/l
Verfahrensvariationskoeffizient V_{xo}:	2,58%

$t(f = 8, P = 95\%$, einseitig):	1,860
$t(f = 8, P = 95\%$, zweiseitig):	2,306
Kritischer Wert y_c:	0,05014 Ext.
„Nachweisgrenze“ x_{NG}	3,93 mg/l
„Erfassungsgrenze“ x_{EG}	7,86 mg/l
„Bestimmungsgrenze“ x_{BG} ($k = 3$)	12,8 mg/l

2. Arbeitsbereich von 14 bis 50 mg/l.

Nr.	*x-Werte*	*y-Werte*	x^2	y^2	$x \cdot y$
1	14	0,110	1,96000E2	1,21000E–2	1,54000E0
2	18	0,136	3,24000E2	1,84960E–2	2,44800E0
3	22	0,151	4,84000E2	2,28010E–2	3,32200E0
4	26	0,188	6,76000E2	3,53440E–2	4,88800E0
5	30	0,203	9,00000E2	4,12090E–2	6,09000E0
6	34	0,236	1,15600E3	5,56960E–2	8,02400E0
7	38	0,267	1,44400E3	7,12890E–2	1,01460E1
8	42	0,283	1,76400E3	8,00890E–2	1,18860E1
9	46	0,309	2,11600E3	9,54810E–2	1,42140E1
10	50	0,351	2,50000E3	1,23201E–1	1,75500E1
Σ	320	2,234	1,15600E4	5,55706E–1	8,01080E1

Lineare Regression:

Q_{xx}:	1320,0000 $(\text{mg/l})^2$
Q_{yy}:	0,0566 $(\text{Ext.})^2$
Q_{xy}:	8,6200 (mg/l) · Ext.
Mittelwert $\bar{x}$:	32,0000 mg/l
Mittelwert $\bar{y}$:	0,2234 Ext.
Steigung b:	0,0065 Ext./(mg/l)
Achsabschnitt a:	0,0144 Ext.
Reststandardabweichung s_y:	0,007 Ext.
Verfahrensstandardabweichung s_{xo}:	0,997 mg/l
Verfahrensvariationskoeffizient V_{xo}:	3,12%
$t(f = 8, P = 95\%$, einseitig):	1,860
$t(f = 8, P = 95\%$, zweiseitig):	2,306
Kritischer Wert y_c:	0,03101 Ext.
„Nachweisgrenze“ x_{NG}	2,54 mg/l
„Erfassungsgrenze“ x_{EG}	5,08 mg/l
„Bestimmungsgrenze“ x_{BG} ($k = 3$)	8,51 mg/l

3. Arbeitsbereich von 10 bis 23,5 mg/l.

Nr.	x-Werte	y-Werte	x^2	y^2	$x \cdot y$
1	10,0	0,095	1,00000E2	9,02500E–3	9,50000E–1
2	13,0	0,115	1,69000E2	1,32250E–2	1,49500E0
3	16,0	0,131	2,56000E2	1,71610E–2	2,09600E0
4	19,0	0,139	3,61000E2	1,93210E–2	2,64100E0
5	22,0	0,155	4,84000E2	2,40250E–2	3,41000E0
6	25,0	0,163	6,25000E2	2,65690E–2	4,07500E0
7	28,0	0,181	7,84000E2	3,27610E–2	5,06800E0
8	31,0	0,190	9,61000E2	3,61000E–2	5,89000E0
9	34,0	0,207	1,15600E3	4,28490E–2	7,03800E0
10	37,0	0,217	1,36900E3	4,70890E–2	8,02900E0
Σ	235,0	1,593	6,26500E3	2,68125E–1	4,06920E1

Lineare Regression:

Q_{xx}:	742,500 $(\text{mg/l})^2$
Q_{yy}:	0,01436 $(\text{Ext.})^2$
Q_{xy}:	3,2565 (mg/l) · Ext.
Mittelwert $\bar{x}$:	23,500 mg/l
Mittelwert $\bar{y}$:	0,1593 Ext.
Steigung b:	0,0044 Ext./(mg/l)
Achsabschnitt a:	0,0562 Ext.
Reststandardabweichung s_y:	0,0031 Ext.
Verfahrensstandardabweichung s_{xo}:	0,7099 mg/l
Verfahrensvariationskoeffizient V_{xo}:	3,02%
$t(f = 8,\ P = 95\%$, einseitig):	1,860
$t(f = 8,\ P = 95\%$, zweiseitig):	2,306
Kritischer Wert y_c:	0,06409 Ext.
„Nachweisgrenze" x_{NG}	1,79 mg/l
„Erfassungsgrenze" x_{EG}	3,58 mg/l
„Bestimmungsgrenze" x_{BG} ($k = 3$)	6,04 mg/l

4. Arbeitsbereich von 5 bis 18,5 mg/l.

Nr.	x-Werte	y-Werte	x^2	y^2	$x \cdot y$
1	5,0	0,034	2,50000E1	1,15600E–3	1,70000E–1
2	6,5	0,056	4,22500E1	3,13600E–3	3,64000E–1
3	8,0	0,061	6,40000E1	3,72100E–3	4,88000E–1
4	9,5	0,064	9,02500E1	4,09600E–3	6,08000E–1
5	11,0	0,081	1,21000E2	6,56100E–3	8,91000E–1
6	12,5	0,093	1,56250E2	8,64900E–3	1,16250E0
7	14,0	0,106	1,96000E2	1,12360E–2	1,48400E0
8	15,5	0,112	2,40250E2	1,25440E–2	1,73600E0
9	17,0	0,117	2,89000E2	1,36890E–2	1,98900E0
10	18,5	0,125	3,42250E2	1,56250E–2	2,31250E0
Σ	117,5	0,849	1,56625E3	8,04130E–2	1,12050E1

Lineare Regression:

Q_{xx}:	185,6250 (mg/l)^2
Q_{yy}:	0,0083 (Ext.)^2
Q_{xy}:	1,2292 (mg/l) · Ext.
Mittelwert $\bar{x}$:	11,7500 mg/l
Mittelwert $\bar{y}$:	0,0849 Ext.
Steigung b:	0,0066 Ext./(mg/l)
Achsabschnitt a:	0,0071 Ext.
Reststandardabweichung s_y:	0,005 Ext.
Verfahrensstandardabweichung s_{xo}:	0,741 mg/l
Verfahrensvariationskoeffizient V_{xo}:	6,3047 %
$t(f = 8, P = 95\,\%, \text{einseitig})$:	1,860
$t(f = 8, P = 95\,\%, \text{zweiseitig})$:	2,306
Kritischer Wert y_c:	0,01948 Ext.
„Nachweisgrenze" x_{NG}	1,87 mg/l
„Erfassungsgrenze" x_{EG}	3,74 mg/l
„Bestimmungsgrenze" x_{BG} ($k = 3$)	5,82 mg/l

Zusammenfassung der über die Kalibriergeraden berechneten Grenzen:

Arbeitsbereich in mg/l	***x_{NG} in mg/l***	***x_{EG} in mg/l***	***x_{BG} in mg/l***
100–235	3,29	–	–
30–75	3,93	7,86	12,8
14–50	2,54	5,08	8,51
10–37	1,79	3,58	6,04
5–18,5	1,87	3,74	5,82

Nur für den niedrigsten Arbeitsbereich (5 bis 18,5 mg/l) ist die in DIN 32645 gestellte Bedingung erfüllt, dass das Verhältnis von errechneter Nachweisgrenze und höchstem Kalibrierwert den Faktor 10 nicht überschreitet. Damit gilt:

Nachweisgrenze:	x_{NG} = 1,87 mg/l
Erfassungsgrenze:	x_{EG} = 3,74 mg/l
Bestimmungsgrenze ($k = 3$):	x_{BG} = 5,82 mg/l

(In den Beispielen wurden jeweils $N = 10$ Analysen durchgeführt. Eine geringere Zahl würde zu entsprechend größeren Vertrauensbereichen und zu einer höheren Nachweisgrenze führen!)

A1.2.8 **Wiederfindungsfunktion**

Als zusätzlicher Probenvorbereitungsschritt wurde ein Aufschluss der Proben eingeführt. Die zehn Standardkonzentrationen (von 100 bis 235 mg/l) wurden unter Einbezug des Aufschlussschrittes analysiert und mit Hilfe der bekannten Kalibrierfunktion

$$y = 0{,}0788\ \text{Ext.} + 0{,}0067\ \frac{\text{Ext.}}{\text{mg/l}} \cdot x$$

aufgelöst nach x: $x = \frac{y - 0{,}0788 \text{ Ext.}}{0{,}0067 \text{ Ext./(mg/l)}}$ ausgewertet.

Die Verfahrensstandardabweichung der Kalibrierung beträgt:

$s_{xo_c} = 1{,}096$ mg/l

Datenliste:

Nr.	*x-calib.*	*x-gef = y*	x^2	y^2	$x \cdot y$
1	100	87	1,00000E4	7,56900E3	8,70000E3
2	115	100	1,32250E4	1,00000E4	1,15000E4
3	130	113	1,69000E4	1,27690E4	1,46900E4
4	145	125	2,10250E4	1,56250E4	1,81250E4
5	160	141	2,56000E4	1,98810E4	2,25600E4
6	175	152	3,06250E4	2,31040E4	2,66000E4
7	190	166	3,61000E4	2,75560E4	3,15400E4
8	205	181	4,20250E4	3,27610E4	3,71050E4
9	220	193	4,84000E4	3,72490E4	4,24600E4
10	235	209	5,52250E4	4,36810E4	4,91150E4
Σ	1675	1467	2,99125E5	2,30195E5	2,62395E5

Lineare Regression:

Q_{xx}: 18562,5 (mg/l)^2
Q_{yy}: 14986,1 (mg/l)^2
Q_{xy}: 16672,5 (mg/l)^2
Mittelwert $\bar{x}_c$: 167,5 mg/l
Mittelwert $\bar{x}_f$: 146,7 mg/l
Kenndaten der Wiederfindungsfunktion:
Steigung: $b_f = 0{,}8982$
Achsabschnitt: $a_f = -3{,}7455$ mg/l
Reststandardabweichung: $s_{y_f} = 1{,}181$ mg/l
Standardabweichung der Steigung: $s_{b_f} = \frac{s_{y_f}}{\sqrt{Q_{xx}}} = 0{,}00867$

Standardabweichung des Achsabschnitts: $s_{a_f} = s_{y_f} \cdot \sqrt{\frac{1}{N_f} + \frac{\bar{x}_c^2}{Q_{xx}}} = 1{,}499$ mg/l

Überprüfung der Präzision mittels *F*-Test:

$$PW = \left(\frac{s_{y_f}}{s_{xo_c}}\right)^2 = \left(\frac{1{,}181 \text{ mg/l}}{1{,}096 \text{ mg/l}}\right)^2 = 1{,}16$$

$$F(f_1 = f_2 = 8,\ P = 99\%) = 6{,}03$$

Da der Prüfwert mit 1,16 kleiner als der *F*-Wert von 6,03 ist, kann von vergleichbaren Varianzen ausgegangen werden.

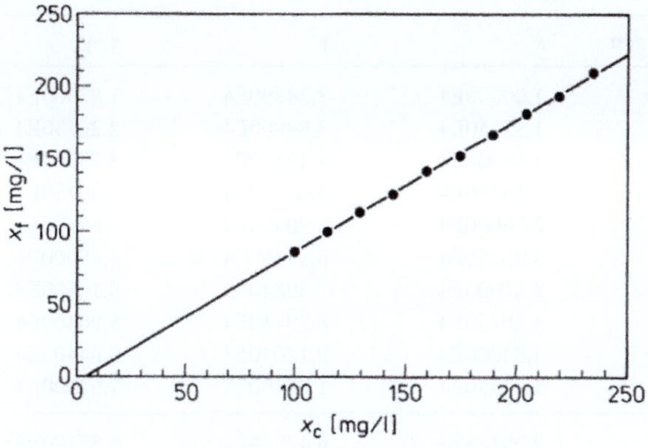

Abb. A10. Wiederfindungsfunktion für den Aufschlussschritt.

Prüfung auf konstant-systematische Fehler:

Der Vertrauensbereich des Achsabschnittes beträgt

$$VB(a_f) = a_f \pm t(f = 8, P = 95\% \text{ zweiseitig}) \cdot s_{a_f} \quad (\text{mit } t(f, P) = 2{,}306)$$
$$= -3{,}7455 \pm 2{,}306 \cdot 1{,}499 \text{ [mg/l]}.$$

Damit ergibt sich $-7{,}202$ mg/l $\leq a_f \leq -0{,}289$ mg/l.
Dieser Vertrauensbereich schließt den Wert 0 mg/l nicht ein; somit ist von einem konstant-systematischen Fehler auszugehen.

Prüfung auf proportional-systematische Fehler:

Der Vertrauensbereich der Steigung beträgt

$$VB(b_f) = b_f \pm t(f = 8, P = 95\% \text{ zweiseitig}) \cdot s_{b_f} \quad (\text{mit } t(f, P) = 2{,}306)$$
$$= 0{,}898 \pm 2{,}306 \cdot 0{,}00867$$

Damit ergibt sich $0{,}878 \leq b_f \leq 0{,}918$.
Da der Sollwert $b_f = 1$ nicht eingeschlossen wird, ergibt sich ebenfalls ein proportional-systematischer Fehler!
Der Aufschlussschritt ist zu verbessern!

Überprüfung des Analysenverfahrens auf einen Matrixeinfluss:

Eine reale Probe wurde durch Zugabe von Standardsubstanz zehn Mal aufgestockt. Die jeweils zuzusetzenden Standardmengen wurden so berechnet, dass sich die Konzentrationserhöhungen zwischen 100 und 235 mg/l ergaben.

Nr.	x-zugegeben	x-gefunden	x^2	y^2	$x \cdot y$
1	100	183	1,00000E4	3,34890E4	1,83000E4
2	115	197	1,32250E4	3,88090E4	2,26550E4
3	130	212	1,69000E4	4,49440E4	2,75600E4
4	145	225	2,10250E4	5,06250E4	3,26250E4
5	160	243	2,56000E4	5,90490E4	3,88800E4
6	175	256	3,06250E4	6,55360E4	4,48000E4
7	190	272	3,61000E4	7,39840E4	5,16800E4
8	205	288	4,20250E4	8,29440E4	5,90400E4
9	220	302	4,84000E4	9,12040E4	6,64400E4
10	235	320	5,52250E4	1,02400E5	7,52000E4
Σ	1675	2498	2,99125E5	6,42984E5	4,37180E5

Lineare Regression:

Q_{xx}: 18562,5000 $(\mathrm{mg/l})^2$
Q_{yy}: 18983,6000 $(\mathrm{mg/l})^2$
Q_{xy}: 18765,0000 $(\mathrm{mg/l})^2$
Mittelwert: $\bar{x}_{\mathrm{zugegeben}} = 167{,}5$ mg/l
Mittelwert: $\bar{x}_{\mathrm{gefunden}} = 249{,}8$ mg/l
Steigung: $b_{\mathrm{f}} = 1{,}0109$
Achsabschnitt: $a_{\mathrm{f}} = 80{,}4727$ mg/l
Reststandardabweichung: $s_{y_{\mathrm{f}}} = 1{,}318$ mg/l
Standardabweichung der Steigung: $s_{b_{\mathrm{f}}} = 0{,}00967$
Standardabweichung des Achsabschnitts: $s_{a_{\mathrm{f}}} = 1{,}672$ mg/l

Eine Erhöhung der Unpräzision ist nicht feststellbar, ebenso wenig wie ein proportional-systematischer Fehler; die Prüfung des Achsabschnittes kann hier nicht erfolgen, da in der realen Probe bereits die Substanz XYZ vorhanden ist (vielleicht etwa 80 mg/l?)

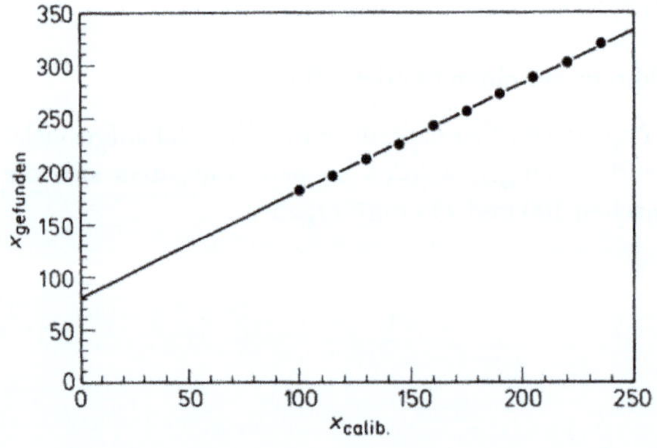

Abb. A11. Wiederfindungsfunktion für die Überprüfung auf einen Matrixeinfluss.

A1.2.9 Prüfung auf Zeitstabilität der Analysenergebnisse

An $N = 20$ Tagen wurde eine reale Probe jeweils zu Beginn und zum Ende des Arbeitstages (Tag Nr. i) unter Benutzung der ersten Kalibrierfunktion analysiert. Beide Analysenergebnisse (x_{i1} und x_{i2}) wurden in die folgende Tabelle eingetragen. Für jede Einzelserie wurden der Serienmittelwert $\bar{x}_i$ und die Abweichungsquadratsumme Q_i berechnet:

$$\bar{x}_i = \frac{1}{2} \cdot (x_{i2} + x_{i2})$$

$$Q_i = (x_{i1} - \bar{x}_i)^2 + (x_{i2} - \bar{x}_i)^2$$

Serie Nr. i	***1. Ergebnis*** x_{i1}	***2. Ergebnis*** x_{i2}	***Mittelwert*** $\bar{x}_i$	***Quadratsumme*** Q_i
1	133,3	133,2	133,25	0,005
2	137,1	136,7	136,90	0,080
3	130,2	130,3	130,25	0,005
4	135,3	135,2	135,25	0,005
5	136,6	136,4	136,50	0,020
6	136,8	136,6	136,70	0,020
7	134,3	133,9	134,10	0,080
8	137,4	136,8	137,10	0,180
9	132,6	132,2	132,40	0,080
10	135,4	135,2	135,30	0,020
11	138,4	138,5	135,45	0,005
12	138,2	137,4	137,80	0,320
13	133,3	132,9	133,10	0,080
14	135,3	134,1	134,70	0,720
15	132,9	132,9	132,90	0,000
16	137,1	137,9	137,50	0,320
17	136,0	136,3	136,15	0,045
18	135,6	136,5	136,05	0,405
19	138,3	137,9	138,10	0,080
20	137,0	136,0	136,50	0,500
			$\bar{\bar{x}} = 135{,}45$	$Q_w = 2{,}970$

Für die nachfolgende Varianzanalyse wurden

a) die Freiheitsgrade

$f_b = N - 1$

$f_w = 2\,N - N = N$

$f_t = f_b + f_w$

b) die Quadratsummen

$$Q_b = \sum_{i=1}^{20} \left(\bar{x}_i - \bar{\bar{x}}\right)^2$$

$$Q_w = \sum_{i=1}^{20} Q_i$$

$$Q_t = Q_b + Q_w$$

c) die Varianzen

$$s_b^2 = \frac{Q_b}{f_b}$$

$$s_w^2 = \frac{Q_w}{f_w}$$

$$s_t^2 = \frac{Q_t}{f_t}$$

d) der Gesamtmittelwert

$$\bar{\bar{x}} = \frac{1}{20} \cdot \sum_{i=1}^{20} \bar{x}_i$$

e) die Gesamtstandardabweichung

$$s_t = \sqrt{\frac{1}{39} \sum_{i=1}^{20} \sum_{j=1}^{2} (x_{ij} - \bar{\bar{x}})^2}$$

ermittelt.

	Freiheitsgrade	***Quadratsumme***	***Varianz***	***Standardabweichung***
between:	$f_b = 19$	$Q_b = 181{,}690$	$s_b^2 = 9{,}5626$	$s_b = \sqrt{s_b^2} = 3{,}092$ mg/l
within:	$f_w = 20$	$Q_w = \quad 2{,}970$	$s_w^2 = 0{,}1485$	$s_w = \sqrt{s_w^2} = 0{,}385$ mg/l
total:	$f_t = 39$	$Q_t = 184{,}660$	$s_t^2 = 4{,}7349$	$s_t = \sqrt{s_t^2} = 2{,}176$ mg/l

Der Varianzen-F-Test ergab einen Prüfwert von

$$PW = \frac{s_b^2}{s_w^2} = \frac{9{,}5626}{0{,}1485} = 63{,}395$$

Da PW größer ist als $F(f_b, f_w, P = 99\%) = 2{,}94$, wird die Gesamt-Unpräzision übermäßig stark durch den Analysenzeitpunkt beeinflusst.

Auch die Graphik der Einzelwerte (Abb. A12) lässt dies erkennen: Die zwei Ergebnisse der einzelnen Serie liegen – im Vergleich zur Gesamtstreuung der Daten – jeweils relativ eng beieinander. Eine Drift der Analysenergebnisse über den Zeitraum von 20 Tagen liegt dagegen offensichtlich nicht vor.

Das Analysenverfahren ist einer Prüfung zu unterziehen; ggf. muss zu Beginn einer jeden Analysenserie eine eigene Kalibrierfunktion erstellt werden.

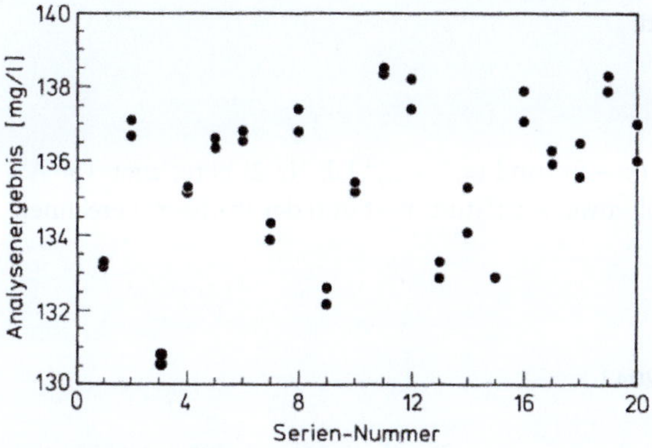

Abb. A12. Ergebnisse von 20 Doppelbestimmungen einer realen Probe im Zeitraum von 20 Tagen.

A1.2.10 **Trendtest**

21 Tage lang wurde eine reale Kontrollprobe täglich einmal analysiert.

Serien Nr.	*Ergebnis* x_i	$(x_i - \bar{x})^2$	$(x_i - x_{i-1})^2$
1	1,043	0,01753733	
2	1,071	0,01090533	0,00004398
3	1,081	0,00891676	0,00000395
4	1,078	0,00949233	0,00000033
5	1,108	0,00454661	0,00002446
6	1,162	0,00018033	0,00001906
7	1,146	0,00086604	0,00000047
8	1,171	0,00001961	0,00000072
9	1,147	0,00080818	0,00000062
10	1,161	0,00020818	0,00000036
11	1,180	0,00002090	0,00000004
12	1,209	0,00112704	0,00000122
13	1,205	0,00087447	0,00000006
14	1,184	0,00007347	0,00000064
15	1,223	0,00226304	0,00000479
16	1,211	0,00126533	0,00000100
17	1,270	0,00894376	0,00005896
18	1,219	0,00189847	0,00004964
19	1,274	0,00971633	0,00006112
20	1,298	0,01502376	0,00002817
21	1,243	0,00456590	0,00010937
Summe:	24,684	$s^2 = 0,09925314$	$\Delta^2 = 0,00040896$
Mittelwert $\bar{x} = 1,175$ mg/l			

Zunächst wurden der Mittelwert

$$\bar{x} = \frac{1}{21}\sum_{i=1}^{21} x_i$$

und die Abweichungsquadrate $(x_i - \bar{x})^2$ und $(x_i - x_{i-1})^2$ (ab Nr. 2) berechnet. Die Abweichungsquadrate wurden spaltenweise aufsummiert und der Prüfwert berechnet:

$$PW = \frac{\Delta^2}{s^2}$$

$$PW = \frac{0{,}00040896}{0{,}09925314} = 0{,}00412042$$

Der in Abb. A13 bereits optisch erkennbare Trend wird durch $PW < 1{,}0601$ statistisch gesichert. Als Ursache für den Trend konnte ein Fehler in der Konservierung der Kontrollprobe ausgemacht werden.

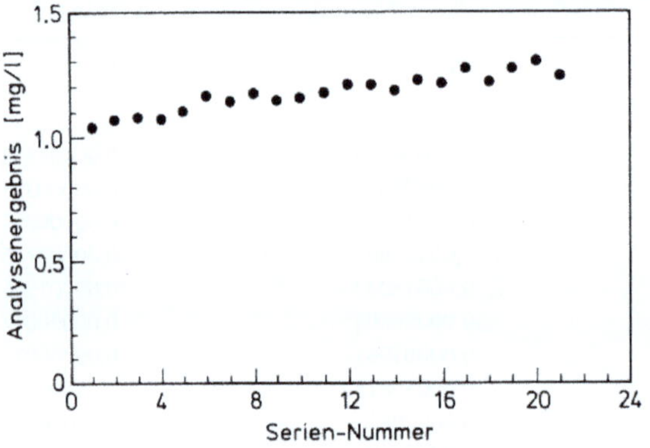

Abb. A13. Analysenergebnisse der Kontrollprobe von 21 Tagen.

A1.2.11 Einübphase: Überprüfung der erreichten Analysengüte anhand der Verfahrensstandardabweichung

Erste Kalibrierung.

Nr.	*x [mg/l]*	*y [Ext.]*	x^2	y^2	$x \cdot y$
1	100	0,751	1,00000E4	5,64001E–1	7,51000E1
2	115	0,807	1,32250E4	6,51249E–1	9,2805E1
3	130	0,946	1,69000E4	8,94916E–1	1,22980E2
4	145	1,002	2,10250E4	1,00400E0	1,45290E2
5	160	1,141	2,56000E4	1,30188E0	1,82560E2
6	175	1,197	3,06250E4	1,43281E0	2,09475E2
7	190	1,336	3,61000E4	1,78490E0	2,53840E2
8	205	1,391	4,20250E4	1,93488E0	2,85155E2
9	220	1,531	4,84000E4	2,34396E0	3,36820E2
10	235	1,587	5,52250E4	2,51857E0	3,72945E2
Σ	1675	11,689	2,99125E5	1,44312E1	2,07697E3

Lineare Regression:

Q_{xx}:	18562,5000 (mg/l)^2
Q_{yy}:	0,7679 (Ext.)^2
Q_{xy}:	119,0625 (mg/l) · Ext.
Mittelwert $\bar{x}$:	167,5000 mg/l
Mittelwert $\bar{y}$:	1,1689 Ext.
Steigung b:	0,0064 Ext./(mg/l)
Achsabschnitt a:	0,0945 Ext.
Reststandardabweichung s_y:	0,023 Ext.
Verfahrensstandardabweichung s_{xo}:	3,577 mg/l
Verfahrensvariationskoeffizient V_{xo}:	2,14%
$t(f = 8, P = 95\%, \text{einseitig})$:	1,860
Prüfgröße: y_P:	0,1635 Ext.
x_P:	21,50 mg/l

Die gesamte Kalibrierung wird noch drei Mal wiederholt, wobei sich der Übungseffekt in einer Verringerung der Verfahrensstandardabweichung widerspiegelt.

Prüfung der Verfahrensstandardabweichung:

Sollwert:	$s_{xo_{soll}}$	=	***1,096 [mg/l]***	$(s_{xo_i}/s_{xo_{soll}})^2$
Kal. Nr. 1	s_{xo_1}	=	3,577	10,652
2	s_{xo_2}	=	2,876	6,884
3	s_{xo_3}	=	2,392	4,764
4	s_{xo_4}	=	1,430	1,703

Der Schwellenwert der F-Verteilung $F(f_1 = 8, f_2 = 8, P = 95\%)$ beträgt 3,44. Somit kann mit der vierten Kalibrierung die Soll-Verfahrensstandardabweichung als erreicht angesehen werden.

A1.3
Phase II und III: Qualitätsregelkarten

Für die Routinequalitätssicherung wurde es als notwendig erachtet, mehrere Regelkarten für unterschiedliche Kontrollproben gleichzeitig zu führen:

Kontrollprobenart	***Qualitätsregelkarte***						
	MW	***BW***	***WFR***	***Range***	***s***	***Differenzen***	***Cusum***
Blindwertprobe		×					
Standardlösung 180 mg/l	×		×				×
Reale Probe: Doppelbestimmung				×	×	×	
Reale Probe + Aufstockung mit 60 mg/l			×				

Für alle Regelkarten wurde eine Vorperiode von 25 Serien durchgeführt. Der für die Qualitätssicherung erforderliche Mehraufwand in jeder Serie betrug vier Analysen:

1 × Blindwert
1 × Standardlösung
1 × zweite Analyse einer realen Probe zu Serienende
1 × aufgestockte reale Probe

Anmerkung: Eine Mehrfachanalyse der Blindwertprobe für eine *s*-Regelkarte wurde zunächst als nicht notwendig erachtet; die endgültige Entscheidung hierüber sollte anhand der Bedürfnisse der späteren Routineanalysen erfolgen.

A1.3.1 Blindwert-Regelkarte

Serie-Nr.	*Blindwert [Ext.]*
1	0,089
2	0,080
3	0,091
4	0,083
5	0,079
6	0,054
7	0,081
8	0,082
9	0,065
10	0,073
11	0,080
12	0,073
13	0,081
14	0,089
15	0,079
16	0,076
17	0,069
18	0,083
19	0,076
20	0,075
21	0,083
22	0,097
23	0,068
24	0,066
25	0,079
Summe:	1,951
Mittelwert:	0,078
Std. Abw.:	0,009

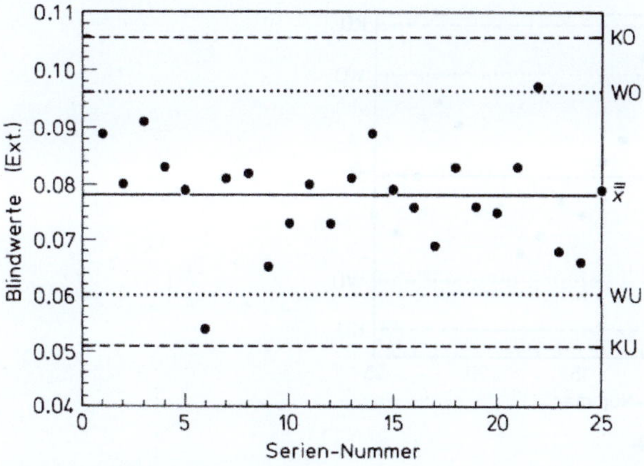

Abb. A14. Blindwert-Regelkarte.

A1.3.2 Mittelwert-Regelkarte für Standardlösung

Serie-Nr.	*Ergebnis [mg/l]*	*Abweichung [mg/l]*	*Normierte Abweichung*
1	179,3	–1,00	–0,56
2	179,9	–0,40	–0,22
3	182,6	2,30	1,28
4	180,4	0,10	0,06
5	180,8	0,50	0,28
6	180,9	0,60	0,33
7	179,8	–0,50	–0,28
8	183,7	3,40	1,89
9	178,2	–2,10	–1,17
10	180,9	0,60	0,33
11	178,9	–1,40	–0,78
12	184,5	4,20	2,33
13	181,6	1,30	0,72
14	180,8	0,50	0,28
15	179,0	–1,30	–0,72
16	179,5	–0,80	–0,44
17	178,3	–2,00	–1,11
18	177,7	–2,60	–1,44
19	179,3	–1,00	–0,56
20	179,1	–1,20	–0,67
21	182,1	1,80	1,00
22	182,9	2,60	1,44
23	180,3	0,00	0,00
24	178,4	–1,90	–1,06
25	179,0	–1,30	–0,72
Summe:	4507,9		
Mittelwert:	180,3		
Std.Abw.:	1,8		

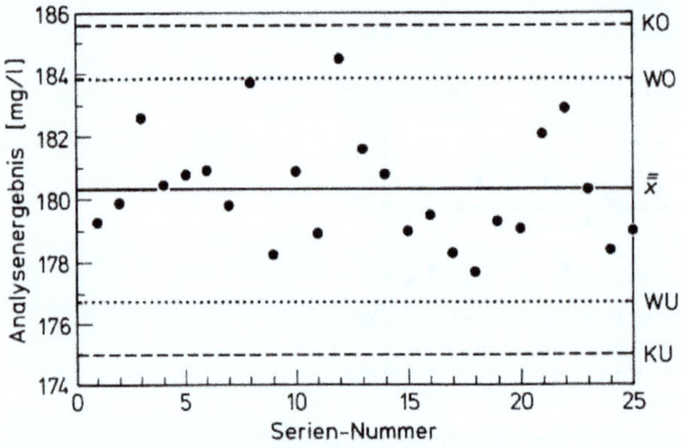

Abb. A15. Mittelwert-Regelkarte.

Alternativ wurden die Analysenergebnisse auch in ein normiertes Diagramm eingetragen (Abb. A16). Hierzu wurden die Abweichungen der Einzelwerte vom Mittelwert berechnet und durch die Standardabweichung dividiert:

$$\text{Normierte Abweichung} = \frac{\text{Einzelwert} - \text{Mittelwert}}{\text{Standardabweichung}}$$

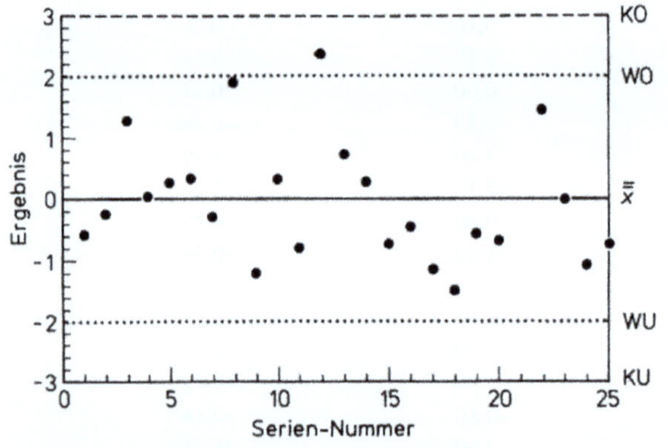

Abb. A16. Mittelwert-Regelkarte, normiert.

A1.3.3 Wiederfindungsraten-Regelkarte

Darüber hinaus wurden die Analysenergebnisse der Standardprobe für eine *WFR*-Regelkarte (Abb. A17) benutzt:

$$WFR = \frac{\text{Analysenergebnis}}{180\ \text{mg/l}} \cdot 100\%$$

Als Zentrallinie wurde eine 100%-Wiederfindungsrate vorgegeben.

Serie-Nr.	*Ergebnis [mg/l]*	*WFR [%]*
1	179,3	99,6
2	179,9	99,9
3	182,6	101,4
4	180,4	100,2
5	180,8	100,4
6	180,9	100,5
7	179,8	99,9
8	183,7	102,1
9	178,2	99,0
10	180,9	100,5
11	178,9	99,4
12	184,5	102,5
13	181,6	100,9
14	180,8	100,4
15	179,0	99,4
16	179,5	99,7
17	178,3	99,1
18	177,7	98,7
19	179,3	99,6
20	179,1	99,5
21	182,1	101,2
22	182,9	101,6
23	180,3	100,2
24	178,4	99,1
25	179,0	99,4
Summe:	4507,9	2504,4
Mittelwert:	180,3	100,2
Std. Abw.:	1,8	1,0

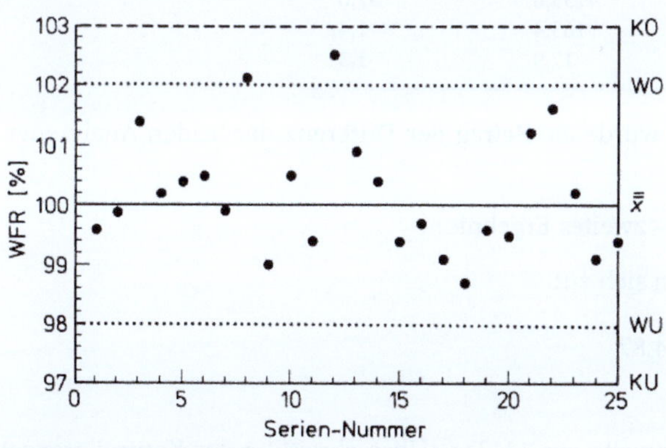

Abb. A17. *WFR*-Regelkarte für einen Standard mit der Konzentration 180 mg/l.

A1.3.4 Überprüfung der Präzision mittels Range- und *s*-Karte

Eine der ersten realen Proben in jeder Serie wurde gedrittelt und zum einen regulär zu Serienbeginn, zum anderen am Ende analysiert (die dritte Teilprobe wurde für die Aufstockanalyse benötigt!).

	Ergebnisse [mg/l]		
Serie-Nr.	**erstes**	**zweites**	**Range**
1	143,4	141,0	2,3
2	140,6	137,1	3,4
3	175,8	175,2	0,5
4	165,0	164,9	0,2
5	169,8	167,8	2,0
6	171,0	172,9	1,9
7	185,8	183,8	2,1
8	173,4	173,7	0,3
9	167,8	165,5	2,3
10	171,7	172,5	0,8
11	168,2	173,9	5,7
12	155,2	157,4	2,2
13	177,1	176,7	0,3
14	197,8	197,8	0,0
15	134,4	135,6	1,2
16	188,5	187,4	1,1
17	158,7	158,3	0,4
18	175,5	176,1	0,6
19	154,1	154,6	0,5
20	164,0	162,9	1,1
21	147,1	148,5	1,4
22	160,1	161,6	1,5
23	186,8	184,6	2,2
24	124,1	123,7	0,4
25	184,8	182,1	2,6
Summe:	4140,7	4135,6	37,0
Mittelwert:	165,6	165,4	1,49
Std. Abw.:	18,0	17,9	1,3

Die einzelne Spannweite wurde als Betrag der Differenz der beiden Analysenergebnisse berechnet:

Range = | erstes Ergebnis – zweites Ergebnis |

Die Kontrollgrenzen ergeben sich zu:

$$KO = D_4 \cdot \bar{R} = 3{,}267 \cdot \bar{R} = 4{,}87$$
$$KU = D_3 \cdot \bar{R} = 0 \cdot \bar{R} = 0$$

Die auffällig große Spannweite am 11. Tag (Überschreitung der Kontrollgrenze) konnte als „Montagseffekt" identifiziert werden: Der Photometer-Nullabgleich am Morgen erfolgte bei noch extrem niedriger Raumtemperatur. In Konsequenz wurde die Zeitsteuerung der Heizung des Laborgebäudes modifiziert.

Die entsprechende *s*-Regelkarte lieferte analoge Ergebnisse. Hierzu wurden die Standardabweichungen der Doppelbestimmungen berechnet:

$$s_i = \sqrt{\frac{1}{n_i - 1} \sum_{j=1}^{n_i} (x_{ij} - \bar{x}_i)^2}$$

Serie-Nr.	Erg. 1 [mg/l]	Erg. 2 [mg/l]	Range [mg/l]	s_i [mg/l]	s_i^2 [(mg/l)^2]
1	143,4	141,0	2,3	1,70	2,8900
2	140,6	137,1	3,4	2,47	6,1009
3	175,8	175,2	0,5	0,42	0,1764
4	165,0	164,9	0,2	0,07	0,0049
5	169,8	167,8	2,0	1,41	1,9881
6	171,0	172,9	1,9	1,34	1,7956
7	185,8	183,8	2,1	1,41	1,9881
8	173,4	173,7	0,3	0,21	0,0441
9	167,8	165,5	2,3	1,63	2,6569
10	171,7	172,5	0,8	0,57	0,3249
11	168,2	173,9	5,7	4,03	16,2409
12	155,2	157,4	2,2	1,56	2,4336
13	177,1	176,7	0,3	0,28	0,0784
14	197,8	197,8	0,0	0,00	0,0000
15	134,4	135,6	1,2	0,85	0,7225
16	188,5	187,4	1,1	0,78	0,6084
17	158,7	158,3	0,4	0,28	0,0784
18	175,5	176,1	0,6	0,42	0,1764
19	154,1	154,6	0,5	0,35	0,1225
20	164,0	162,9	1,1	0,78	0,6084
21	147,1	148,5	1,4	0,99	0,9801
22	160,1	161,6	1,5	1,06	1,1236
23	186,8	184,6	2,2	1,56	2,4336
24	124,1	123,7	0,4	0,28	0,0784
25	184,8	182,1	2,6	1,91	3,6481
Summe:	4140,7	4135,6	37,0		47,3032
Mittelwert:	165,6	165,4	1,49		$s_w = 1{,}3755$
Std. Abw.:	18,0	17,9	1,3		
Freiheitsgrad:					$f = \Sigma f_i = 25$

Die Zentrallinie ergab sich zu

$$s_w = \sqrt{\frac{\sum s_i^2}{25}} = 1{,}375 \text{ mg/l}$$

mit den Kontrollgrenzen (bei $\alpha = 1\%$)

$$KO = s_w \cdot \sqrt{\frac{1}{1} \cdot \chi^2\left(1, \frac{\alpha}{2}\right)} \quad \text{(mit } \chi^2\text{-Wert s. Tabelle 2-8)}$$

$$= 1{,}375 \cdot \sqrt{1 \cdot 7{,}879}$$

$$= 3{,}852 \text{ mg/l}$$

$$KU = s_w \cdot \sqrt{\frac{1}{1} \cdot \chi^2\left(1, 1 - \frac{\alpha}{2}\right)}$$

$$= 1{,}375 \cdot \sqrt{1 \cdot 0{,}0000393}$$

$$= 0{,}00862 \text{ mg/l}$$

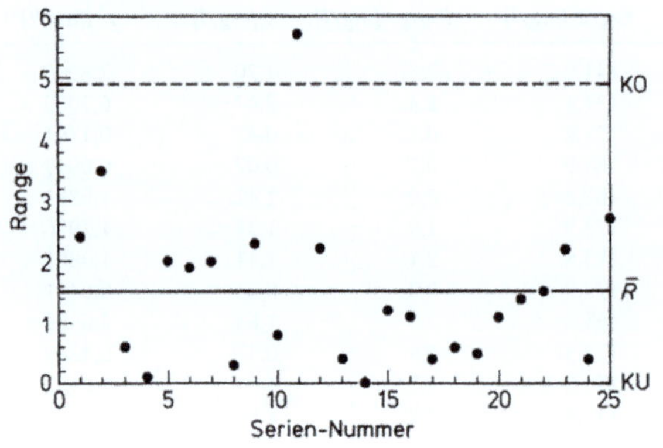

Abb. A18. Range-Regelkarte.

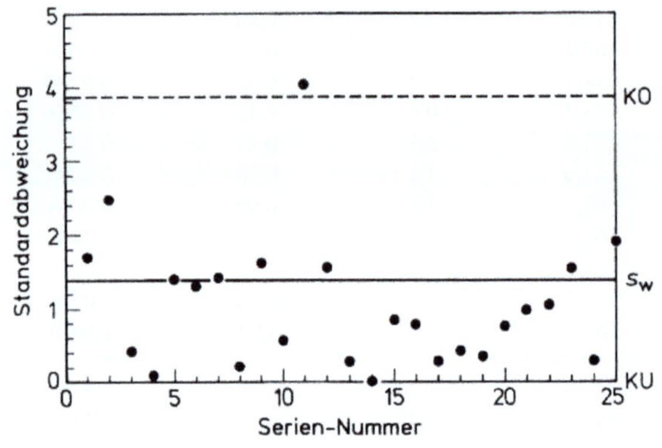

Abb. A19. *s*-Regelkarte für die Doppelbestimmung realer Proben.

A1.3.5 **Prüfung auf serieninterne Drift**

Anstelle der Spannweiten (= Absolutbetrag der Differenz zwischen den beiden Analysenergebnissen der Doppelbestimmung) wurden die Differenzen zwischen zweitem und erstem Analysenergebnis unter Berücksichtigung des Vorzeichens ermittelt:

Differenz = 2. Ergebnis – 1. Ergebnis

Die graphische Darstellung der Differenzen in der Regelkarte (Abb. A20) lässt – abgesehen von der schon bekannten Unregelmäßigkeit in der 11. Serie – keine signifikanten Abweichungen erkennen. Insbesondere liegt die mittlere Differenz nahe bei null; die Einzeldifferenzen streuen zufällig mit wechselndem Vorzeichen, so dass eine Drift der Analysenergebnisse zu systematisch kleineren oder größeren Werten zwischen Beginn und Ende einer Serie ausgeschlossen werden kann.

Serie-Nr.	Ergebnisse [mg/l] erstes	zweites	Differenz [mg/l]
1	143,4	141,0	–2,4
2	140,6	137,1	–3,5
3	175,8	175,2	–0,6
4	165,0	164,9	–0,1
5	169,8	167,8	–2,0
6	171,0	172,9	1,9
7	185,8	183,8	–2,0
8	173,4	173,7	0,3
9	167,8	165,5	–2,3
10	171,7	172,5	0,8
11	168,2	173,9	5,7
12	155,2	157,4	2,2
13	177,1	176,7	–0,4
14	197,8	197,8	0,0
15	134,4	135,6	1,2
16	188,5	187,4	–1,1
17	158,7	158,3	–0,4
18	175,5	176,1	0,6
19	154,1	154,6	0,5
20	164,0	162,9	–1,1
21	147,1	148,5	1,4
22	160,1	161,6	1,5
23	186,8	184,6	–2,2
24	124,1	123,7	–0,4
25	184,8	182,1	–2,7
Summe:			–5,1
Mittelwert:			–0,2
Std. Abw.:			1,96

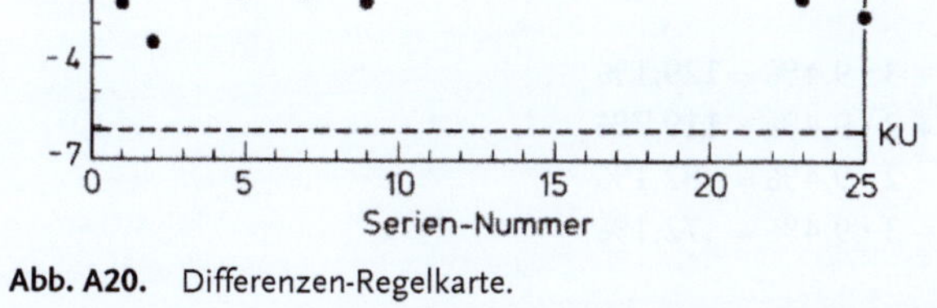

Abb. A20. Differenzen-Regelkarte.

A1.3.6 *WFR*-Regelkarte

Die dritte Teilprobe der realen Probe wurde so aufgestockt, dass sich ein um 60 mg/l erhöhter Gehalt an XYZ ergab:

Probenmenge: $V_P = 1\,l$

Standardzugabe: $V_A = 0{,}5$ ml; Konzentration $c_S = 120{,}061$ g/l

Aufstockkonzentration: $c_A = \frac{V_A \cdot c_S}{V_P + V_A} = \frac{0{,}0005\,l \cdot 120{,}061\,g/l}{1\,l + 0{,}0005\,l} = 0{,}060\,g/l$

	Analysenergebnisse [mg/l]		
Serie-Nr.	***Vorher***	***Nachher***	***WFR [%]***
1	143,4	202,2	98,0
2	140,6	212,7	120,3
3	175,8	228,6	88,1
4	165,0	218,1	88,5
5	169,8	228,8	98,4
6	171,0	244,2	122,0
7	185,8	246,5	101,1
8	173,4	226,2	88,0
9	167,8	231,3	105,9
10	171,7	234,4	104,5
11	168,2	229,9	102,7
12	155,2	219,8	107,6
13	177,1	245,7	114,4
14	197,8	264,4	110,9
15	134,4	189,8	92,3
16	188,5	244,6	93,6
17	158,7	222,6	106,6
18	175,5	232,7	95,4
19	154,1	210,7	94,3
20	164,0	222,0	96,7
21	147,1	211,9	108,0
22	160,1	221,3	102,1
23	186,8	241,9	91,9
24	124,1	179,8	92,9
25	184,8	244,2	99,0
Summe:	4140,7	5654,3	2523,2
Mittelwert:	165,6	226,2	100,9
Std. Abw.:	18,0	18,8	9,4

$KO = \overline{WFR} + 3 \cdot s = 100{,}9\% + 3 \cdot 9{,}4\% = 129{,}1\%$

$WO = \overline{WFR} + 2 \cdot s = 100{,}9\% + 2 \cdot 9{,}4\% = 119{,}7\%$

$WU = \overline{WFR} - 2 \cdot s = 100{,}9\% - 2 \cdot 9{,}4\% = 82{,}1\%$

$KU = \overline{WFR} - 3 \cdot s = 100{,}9\% - 3 \cdot 9{,}4\% = 72{,}1\%$

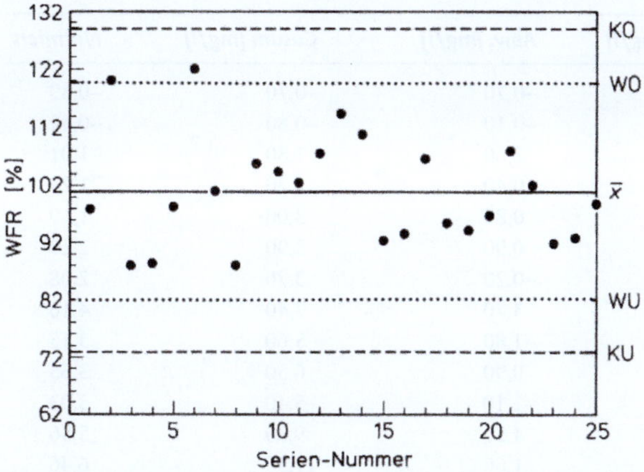

Abb. A21. Wiederfindungsraten-Regelkarte für eine reale aufgestockte Probe.

A1.3.7 **Cusum-Regelkarte**

Zur Feststellung systematischer Fehler wurden die Analysenergebnisse der Standardprobe für eine Cusum-Regelkarte umgerechnet. Als Referenzwert wurde die Soll-Konzentration

$$k = 180 \text{ mg/l}$$

vorgegeben, zu der die aktuelle Abweichung berechnet wurde:

$$Abw = Ergebnis - Sollwert$$

Die cumulativen Abweichungssummen wurden durch Aufsummierung aller Einzelabweichungen ermittelt.

$$Cusum_i = \sum_{j=1}^{i} Abw_j$$

Beispiel: Serie Nr. 4

$$\begin{aligned} Cusum &= Abw_1 + Abw_2 + Abw_3 + Abw_4 \\ &= -0{,}70 + (-0{,}10) + 2{,}60 + 0{,}40 \\ &= 2{,}20 \text{ mg/l} \end{aligned}$$

Die Standardabweichung der Vorperiode betrug $s = 1{,}8$ mg/l.

Mittels Division durch die Gesamtstandardabweichung wurden die Cusum-Werte normiert:

$$normiert = \frac{Cusum}{s} = \frac{Cusum}{1{,}8}$$

Die Cusum-Karte wurde dann mit der Skalierung $w = 1s$ bzw. $w = 2s$ gezeichnet.

Die normierten Cusum-Werte wurden eingetragen, die Prüfmaske wurde konstruiert (Abb. A22).

Serie-Nr.	*Ergebnis [mg/l]*	*Abw. [mg/l]*	*Cusum [mg/l]*	*Normiert*
1	179,3	–0,70	–0,70	–0,39
2	179,9	–0,10	–0,80	–0,45
3	182,6	2,60	1,80	1,01
4	180,4	0,40	2,20	1,24
5	180,8	0,80	3,00	1,69
6	180,9	0,90	3,90	2,19
7	179,8	–0,20	3,70	2,08
8	183,7	3,70	7,40	4,16
9	178,2	–1,80	5,60	3,15
10	180,9	0,90	6,50	3,65
11	178,9	–1,10	5,40	3,03
12	184,5	4,50	9,90	5,56
13	181,6	1,60	11,50	6,46
14	180,8	0,80	12,30	6,91
15	179,0	–1,00	11,30	6,35
16	179,5	–0,50	10,80	6,07
17	178,3	–1,70	9,10	5,11
18	177,7	–2,30	6,80	3,82
19	179,3	–0,70	6,10	3,43
20	179,1	–0,90	5,20	2,92
21	182,1	2,10	7,30	4,10
22	182,9	2,90	10,20	5,73
23	180,3	0,30	10,50	5,90
24	178,4	–1,60	8,90	5,00
25	179,0	–1,00	7,90	4,44

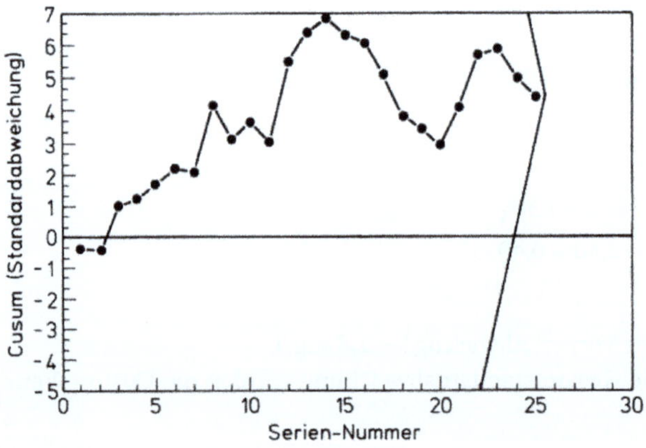

Abb. A22. Cusum-Regelkarte für den Standard 180 mg/l.

In der folgenden Routineanalytik wurde die Cusum-Regelkarte für die 180 mg/l-Kontrollprobe geführt.

Routineanalytik: Cusum.

Serie-Nr.	**Ergebnis [mg/l]**	**Abweichung [mg/l]**	**Relative Abweichung**	**Cusum der rel. Abweichung**
1	179,9	–0,1	–0,06	–0,06
2	180,9	0,9	0,50	0,44
3	176,4	–3,6	–2,00	–1,56
4	179,7	–0,3	–0,17	–1,72
5	182,3	2,3	1,28	–0,44
6	178,9	–1,1	–0,61	–1,06
7	177,5	–2,5	–1,39	–2,44
8	178,2	–1,8	–1,00	–3,44
9	180,5	0,5	0,28	–3,17
10	181,5	1,5	0,83	–2,33
11	181,4	1,4	0,78	–1,56
12	179,2	–0,8	–0,44	–2,00
13	181,7	1,7	0,94	–1,06
14	181,0	1,0	0,56	–0,50
15	176,0	–4,0	–2,22	–2,72
16	178,1	–1,9	–1,06	–3,78
17	179,3	–0,7	–0,39	–4,17
18	179,3	–0,7	–0,39	–4,56
19	179,2	–0,8	–0,44	–5,00
20	177,1	–2,9	–1,61	–6,61
21	177,6	–2,4	–1,33	–7,94
22	175,4	–4,6	–2,56	–10,50 [a)]
23	181,6	1,6	0,89	0,89 [b)]
24	180,6	0,6	0,33	1,22
25	183,5	3,5	1,94	3,16

a) Alarm; korrigierende Maßnahmen!
b) Neubeginn

Die Cusum-Regelkarte wurde – probehalber – in zwei unterschiedlichen Skalierungen gezeichnet (Abb. A23 und A24):

Skalierungsfaktor: $w = 1s$ $\qquad w = 2s$

kleinste Abweichung, $D = 1{,}5s$

die erkannt werden soll $\left(\delta = \dfrac{D}{s} = 1{,}5\right)$

Irrtumswahrscheinlichkeit: $\alpha = 0{,}0027$

Abstand d der V-Maske:
$$d = \frac{-2}{\delta^2} \cdot \ln \alpha$$
$$= \frac{-2}{1{,}5^2} \cdot \ln 0{,}0275$$
$$d = 5{,}2573 \qquad d = 5{,}2573$$

$$\text{Öffnungswinkel der V-Maske:}\quad \theta = \arctan\left(\frac{D}{2 \cdot w}\right)$$

$$= \arctan\left(\frac{1{,}5s}{2 \cdot 1s}\right) \qquad \theta = \arctan\left(\frac{1{,}5s}{2 \cdot 2s}\right)$$

$$\theta = 36{,}87^\circ \qquad \theta = 20{,}56^\circ$$

(Die Maskenparameter entsprechen etwa der ARL-Kurve Nr. XI aus Abb. 2-22).

Der systematische Mittelwertfehler lag ab Serie Nr. 15 offensichtlich vor, erkannt wurde er in der 22. Serie.

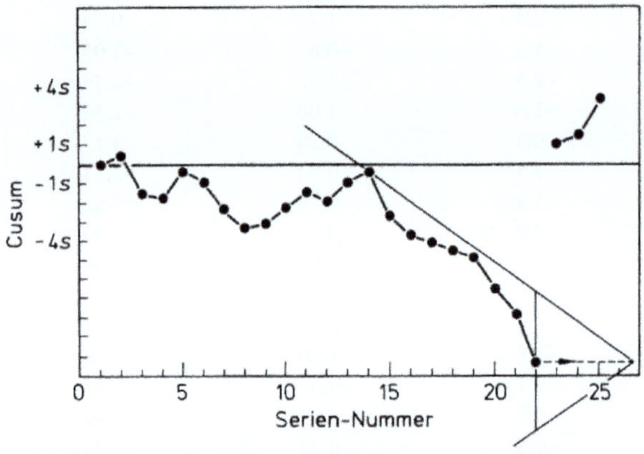

Abb. A23. Cusum-Regelkarte der Routineanalytik mit Skalierungsfaktor $w = 1s$.

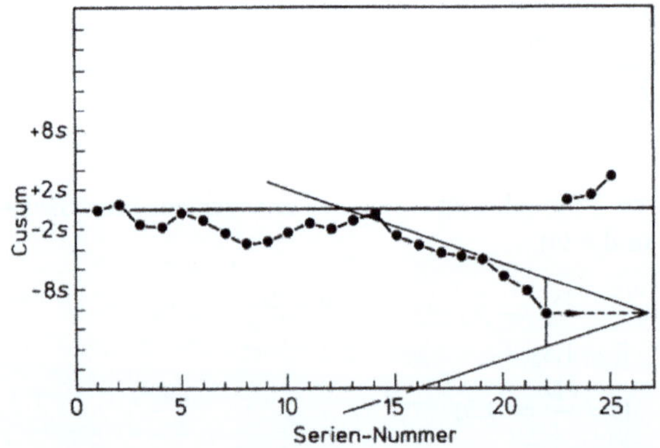

Abb. A24. Cusum-Regelkarte der Routineanalytik mit Skalierungsfaktor $w = 2s$.

A1.3.8 Gleichwertigkeit

a) Differenzenmethode

Parameter: Magnesium
Referenzverfahren: ICP-OES (DEV E 22)
Vergleichverfahren: Ionenchromatographie (DEV E 34)

Analysenergebnisse von Referenz- und Vergleichverfahren:

i	x_{Ri}	x_{Vi}	D_i	i	x_{Ri}	x_{Vi}	D_i
1	10,50	10,77	–0,27	16	24,80	21,00	3,80
2	10,50	10,99	–0,49	17	18,60	19,54	–0,94
3	9,05	9,39	–0,34	18	27,00	22,61	4,39 [a)]
4	9,23	9,43	–0,20	19	24,91	25,58	–0,67
5	19,20	17,50	1,70	20	24,93	25,66	–0,73
6	15,30	16,94	–1,64	21	24,95	25,69	–0,74
7	13,02	12,90	0,12	22	24,96	25,71	–0,75
8	14,51	14,69	–0,18	23	25,01	24,29	0,72
9	14,55	14,28	0,27	24	28,80	25,79	3,01
10	13,08	13,02	0,06	25	34,25	34,41	–0,17
11	23,00	18,86	4,14	26	34,26	34,50	–0,24
12	18,80	17,00	1,80	27	30,90	30,96	–0,06
13	14,58	15,42	–0,84	28	26,60	27,73	–1,13
14	17,20	14,00	3,20	29	28,00	25,09	2,91
15	14,85	14,20	0,65	30	31,08	28,13	2,95

a) Ausreißerverdächtiger Wert D^*.

$$\bar{D} = \frac{\sum D_i}{N} = 0{,}678$$

$$s_D = \sqrt{\frac{\sum (D_i - \bar{D})^2}{N-1}} = 1{,}751$$

Ausreißertest:

$$PG = \frac{|D^* - \bar{D}|}{s_D} = \frac{|4{,}39 - 0{,}68|}{1{,}751} = 2{,}120$$

N = 30

$rM(f = N;\ P = 95\,\%) = 2{,}745$

$PG < 2{,}745$, d. h. es liegt *kein Ausreißer* vor

Verbundener t-Test:

$$PG = \frac{|\bar{D}|}{s_D} \cdot \sqrt{N} = 2{,}12$$

$t(f = N - 1;\ P = 99\,\%) = 2{,}756$

$PG < 2{,}756$, d. h. es liegt *kein* signifikanter Unterschied vor, die Ergebnisse sind gleichwertig.

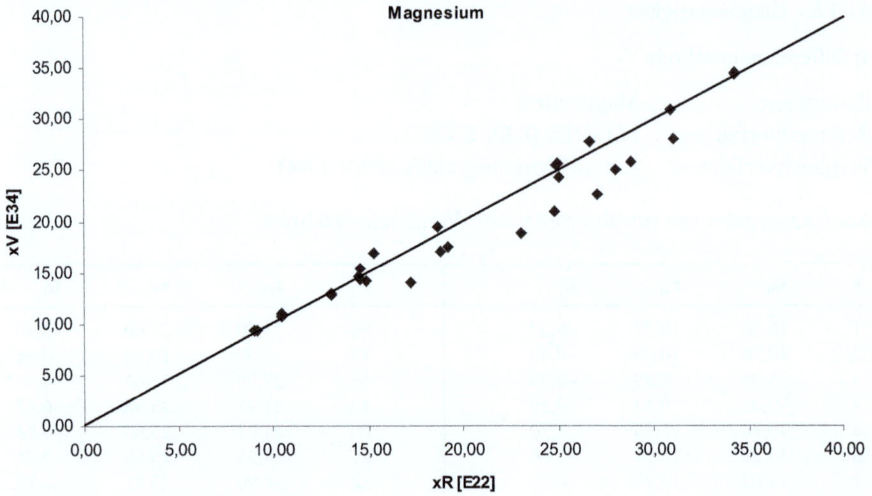

Abb. A25. Gleichwertigkeit – Differenzenmethode.

b) Orthogonalregression

Parameter:	AOX
Referenzverfahren:	DEV H 14
Vergleichverfahren:	DEV H 22 (stark salzhaltige Wässer)

Analysenergebnisse von Referenz- und Vergleichverfahren:

i	x_{Ri}	x_{Vi}	Q_i	i	x_{Ri}	x_{Vi}	Q_i
1	0,27	0,50	1,85	19	1,80	2,00	1,11
2	0,29	0,60	2,07	20	2,00	2,10	1,05
3	0,45	1,00	2,22	21	2,10	2,60	1,24
4	0,48	0,80	1,67	22	2,20	2,90	1,32
5	0,49	1,10	2,24	23	2,30	2,30	1,00
6	0,73	1,10	1,51	24	2,30	2,70	1,17
7	0,74	1,00	1,35	25	2,50	1,60	0,64
8	0,79	1,30	1,65	26	2,60	2,90	1,12
9	0,81	3,80	4,69 [a)]	27	2,70	3,60	1,33
10	1,00	1,40	1,40	28	2,70	3,30	1,22
11	1,10	1,50	1,36	29	2,80	3,30	1,18
12	1,20	1,80	1,50	30	2,80	3,30	1,18
13	1,30	1,50	1,15	31	3,30	3,60	1,09
14	1,30	2,20	1,69	32	3,40	3,90	1,15
15	1,40	2,00	1,43	33	3,40	4,00	1,18
16	1,60	2,30	1,44	34	3,40	4,00	1,18
17	1,70	1,90	1,12	35	3,50	3,80	1,09
18	1,80	1,60	0,89				

a) Verdacht auf Wertepaar-Ausreißer

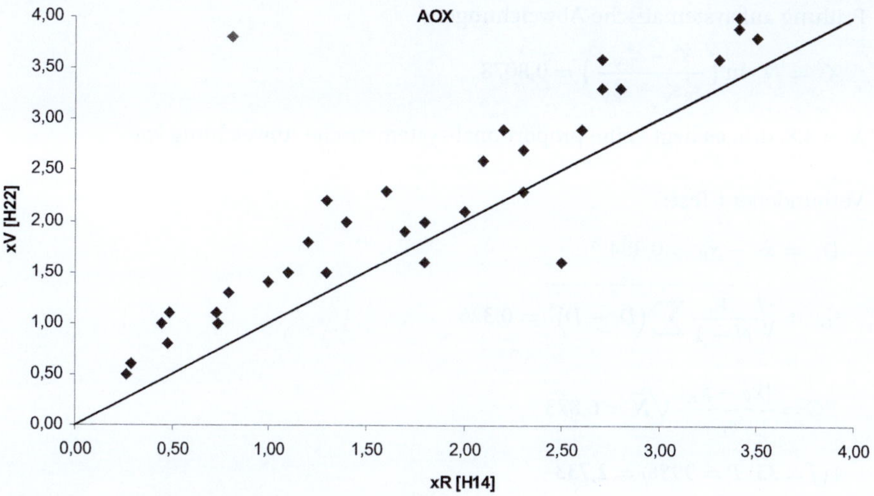

Abb. A26. Gleichwertigkeit – Orthogonalregression.

$$\bar{Q} = \frac{\sum Q_i}{N} = 1{,}442$$

$$s_Q = \sqrt{\frac{\sum (Q_i - \bar{Q})^2}{N-1}} = 0{,}6655$$

Ausreißertest:

$$PG = \frac{|Q^* - \bar{Q}|}{s_Q} = 4{,}882$$

$rM(f = 35;\ P = 95\%) = 2{,}811$

$PG > 2{,}811$, d.h. es liegt ein *Ausreißer* vor

$N = 34$ (1 Ausreißer beseitigt)

Standardabweichungen ohne Berücksichtigung des Wertepaar-Ausreißers:

$s_R = 1{,}01 \qquad s_V = 1{,}06$

$$s = \sqrt{\frac{1}{2} \cdot (s_R^2 + s_V^2)} = 1{,}0356$$

$$s_{RV} = \sqrt{\frac{1}{N-1} \sum (x_i - \bar{x}_R)(x_{Vi} - \bar{x}_V)} = 1{,}0193$$

$$b = \frac{s_V}{s_R} = 1{,}049$$

$$a = \bar{x}_V - b \cdot \bar{x}_R = 0{,}294$$

Prüfung auf systematische Abweichungen:

$$X^2 = N \cdot \ln\left(\frac{s^4 - s^4_{RV}}{s^2_R s^2_V - s^4_{RV}}\right) = 0{,}8078$$

$X^2 < 3{,}8$, d. h. es liegt keine proportional-systematische Abweichung vor

Verbundener *t*-Test:

$$\bar{D} = \bar{x}_V - \bar{x}_R = 0{,}384$$

$$s_D = \sqrt{\frac{1}{N-1}\sum\left(D_i - \bar{D}\right)^2} = 0{,}326$$

$$PG = \frac{|\bar{x}_V - \bar{x}_R|}{s_D}\sqrt{N} = 6{,}873$$

$$t(f = 33;\ P = 99\%) = 2{,}733$$

$PG > 2{,}733$, d. h. es liegt eine *konstant-systematische Abweichung* vor.

Die Ergebnisse sind *nicht* gleichwertig!

A1.3.9 **Standardaddition**

Für eine reale Probe wird der Messwert $y_o = 0{,}811$ erhalten. Über die Kalibrierfunktion für wässrige Standards wird zu diesem Messwert die Konzentration abgeschätzt:

$$x_o \approx 100 \text{ mg/l}$$

Die Aufstockkonzentrationen x_A ergeben sich daher zu 25, 50, 75 und 100 mg/l:

Nr.	x_A [mg/l]	y [Ext.]	x^2	y^2	$x \cdot y$
1	0	0,811	0,00000	6,57721E–1	0,00000
2	25	0,998	6,25000E2	9,96004E–1	2,49500E1
3	50	1,135	2,50000E3	1,28822E0	5,67500E1
4	75	1,331	5,62500E3	1,77156E0	9,98250E1
5	100	1,459	1,00000E4	2,12868E0	1,45900E2
Σ	250	5,734	1,87500E4	6,84219E0	3,27425E2

Lineare Regression:

Q_{xx}:	6250,0000 $(\text{mg/l})^2$
Q_{yy}:	0,2664 $(\text{Ext.})^2$
Q_{xy}:	40,7250 (mg/l) · Ext.
Mittelwert $\bar{x}$:	50,0000 mg/l
Mittelwert $\bar{y}$:	1,1468 Ext.
Steigung b_A:	0,006516 Ext./(mg/l)
Achsabschnitt $\hat{y}_o$:	0,8210 Ext.

Reststandardabweichung s_y:	0,0189 Ext.
Verfahrensstandardabweichung s_{xo}:	2,907 mg/l
Verfahrensvariationskoeffizient V_{xo}:	5,81%
$t(f = 3,\ P = 95\%$, einseitig):	2,353
$t(f = 3,\ P = 95\%$, zweiseitig):	3,182
Hilfsgröße y_P:	0,877 Ext.
Prüfgröße x_P:	17,31 mg/l
Blindwert: y_B	0,004 abs.
Analysenergebnis $\hat{x}$:	125,4 mg/l
Vertrauensbereich $VB(\hat{x})$:	$\pm 17{,}9$ mg/l

Mit 125 mg/l liegt das Analysenergebnis weit über der Prüfgröße $x_P = 17{,}31$ mg/l und ist damit gültig.

Berechnungsformeln:

$$x_P = 2 \cdot \frac{y_P - \hat{y}_o}{b_A}$$

mit

$$y_P = \hat{y}_o + s_y \cdot t_{f,P} \cdot \sqrt{\frac{1}{N} + 1 + \frac{\bar{x}^2}{\sum (x_i - \bar{x})^2}}$$

$$\hat{x} = \frac{\hat{y}_o - y_B}{b_A}$$

$$VB(\hat{x}) = \frac{s_y}{b_A} \cdot t_{f,P} \sqrt{\frac{1}{N} + 1 + \frac{(\hat{y}_o - \bar{y})^2}{b_A^2 \sum (x_i - \bar{x})^2}}$$

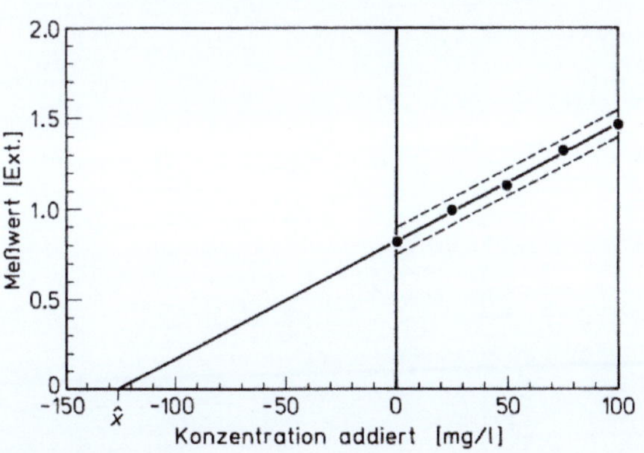

Abb. A27. Standardaddition, Aufstockkalibrierfunktion mit 95%-Prognoseintervall.

Anhang 2

A2
Statistische Tabellen

A2.1
t-Tabelle

		Zweiseitig		
f	*P* = 90%	*P* = 95%	*P* = 99%	*P* = 99,9%
1	6,314	12,706	63,657	636,619
2	2,920	4,303	9,925	31,598
3	2,353	3,182	5,841	12,924
4	2,132	2,776	4,604	8,610
5	2,015	2,571	4,032	6,869
6	1,943	2,447	3,707	5,959
7	1,895	2,365	3,499	5,408
8	1,860	2,306	3,355	5,041
9	1,833	2,262	3,250	4,781
10	1,812	2,228	3,169	4,587
11	1,796	2,201	3,106	4,437
12	1,782	2,179	3,055	4,318
13	1,771	2,160	3,016	4,221
14	1,761	2,145	2,977	4,140
15	1,753	2,131	2,947	4,073
16	1,746	2,120	2,921	4,015
17	1,740	2,110	2,898	3,965
18	1,734	2,101	2,878	3,922
19	1,729	2,093	2,861	3,883
20	1,725	2,086	2,845	3,850
21	1,721	2,080	2,831	3,819
22	1,717	2,074	2,819	3,792
23	1,714	2,069	2,807	3,767
24	1,711	2,064	2,797	3,745
25	1,708	2,060	2,787	3,725
26	1,706	2,056	2,779	3,707
27	1,703	2,052	2,771	3,690
28	1,701	2,048	2,763	3,674
29	1,699	2,045	2,756	3,659
30	1,697	2,042	2,750	3,646
∞	1,645	1,960	2,576	3,291
f	P=95%	P=97,5%	P=99,5%	P=99,95%
		Einseitig		

Qualitätssicherung in der Analytischen Chemie, 2. Auflage. W. Funk, V. Dammann, G. Donnevert

ISBN: 3-527-31112-2

A2.2
F-Tabelle (95 %)

$f_2 \backslash f_1$	1	2	3	4	5	6	7	8	9	10	12	15	20	24	30	40	60	120	∞
1	161,4	199,5	215,7	224,6	230,2	234,0	236,8	238,9	240,5	241,9	243,9	245,9	248,0	249,1	250,1	251,1	252,2	253,3	254,3
2	18,51	19,00	19,16	19,25	19,30	19,33	19,35	19,37	19,38	19,40	19,41	19,43	19,45	19,45	19,46	19,47	19,48	19,49	19,50
3	10,13	9,55	9,28	9,12	9,01	8,94	8,89	8,85	8,81	8,79	8,74	8,70	8,66	8,64	8,62	8,59	8,57	8,55	8,53
4	7,71	6,94	6,59	6,39	6,26	6,16	6,09	6,04	6,00	5,96	5,91	5,86	5,80	5,77	5,75	5,72	5,69	5,66	5,63
5	6,61	5,79	5,41	5,19	5,05	4,95	4,88	4,82	4,77	4,74	4,68	4,62	4,56	4,53	4,50	4,46	4,43	4,40	4,36
6	5,99	5,14	4,76	4,53	4,39	4,28	4,21	4,15	4,10	4,06	4,00	3,94	3,87	3,84	3,81	3,77	3,74	3,70	3,67
7	5,59	4,74	4,35	4,12	3,97	3,87	3,79	3,73	3,68	3,64	3,57	3,51	3,44	3,41	3,38	3,34	3,30	3,27	3,23
8	5,32	4,46	4,07	3,84	3,69	3,58	3,50	3,44	3,39	3,35	3,28	3,22	3,15	3,12	3,08	3,04	3,01	2,97	2,93
9	5,12	4,26	3,86	3,63	3,48	3,37	3,29	3,23	3,18	3,14	3,07	3,01	2,94	2,90	2,86	2,83	2,79	2,75	2,71
10	4,96	4,10	3,71	3,48	3,33	3,22	3,14	3,07	3,02	2,98	2,91	2,85	2,77	2,74	2,70	2,66	2,62	2,58	2,54
11	4,84	3,98	3,59	3,36	3,20	3,09	3,01	2,95	2,90	2,85	2,79	2,72	2,65	2,61	2,57	2,53	2,49	2,45	2,40
12	4,75	3,89	3,49	3,26	3,11	3,00	2,91	2,85	2,80	2,75	2,69	2,62	2,54	2,51	2,47	2,43	2,38	2,34	2,30
13	4,67	3,81	3,41	3,18	3,03	2,92	2,83	2,77	2,71	2,67	2,60	2,53	2,46	2,42	2,38	2,34	2,30	2,25	2,21
14	4,60	3,74	3,34	3,11	2,96	2,85	2,76	2,70	2,65	2,60	2,53	2,64	2,39	2,35	2,31	2,27	2,22	2,18	2,13
15	4,54	3,68	3,29	3,06	2,90	2,79	2,71	2,64	2,59	2,54	2,48	2,40	2,33	2,29	2,25	2,20	2,16	2,11	2,07
16	4,49	3,63	3,24	3,01	2,85	2,74	2,66	2,59	2,54	2,49	2,42	2,35	2,28	2,24	2,19	2,15	2,11	2,06	2,01
17	4,45	3,59	3,20	2,96	2,81	2,70	2,61	2,55	2,49	2,45	2,38	2,31	2,23	2,19	2,15	2,10	2,06	2,01	1,96
18	4,41	3,55	3,16	2,93	2,77	2,66	2,58	2,51	2,46	2,41	2,34	2,27	2,19	2,15	2,11	2,06	2,02	1,97	1,92
19	4,38	3,52	3,13	2,90	2,74	2,63	2,54	2,48	2,42	2,38	2,31	2,23	2,16	2,11	2,07	2,03	1,98	1,93	1,88
20	4,35	3,49	3,10	2,87	2,71	2,60	2,51	2,45	2,39	2,35	2,28	2,20	2,12	2,08	2,04	1,99	1,95	1,90	1,84
21	4,32	3,47	3,07	2,84	2,68	2,57	2,49	2,42	2,37	2,32	2,25	2,18	2,10	2,05	2,01	1,96	1,92	1,87	1,81
22	4,30	3,44	3,05	2,82	2,66	2,55	2,46	2,40	2,34	2,30	2,23	2,15	2,07	2,03	1,98	1,94	1,89	1,84	1,78
23	4,28	3,42	3,03	2,80	2,64	2,53	2,44	2,37	2,32	2,27	2,20	2,13	2,05	2,01	1,96	1,91	1,86	1,81	1,76
24	4,26	3,40	3,01	2,78	2,62	2,51	2,42	2,36	2,30	2,25	2,18	2,11	2,03	1,98	1,94	1,89	1,84	1,79	1,73

25	4,24	3,39	2,99	2,76	2,60	2,49	2,40	2,34	2,28	2,24	2,16	2,09	2,01	1,96	1,92	1,87	1,82	1,77	1,71
26	4,23	3,37	2,98	2,74	2,59	2,47	2,39	2,32	2,27	2,22	2,15	2,07	1,99	1,95	1,90	1,85	1,80	1,75	1,69
27	4,21	3,35	2,96	2,73	2,57	2,46	2,37	2,31	2,25	2,20	2,13	2,06	1,97	1,93	1,88	1,84	1,79	1,73	1,67
28	4,20	3,34	2,95	2,71	2,56	2,45	2,36	2,29	2,24	2,19	2,12	2,04	1,96	1,91	1,87	1,82	1,77	1,71	1,65
29	4,18	3,33	2,93	2,70	2,55	2,43	2,35	2,28	2,22	2,18	2,10	2,03	1,94	1,90	1,85	1,81	1,75	1,70	1,64
30	4,17	3,32	2,92	2,69	2,53	2,42	2,33	2,27	2,21	2,16	2,09	2,01	1,93	1,89	1,84	1,79	1,74	1,68	1,62
40	4,08	3,23	2,84	2,61	2,45	2,34	2,25	2,18	2,12	2,08	2,00	1,92	1,84	1,79	1,74	1,69	1,64	1,58	1,51
60	4,00	3,15	2,76	2,53	2,37	2,25	2,17	2,10	2,04	1,99	1,92	1,84	1,75	1,70	1,65	1,59	1,53	1,47	1,39
120	3,92	3,07	2,68	2,45	2,29	2,17	2,09	2,02	1,96	1,91	1,83	1,75	1,66	1,61	1,55	1,50	1,43	1,35	1,25
∞	3,84	3,00	2,60	2,37	2,21	2,10	2,01	1,94	1,88	1,83	1,75	1,67	1,57	1,52	1,46	1,39	1,32	1,22	1,00

A2.2

F-Tabelle (99%)

$f_2 \backslash f_1$	1	2	3	4	5	6	7	8	9	10	12	15	20	24	30	40	60	120	∞
1	4052	5000	5403	5625	5764	5859	5928	5982	6022	6056	6106	6157	6209	6235	6261	6287	6313	6339	6366
2	98,50	99,00	99,17	99,25	99,30	99,33	99,36	99,37	99,39	99,40	99,42	99,43	99,45	99,46	99,47	99,47	99,48	99,49	99,50
3	34,12	30,82	29,46	28,71	28,24	27,91	27,67	27,49	27,35	27,23	27,05	26,87	26,69	26,60	26,50	26,41	26,32	26,22	26,13
4	21,20	18,00	16,69	15,98	15,52	15,21	14,98	14,80	14,66	14,55	14,37	14,20	14,02	13,93	13,84	13,75	13,65	13,56	13,46
5	16,26	13,27	12,06	11,39	10,97	10,67	10,46	10,29	10,16	10,05	9,89	9,72	9,55	9,47	9,38	9,29	9,20	9,11	9,02
6	13,75	10,92	9,78	9,15	8,75	8,47	8,26	8,10	7,98	7,87	7,72	7,56	7,40	7,31	7,23	7,14	7,06	6,97	6,88
7	12,25	9,55	8,45	7,85	7,46	7,19	6,99	6,84	6,72	6,62	6,47	6,31	6,16	6,07	5,99	5,91	5,82	5,74	5,65
8	11,26	8,65	7,59	7,01	6,63	6,37	6,18	6,03	5,91	5,81	5,67	5,52	5,36	5,28	5,20	5,12	5,03	4,95	4,86
9	10,56	8,02	6,99	6,42	6,06	5,80	5,61	5,47	5,35	5,26	5,11	4,96	4,81	4,73	4,65	4,57	4,48	4,40	4,31
10	10,04	7,56	6,55	5,99	5,64	5,39	5,20	5,06	4,94	4,85	4,71	4,56	4,41	4,33	4,25	4,17	4,08	4,00	3,91
11	9,65	7,21	6,22	5,67	5,32	5,07	4,89	4,74	4,63	4,54	4,40	4,25	4,10	4,02	3,94	3,86	3,78	3,69	3,60
12	9,33	6,93	5,95	5,41	5,06	4,82	4,64	4,50	4,39	4,30	4,16	4,01	3,86	3,78	3,70	3,62	3,54	3,45	3,36

F-Tabelle (99%) (Fortsetzung)

$f_2 \backslash f_1$	1	2	3	4	5	6	7	8	9	10	12	15	20	24	30	40	60	120	∞
13	9,07	6,70	5,74	5,21	4,86	4,62	4,44	4,30	4,19	4,10	3,96	3,82	3,66	3,59	3,51	3,43	3,34	3,25	3,17
14	8,86	6,51	5,56	5,04	4,69	4,46	4,28	4,14	4,03	3,94	3,80	3,66	3,51	3,43	3,35	3,27	3,18	3,09	3,00
15	8,68	6,36	5,42	4,89	4,56	4,32	4,14	4,00	3,89	3,80	3,67	3,52	3,37	3,29	3,21	3,13	3,05	2,96	2,87
16	8,53	6,23	5,29	4,77	4,44	4,20	4,03	3,89	3,78	3,69	3,55	3,41	3,26	3,18	3,10	3,02	2,93	2,84	2,75
17	8,40	6,11	5,18	4,67	4,34	4,10	3,93	3,79	3,68	3,59	3,46	3,31	3,16	3,08	3,00	2,92	2,83	2,75	2,65
18	8,29	6,01	5,09	4,58	4,25	4,01	3,84	3,71	3,60	3,51	3,37	3,23	3,08	3,00	2,92	2,84	2,75	2,66	2,57
19	8,18	5,93	5,01	4,50	4,17	3,94	3,77	3,63	3,52	3,43	3,30	3,15	3,00	2,92	2,84	2,76	2,67	2,58	2,49
20	8,10	5,85	4,94	4,43	4,10	3,87	3,70	3,56	3,46	3,37	3,23	3,09	2,94	2,86	2,78	2,69	2,61	2,52	2,42
21	8,02	5,78	4,87	4,37	4,04	3,81	3,64	3,51	3,40	3,31	3,17	3,03	2,88	2,80	2,72	2,64	2,55	2,46	2,36
22	7,95	5,72	4,82	4,31	3,99	3,76	3,59	3,45	3,35	3,26	3,12	2,98	2,83	2,75	2,67	2,58	2,50	2,40	2,31
23	7,88	5,66	4,76	4,26	3,94	3,71	3,54	3,41	3,30	3,21	3,07	2,93	2,78	2,70	2,62	2,54	2,45	2,35	2,26
24	7,82	5,61	4,72	4,22	3,90	3,67	3,50	3,36	3,26	3,17	3,03	2,89	2,74	2,66	2,58	2,49	2,40	2,31	2,21
25	7,77	5,57	4,68	4,18	3,85	3,63	3,46	3,32	3,22	3,13	2,99	2,85	2,70	2,62	2,54	2,45	2,36	2,27	2,17
26	7,72	5,53	4,64	4,14	3,82	3,59	3,42	3,29	3,18	3,09	2,96	2,81	2,66	2,58	2,50	2,42	2,33	2,23	2,13
27	7,68	5,49	4,60	4,11	3,78	3,56	3,39	3,26	3,15	3,06	2,93	2,78	2,63	2,55	2,47	2,38	2,29	2,20	2,10
28	7,64	5,45	4,57	4,07	3,75	3,53	3,36	3,23	3,12	3,03	2,90	2,75	2,60	2,52	2,44	2,35	2,26	2,17	2,06
29	7,60	5,42	4,54	4,04	3,73	3,50	3,33	3,20	3,09	3,00	2,87	2,73	2,57	2,49	2,41	2,33	2,23	2,14	2,03
30	7,56	5,39	4,51	4,02	3,70	3,47	3,30	3,17	3,07	2,98	2,84	2,70	2,55	2,47	2,39	2,30	2,21	2,11	2,01
40	7,31	5,18	4,31	3,83	3,51	3,29	3,12	2,99	2,89	2,80	2,66	2,52	2,37	2,29	2,20	2,11	2,02	1,92	1,80
60	7,08	4,98	4,13	3,65	3,34	3,12	2,95	2,82	2,72	2,63	2,50	2,35	2,20	2,12	2,03	1,94	1,84	1,73	1,60
120	6,85	4,79	3,95	3,48	3,17	2,96	2,79	2,66	2,56	2,47	2,34	2,19	2,03	1,95	1,86	1,76	1,66	1,53	1,38
∞	6,63	4,61	3,78	3,32	3,02	2,80	2,64	2,51	2,41	2,32	2,18	2,04	1,88	1,79	1,70	1,59	1,47	1,32	1,00

A2.3

Grubbs-Tabelle

$P_{einseitig}$	90%	95%	99%
N			
3	1,148	1,153	1,155
4	1,425	1,463	1,492
5	1,602	1,672	1,749
6	1,729	1,822	1,944
7	1,828	1,938	2,097
8	1,909	2,032	2,221
9	1,977	2,110	2,323
10	2,036	2,176	2,410
11	2,088	2,234	2,485
12	2,134	2,285	2,550
13	2,175	2,331	2,607
14	2,213	2,371	2,659
15	2,247	2,409	2,705
16	2,279	2,443	2,747
17	2,309	2,475	2,785
18	2,335	2,504	2,821
19	2,361	2,532	2,854
20	2,385	2,557	2,884
21	2,408	2,580	2,912
22	2,429	2,603	2,939
23	2,448	2,624	2,963
24	2,467	2,644	2,987
25	2,486	2,663	3,009
26	2,502	2,681	3,029
27	2,519	2,698	3,049
28	2,534	2,714	3,068
29	2,549	2,730	3,085
30	2,563	2,745	3,103
31	2,579	2,760	3,119
32	2,592	2,773	3,135
33	2,605	2,787	3,150
34	2,618	2,799	3,164
35	2,630	2,812	3,178
36	2,641	2,824	3,191
37	2,652	2,835	3,204
38	2,663	2,846	3,216
39	2,674	2,857	3,228
40	2,684	2,868	3,239
$P_{zweiseitig}$	80%	90%	98%

A2.4
χ^2-Tabelle

5%-, 1%- und 0,1%-Schranken der χ^2-Verteilung.

f	5%	1%	0,1%	*f*	5%	1%	0,1%	*f*	5%	1%	0,1%
1	3,84	6,63	10,83	51	68,67	77,39	87,97	101	125,46	136,97	150,67
2	5,99	9,21	13,82	52	69,83	78,61	89,27	102	126,57	138,13	151,88
3	7,81	11,34	16,27	53	70,99	79,84	90,57	103	127,69	139,30	153,10
4	9,49	13,28	18,47	54	72,15	81,07	91,87	104	128,80	140,46	154,31
5	11,07	15,09	20,52	55	73,31	82,29	93,17	105	129,92	141,62	155,53
6	12,59	16,81	22,46	56	74,47	83,51	94,46	106	131,03	142,78	156,74
7	14,07	18,48	24,32	57	75,62	84,73	95,75	107	132,15	143,94	157,95
8	15,51	20,09	26,13	58	76,78	85,95	97,04	108	133,26	145,10	159,16
9	16,92	21,67	27,88	59	77,93	87,16	98,32	109	134,37	146,26	160,37
10	18,31	23,21	29,59	60	79,08	88,38	99,61	110	135,48	147,41	161,58
11	19,68	24,73	31,26	61	80,23	89,59	100,89	111	136,59	148,57	162,79
12	21,03	26,22	32,91	62	81,38	90,80	102,17	112	137,70	149,73	163,99
13	22,36	27,69	34,53	63	82,53	92,01	103,44	113	138,81	150,88	165,20
14	23,68	29,14	36,12	64	83,68	93,22	104,72	114	139,92	152,04	166,41
15	25,00	30,58	37,70	65	84,82	94,42	105,99	115	141,03	153,19	167,61
16	26,30	32,00	39,25	66	85,97	95,62	107,26	116	142,14	154,34	168,81
17	27,59	33,41	40,79	67	87,11	96,83	108,52	117	143,25	155,50	170,01
18	28,87	34,81	42,31	68	88,25	98,03	109,79	118	144,35	156,65	171,22
19	30,14	36,19	43,82	69	89,39	99,23	111,05	119	145,46	157,80	172,42
20	31,41	37,57	45,31	70	90,53	100,42	112,32	120	146,57	158,95	173,62
21	32,67	38,93	46,80	71	91,67	101,62	113,58	121	147,67	160,10	174,82
22	33,92	40,29	48,27	72	92,81	102,82	114,83	122	148,78	161,25	176,01
23	35,17	41,64	49,73	73	93,95	104,01	116,09	123	149,89	162,40	177,21
24	36,42	42,98	51,18	74	95,08	105,20	117,35	124	150,99	163,55	178,41
25	37,65	44,31	52,62	75	96,22	106,39	118,60	125	152,09	164,69	179,60
26	38,89	45,64	54,05	76	97,35	107,58	119,85	126	153,20	165,84	180,80
27	40,11	46,96	55,48	77	98,49	108,77	121,10	127	154,30	166,99	181,99
28	41,34	48,28	56,89	78	99,62	109,96	122,35	128	155,41	168,13	183,19
29	42,56	49,59	58,30	79	100,75	111,14	123,59	129	156,51	169,28	184,38
30	43,77	50,89	59,70	80	101,88	112,33	124,84	130	157,61	170,42	185,57
31	44,99	52,19	61,10	81	103,01	113,51	126,08	131	158,71	171,57	186,76
32	46,19	53,48	62,49	82	104,14	114,69	127,32	132	159,81	172,71	187,95
33	47,40	54,77	63,87	83	105,27	115,88	128,56	133	160,92	173,85	189,14
34	48,60	56,06	65,25	84	106,40	117,06	129,80	134	162,02	175,00	190,33
35	49,80	57,34	66,62	85	107,52	118,23	131,04	135	163,12	176,14	191,52
36	51,00	58,62	67,98	86	108,65	119,41	132,28	136	164,22	177,28	192,71
37	52,19	59,89	69,34	87	109,77	120,59	133,51	137	165,32	178,42	193,89
38	53,38	61,16	70,70	88	110,90	121,77	134,74	138	166,42	179,56	195,08
39	54,57	62,43	72,05	89	112,02	122,94	135,98	139	167,52	180,70	196,27
40	55,76	63,69	73,40	90	113,15	124,12	137,21	140	168,61	181,84	197,45
41	56,94	64,95	74,74	91	114,27	125,29	138,44	141	169,71	182,98	198,63
42	58,12	66,21	76,08	92	115,39	126,46	139,67	142	170,81	184,12	199,82
43	59,30	67,46	77,42	93	116,51	127,63	140,89	143	171,91	185,25	201,00
44	60,48	68,71	78,75	94	117,63	128,80	142,12	144	173,00	186,39	202,18
45	61,66	69,96	80,08	95	118,75	129,97	143,34	145	174,10	187,53	203,36
46	62,83	71,20	81,40	96	119,87	131,14	144,57	146	175,20	188,67	204,55
47	64,00	72,44	82,72	97	120,99	132,31	145,79	147	176,29	189,80	205,73
48	65,17	73,68	84,04	98	122,11	133,47	147,01	148	177,39	190,94	206,91
49	66,34	74,92	85,35	99	123,23	134,64	148,23	149	178,49	192,07	208,09
50	67,50	76,15	86,66	100	124,34	135,81	149,45	150	179,58	193,21	209,26

f = Freiheitsgrad

Anhang 3

A3
Inhalt der CD

Als Hilfe für die Einarbeitung in die statistischen Methoden und zur Unterstützung der Arbeit im Labor wurden mehrere Excel-Tabellen erstellt und im Format Office97 auf CD diesem Buch beigefügt. Voraussetzung für die Nutzung ist, dass Excel97 oder eine höhere Excel-Version auf Ihrem PC installiert ist. Da eine Reihe von Verarbeitungsfunktionen die Ausführung von Makros erfordert, dürfen Makros nicht aus Sicherheitsgründen deaktiviert sein.

Obwohl es sich um mehrere, einzelne Excel-Tabellen handelt, die unabhängig voneinander kopiert und benutzt werden können, dient das erste „Tabellenblatt" der Datei „Beispiele.xls" als Menü mit Links auch auf die anderen Tabellen. Daher sollten sich alle Excel-Tabellen im gleichen Verzeichnis befinden.

A3.1
Checklisten

Die Tabellen aus Abschnitt 3.5 wurden in eine interaktive Excel-Tabelle übertragen. Da die Tabellenblätter nicht geschützt sind, können sie bei Bedarf durch eigene Informationen ergänzt werden. Dazu sollte die Datei

CHECKLISTE.XLS

zuerst mit Hilfe des Windows-Explorers auf die lokale Festplatte kopiert werden. Ein Doppelclick auf die kopierte Datei öffnet sie.

A3.2
Hinweise zur Anwendung der Rechenbeispiele

Die Excel-Arbeitsmappe

BEISPIELE.XLS

bietet die Möglichkeit, die vorgestellten statistischen Verfahren bequem auf eigene Labordaten anzuwenden. Sie ist zum „Ausprobieren", jedoch nicht zur Routine-

Qualitätssicherung in der Analytischen Chemie, 2. Auflage. W. Funk, V. Dammann, G. Donnevert

ISBN: 3-527-31112-2

Labordatenverarbeitung vorgesehen. Sie basiert nicht auf einem Datenbanksystem und ist daher auch nicht in der Lage, Verfahrenskenndaten, Messergebnisse oder Qualitätssicherungsdaten zu speichern. Neue Eingaben überschreiben grundsätzlich die alten Werte.

Für die Ergebnisse aus der Beispiele.xls-Arbeitsmappe wird keine Haftung übernommen. Da bei Excel keine Rundung von Zwischenergebnissen vorgenommen wird, ergeben sich bei Endergebnissen z.T. kleine Unterschiede zu den im Buch aufgeführten Werten.

A3.3
Statistische Tabellenwerte

Die Excel-Arbeitsmappe

STATISTISCHE TABELLENWERTE.XLS

liefert in Abhängigkeit von Freiheitsgraden und Signifikanzniveau die meistgebrauchten statistischen Tabellenwerte, z.B. *t*-Werte für die Berechnung von Vertrauensbereichen oder Vergleichswerte für die im Buch vorgestellten statistischen Hypothesentests.

A3.4
Software-Testversion

Für die im Buch vorgestellten Konzepte ist neben den einfachen Beispielen in Excel (s. A3.2) auch eine für die Routine geeignete Software namens „QSM“ verfügbar. Eine Testversion von „QSM“ findet sich auf der CD. Sie muss regelgerecht installiert werden:

- im Windows-Explorer: Öffnen des Verzeichnisses „QSM“,
- Doppelclick auf setup.exe
- und dann dem Dialog auf dem Bildschirm folgen.

Nach der Installation ist QSM für 5 Tage kostenlos zum Test verfügbar. Falls Sie an einer kostenpflichtigen Vollversion interessiert sind, wenden Sie sich bitte direkt an:

Prof. Dr. Oskar Hoffmann
Karl-Keller-Straße 39
35396 Gießen
email: o.hoffmann-gi@t-online.de

Stichwortverzeichnis

Qualitätssicherung in der Analytischen Chemie, 2. Auflage. W. Funk, V. Dammann, G. Donnevert

ISBN: 3-527-31112-2